W0377843

STARK

ABITUR-TRAINING

Biologie 2

Angewandte Genetik · Evolutionsbiologie

Rolf Brixius · Werner Bils

STARK

Autoren

Rolf Brixius ist seit 1989 als Lehrer am Gymnasium der Benediktiner im sauerländischen Meschede tätig. Seine Freude an der Wissensvermittlung und seine fachliche Kompetenz bringt Herr Brixius seit 1991 auch in seine Arbeit für den Stark Verlag ein. Als Autor und Co-Autor hat er an diversen gymnasialen Biologie- und Geschichts-Unterrichtswerken mitgewirkt. Darüber hinaus ist er Mitherausgeber mehrerer Lehrerhandbücher.

Dr. Werner Bils hat seine didaktische Erfahrung vor allem durch die Tätigkeit als Lehrer an Gymnasien, als Fachberater für das Fach Biologie und als Fachleiter in der Ausbildung von Referendaren erworben. Zurzeit ist er als Lehrbeauftragter für die Didaktik der Biologie an der Universität Tübingen sowie als Schulbuchautor tätig. Schwerpunkte seiner Arbeit sind die erklärende Darstellung biologischer Sachverhalte sowie die Erstellung von Aufgaben für die Kontrolle des Lernerfolgs.

www.stark-verlag.de

Inhalt

Autoren: Rolf Brixius, Dr. Werner Bils

Hinweis: Die in diesem Buch angegebenen Verweise auf weitere relevante Textstellen beziehen sich gleichzeitig auf den Band **Biologie 1**, Verlags-Nr. 54707. Befinden sich die Fundstellen im anderen Band, werden sie durch die vor der Seitenzahl in Klammern aufgeführte Ziffer 1 (für Biologie 1) gekennzeichnet.

Vorwort

Liebe Schülerin, lieber Schüler,

das **Zentralabitur** und die **kompetenzorientierten Lehrpläne** in Nordrhein-Westfalen bringen es mit sich, dass Sie sich – auch im Unterrichtsfach Biologie – in der Qualifikationsphase der gymnasialen Oberstufe einen **verbindlichen Kanon von Unterrichtsinhalten** aneignen müssen. Hierbei wird von Ihnen insgesamt viel **Eigenverantwortung** erwartet. Sie sind daher verstärkt angehalten, sich auf den Unterricht und die Abiturprüfungen selbstständig vorzubereiten. Die beiden Abitur-Trainingsbände **Biologie 1** und **Biologie 2** (Verlags-Nr. 54707 und 54708) helfen Ihnen dabei.

Der vorliegende Band 2 sowie der Band 1 folgen vom Aufbau her den obligatorischen Inhalten der zentralen Themenbereiche der Abiturprüfung. Sie stellen das in der Abiturprüfung verlangte Grundwissen sowohl für den Grund- als auch für den Leistungskurs **vollständig, anschaulich und leicht verständlich** dar.

Exkurse helfen Ihnen dabei, grundlegende Themen der Biologie zu wiederholen. Die **über die Anforderungen des Grundkurses hinausgehenden Inhalte** sind in den erläuternden Textpassagen und den Übungsaufgaben am Seitenrand durch **farbige Balken** gekennzeichnet.

Prägnante Zusammenfassungen stellen die zentralen Punkte übersichtlich dar.

Die **Übungsaufgaben** decken alle Inhalte des erklärenden Teils ab. Mithilfe der Aufgaben können Sie nicht nur überprüfen, ob Sie in der Lage sind, die erforderlichen Kenntnisse darzustellen, sondern auch, ob Sie Ihr Wissen anwenden, also einen **Transfer** leisten können. Häufig werden Sie in den **Aufgaben** und den **ausführlichen Lösungen** daher auch eine andere Betrachtungsweise, andere Beispiele und andere Formulierungen finden als im erklärenden Text.

Zur Vorbereitung auf die schriftliche Abiturprüfung oder auf Klausuren empfehlen wir Ihnen, mithilfe des erklärenden Textes Ihre Kenntnisse aufzufrischen und sie dann anhand der Aufgaben zu prüfen. Alternativ können Sie aber auch zunächst versuchen, die Aufgaben zu lösen, und dabei auftauchende Lücken gezielt durch Nachschlagen im erklärenden Text schließen.

Für Ihre Prüfungen wünschen wir Ihnen viel Erfolg. Mit den beiden Trainingsbänden für das Fach Biologie sind Sie hierfür gut gerüstet.

Rolf Brixius

Dr. Werner Bils

Angewandte Genetik

Aha! Hab ich's mir doch gedacht! Der DNA-Test beweist, dass er tatsächlich ein Kuckuckskind ist ...

1 Gentechnik – Organismen, Werkzeuge und Methoden

Dem amerikanischen Molekularbiologen Walter GILBERT gelang es 1978 erstmalig, ein aus Ratten gewonnenes Insulin-Gen in das Genom des Bakteriums *Escherichia coli* (kurz: *E. coli*) einzuschleusen. Die so veränderten Bakterien waren in der Lage, das Hormon herzustellen. GILBERT wurde durch seine Forschung zum Mitbegründer der **Gentechnik** bzw. **Gentechnologie**. Dieses Teilgebiet der Molekularbiologie, die Bau, Funktion und Synthese der Erbsubstanz auf molekularer Ebene untersucht, und der **Biotechnologie**, die sich mit der Nutzung von Organismen zur Produktion chemischer Verbindungen und zur Erstellung von Diagnosen beschäftigt, weist ein klares Forschungsziel auf: Die Gentechnik hat die **Erforschung und die Manipulation des Erbgutes** zum Gegenstand und befasst sich dabei mit der Identifizierung, Isolierung, Synthetisierung, Konservierung und Veränderung der Erbsubstanz sowie ihrer Transferierung in andere Lebewesen.
Die Gentechnik hat sich über die reine Grundlagenforschung hinaus bereits weit entwickelt. Gentechnologische Verfahren finden industriell vielfältige Anwendung.

Beispiele

- in der Landwirtschaft: Erzeugung von Pflanzen und Nutztieren mit bestimmten gewünschten Eigenschaften (siehe S. 33 ff.).
- in der Lebensmittelindustrie: Herstellung gentechnisch veränderter oder „künstlicher“ Nahrung (food design).
- in der Umwelttechnik: z. B. Veränderung und Einsatz von Lebewesen zum Abbau von Schadstoffen (siehe S. 30 f.).
- in der Pharmazie: z. B. Produktion bestimmter Wirkstoffe (z. B. Insulin; siehe S. 30 f.).
- in der Biomedizin: z. B. Gentherapie (siehe S. 39 f.).

Die **Gentechnik** ist ein Teilgebiet der Molekularbiologie und der Biotechnologie, mit dem **Eingriffe und geplante Veränderungen im Erbgut** ermöglicht werden.

E. coli – ein beliebtes „Haustier“ der Gentechniker

Dass Walter GILBERT und viele seiner Forscherkollegen mit *E. coli* arbeiten, liegt an den besonderen Eigenschaften und Lebensgewohnheiten dieses Prokaryoten (siehe (1) S. 2 f.). Sie machen das zylindrische stäbchenförmige Bakterium von ca. 2 µm Länge und einem ungefähren Durchmesser von 1 µm zu einem bevorzugten Versuchsorganismus, ja zu einem regelrechten „Haustier“ der Gentechniker:

- *E.-coli*-Kulturen brauchen **kaum Platz**.
- *E. coli* stellt keine hohen Ansprüche an den Nährboden bzw. die Nährlösung. Somit lassen sich die Kulturen **einfach** und ohne großen finanziellen Aufwand **züchten**.
- *E. coli*-Zellen haben ein relativ **kleines Genom** (ca. 4 300 Gene bei 4,6 Mio. Basenpaaren).
- Neue **Gene** in das Erbgut **einzuschleusen** ist bei diesem Bakterium ohne größere Probleme möglich.
- Als Prokaryot sind bei *E. coli* die **Transkription** und die **Translation weniger kompliziert** gestaltet (z. B. keine Introns, beide Vorgänge im Zytoplasma) als bei den Eukaryoten (siehe S. (1) 41 f.).
- *E. coli* liefert in kurzer Zeit eine **hohe Nachkommenzahl**. Unter günstigen Bedingungen benötigt jede **Zellgeneration nur 20 Minuten** bis zur nächsten Zweiteilung.
- Das Erzeugen von **Mutationen** ist bei Bakterien verhältnismäßig einfach möglich.
- Da *E. coli* haploid ist, also nur einen „Chromosomensatz“ (ein Ringchromosom) besitzt, prägen sich **Veränderungen** im Erbgut **phänotypisch** sofort aus.

All diese Eigenschaften haben dazu geführt, dass *Escherichia coli* der genetisch wie mikrobiologisch am besten untersuchte Mikroorganismus ist.
Neben *E. coli* existieren noch weitere Modellorganismen in der Genetik, die ähnlich einfach zu handhaben sind. Zu ihnen gehört die **Bäckerhefe** *(Saccharomyces cerevisiae)*, **Fadenwürmer** wie *Caenorhabditis elegans* sowie die **Schwarzbäuchige Taufliege** *(Drosophila melanogaster)*, der Modellorganismus der klassischen Genetik schlechthin.

E. coli**-Zellen** sind durch ihren **einfachen Aufbau** und aufgrund der Tatsache, dass sie **leicht zu handhaben** sind, besonders geeignet als **Modellorganismus** in der genetischen Forschung.

1.1 Werkzeuge und Methoden der Gentechnik

In der Gentechnik dienen **molekulargenetische Werkzeuge** dazu, die **Erbsubstanz** der Lebewesen genauer zu **untersuchen** und zu **verändern**. Bei der Entwicklung und Nutzung entsprechender Werkzeuge stehen folgende Überlegungen und Ziele im Mittelpunkt:

- Die Wirkungsweise von DNA und RNA im Zellgeschehen zu erkennen und Ablauf und Steuerung von Transkription und Translation zu beeinflussen und zu regulieren.
- Einzelne Nukleotidsequenzen bestimmten Genen und diese Gene bestimmten Phänotypen (Erscheinungsbildern) zuzuordnen.
- Das Möglichkeit zu erhalten, auf Erbanlagen manipulatorisch Einfluss zu nehmen.

Um dieses Ziel zu erreichen, finden heute **Werkzeuge** Verwendung, die ...

- das genetische Material für Untersuchungen und Anwendungen spezifisch spalten können: **Restriktionsenzyme** („genetische Scheren", siehe S. 5 f.).
- einzelne DNA-Teilstücke spezifisch zusammenfügen können: **DNA-Ligasen** („genetischer Klebstoff", siehe S. 6 f.).
- aus Einzelstrang-DNA doppelsträngige DNA aufbauen können: **DNA-Polymerasen** (siehe S. 12 ff.).
- aus isolierter mRNA wieder DNA herstellen können: **Reverse Transkriptasen** (siehe S. 21).
- DNA-Stücke unterschiedlicher Herkunft in die Zielzellen/Empfängerzellen einschleusen können: z. B. **Vektoren** („Genfähren", siehe S. 6 f.) wie **Plasmide** und spezielle **Viren** sowie **Mikroinjektion** mittels Glaskapillaren.

Vorgehensweise bei der Anwendung gentechnischer Werkzeuge und Methoden

Die Gentechnik arbeitet meist mit Zellen, die nicht-arteigene DNA, meist ein fremdes Gen, ein sogenanntes **Transgen**, in ihrem Genom (Gesamtheit der Gene) aufgenommen haben. Die dadurch entstandenen Zellen bezeichnet man als **transgen**.

Um derartige **transgene Zellen** herstellen und nutzen zu können, sind die folgenden Schritte nötig:

- **Gewinnung** des Gens: Der betreffende DNA-Abschnitt muss isoliert oder synthetisiert werden.
- **Transfer** des Gens: Der DNA-Abschnitt muss durch die Zellbegrenzung (Zellwand und Biomembran bei Pflanzen- und Bakterienzellen, Biomembran bei Tierzellen) in die Zelle eingeschleust werden.
- **Vervielfältigung** der transgenen Zelle: Die transgene Zelle mit dem darin enthaltenen Fremdgen (Fremd-DNA) muss vermehrt werden.
- **Selektion** transgener Zellen: Zellen, bei denen der Gentransfer gelungen ist, die also das Fremdgen aufgenommen haben, müssen erkannt und herausgesucht werden.

Wie diese Schritte im Einzelnen ablaufen und welche Werkzeuge und Methoden dabei zum Einsatz kommen, wird in den folgenden Kapiteln näher erläutert.

Molekulargenetische Werkzeuge und Methoden ermöglichen es – einzeln oder in Kombination angewandt –, **Manipulationen am Erbgut** an den Zellen der Wirtsorganismen durchzuführen und das erzielte Ergebnis gezielt zu untersuchen. Ihr **Einsatz** folgt meist einem vorgegebenen **experimentellen Schema**.

1.2 Gewinnung eines Gens und sein Transfer in Bakterienzellen

Isolierung eines Gens aus der DNA eines Spenderorganismus

Die wichtigsten Instrumente bei der Isolierung von Genen aus einem DNA-Strang sind die **Restriktionsenzyme**. Als eine Art „genetische Schere" zerlegen sie ein DNA-Molekül in kleine Abschnitte. In der Natur findet man Restriktionsenzyme in Bakterien, wo sie eingedrungene DNA von Bakteriophagen, das sind bakterienspezifische Viren, zerschneiden und damit unschädlich machen.

In der Gentechnik benutzt man vor allem solche Restriktionsenzyme, die den DNA-Doppelstrang versetzt zerschneiden, sodass an den Schnittstellen je ein kurzes Stück **Einzelstrang-DNA** aus 4 bis 6 Nukleotiden herausragt (siehe Abb. 1, S. 6). Ein bestimmtes Restriktionsenzym spaltet die DNA immer an Stellen mit einer bestimmten, immer gleichen Basenfolge, z. B. nach der Basensequenz AATT. Man spricht von der **Erkennungssequenz** des Restriktionsenzyms. Dadurch entstehen DNA-Stücke, deren überstehende Einzelstränge die Abfolge AATT bzw. im komplementären Strang TTAA tragen. Die Einzelstrangenden neigen aufgrund der Paarung komplementärer Basen dazu, sich wieder zusammenzulagern. Sie werden deshalb als *„sticky ends"* („klebrige Enden") bezeichnet.

Die Gewinnung von Genen durch Restriktionsenzyme ist zwar technisch relativ einfach durchführbar, aber nur wenig zielgenau und wird deshalb als „Schrotschuss-Methode" bezeichnet. Die Restriktionsenzyme liefern nämlich in der Regel eine Vielzahl **verschiedener DNA-Stücke**. Darunter sind auch solche, die das gewünschte Gen enthalten. Das richtige DNA-Stück muss in einem gesonderten Vorgang „herausgesucht" werden (siehe Stempeltechnik, S. 9 ff.). Die Vermehrung der gewünschten Fragmente kann über die PCR erfolgen (siehe S. 12 ff.). Die isolierte DNA bezeichnet man als **Fremd-** oder **Spender-DNA**.

Gene lassen sich durch **Restriktionsenzyme** aus einem DNA-Molekül herausschneiden.

Transfer eines Gens in Bakterienzellen

Um ein isoliertes Gen in eine fremde Zelle einschleusen zu können, muss es in der Regel an solche DNA-Stücke gekoppelt werden, die von den Zellen leicht aufgenommen werden. Man bezeichnet sie als **Vektoren** oder „Genfähren“. Zielzellen des Gentransfers sind häufig **Bakterien**. Die DNA von Bakterien liegt als geschlossener Ring („Bakterienchromosom“) frei im Zytoplasma. Ein Zellkern fehlt. Daneben können zusätzlich noch kleine ringförmige DNA-Stücke vorhanden sein, die **Plasmide**. Sie lassen sich aus den Bakterien isolieren und als Vektoren benutzen.

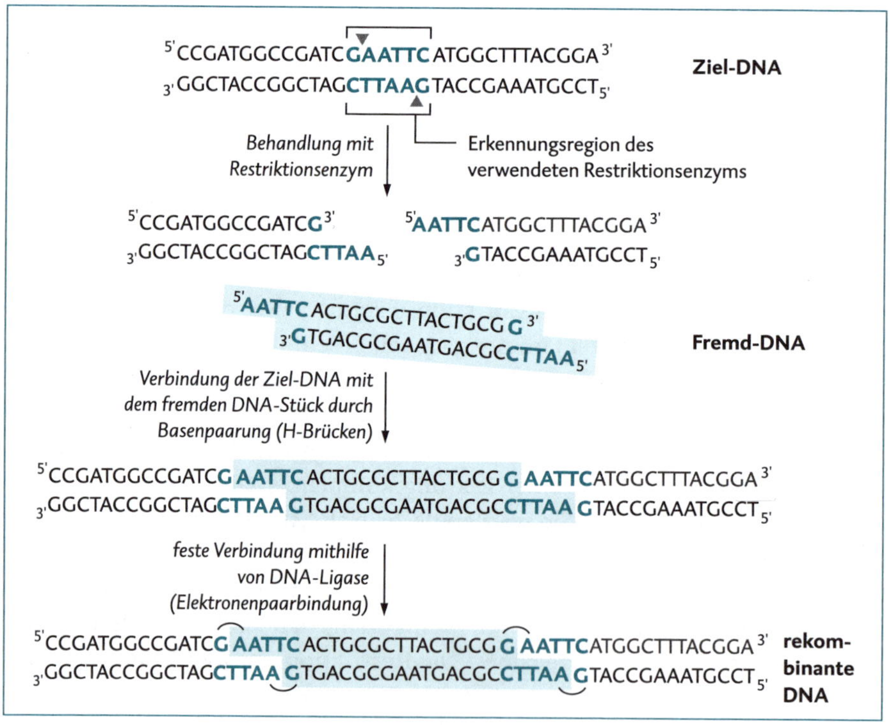

Abb. 1: Einbau eines fremden DNA-Stücks in die Ziel-DNA (Herstellung von rekombinanter DNA)

Im Folgenden sind die Arbeitsschritte eines **Gentransfers** für die Übertragung eines Gens auf Bakterienzellen mithilfe von Plasmiden dargestellt (siehe auch Abb. 2, S. 8):

- Öffnung von Plasmidringen **(Ziel-DNA)** im Reagenzglas mit dem gleichen Restriktionsenzym, das auch zur Isolierung des Gens diente, das übertragen werden soll. Dadurch haben die Enden der geöffneten Plasmide die gleichen „*sticky ends*“ wie die isolierte Spender-DNA.
- Mischung der isolierten Gene mit den geöffneten Plasmidringen: Wenn sich komplementäre *sticky ends* finden, bilden sich zwei Arten von Plasmidringen: Zum einen können Ringe entstehen, in die das Fremd-DNA-Stück eingebaut ist. Zum anderen kann sich die Plasmid-DNA an den Öffnungsstellen auch einfach wieder schließen und die entstehenden Plasmide, die den Ausgangsplasmiden entsprechen, enthalten nur Bakterien-DNA.
  Die Plasmide, in denen Bakterien-DNA mit fremder DNA kombiniert ist, man spricht von **rekombinanter DNA**, bezeichnet man als **Hybridplasmide** (Mischplasmide).
- Zugabe von **DNA-Ligase**. Mithilfe dieses Enzyms verbinden sich die DNA-Stücke fest miteinander.
- Mischung der Plasmide mit und ohne Fremdgen mit Bakterienzellen. Diese werden als **Zielzellen** oder **Empfängerzellen** bezeichnet.
- Behandlung der Bakterienzellen mit Substanzen, die ihre Wand für Plasmide leicht passierbar machen. Dadurch nehmen einige wenige Bakterienzellen Plasmide in ihr Zytoplasma auf.

Plasmide lassen sich als **Vektoren** nutzen, wenn fremde Gene auf **Bakterien** übertragen werden sollen.

Nach Abschluss des Verfahrens enthält eine so behandelte Bakterienkultur …
- viele Bakterienzellen ohne ein Plasmid,
- sehr wenige Bakterienzellen mit einem Plasmid, das aus reiner Bakterien-DNA besteht, und
- sehr wenige Bakterienzellen mit einem Hybridplasmid, dessen fremdes DNA-Stück aus dem zu übertragenden Gen besteht.

Eventuell kommen auch noch Bakterien vor, die ein Hybridplasmid aufgenommen haben, das zwar ein fremdes DNA-Stück, aber nicht das gewünschte Fragment enthält. Dieser Fall wird in den folgenden Abbildungen nicht berücksichtigt.
Die nachfolgende Abbildung verdeutlicht den Prozess der Einschleusung fremder DNA in Bakterienzellen:

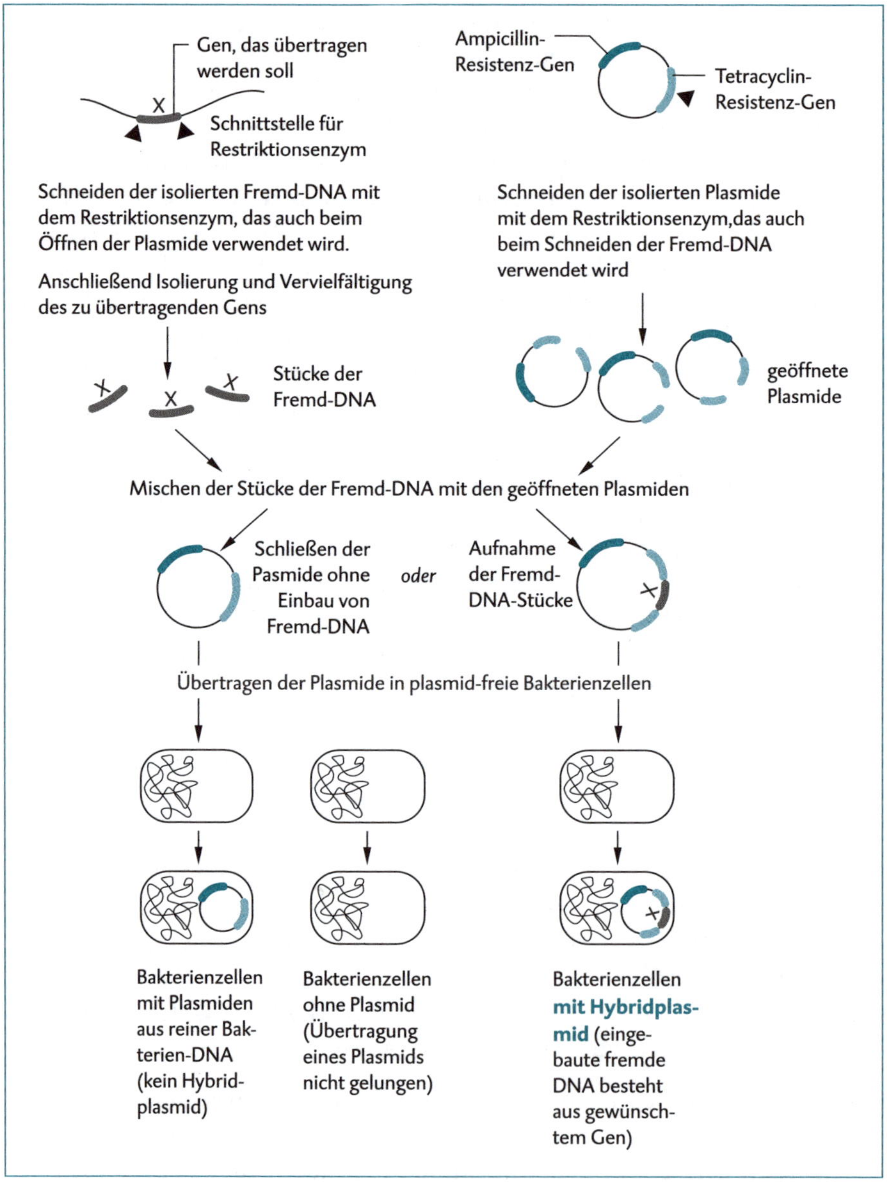

Abb. 2: Einbau fremder DNA-Stücke in Plasmide und Einschleusung von Plasmiden in Bakterienzellen

1.3 Suche nach spezifischen Bakterienzellen mittels Stempeltechnik

Für die Übertragung der fremden DNA-Stücke benutzt man in der Regel keine normalen Plasmide, sondern solche, die zwei **Resistenzgene** gegen **Antibiotika** enthalten, z.B. gegen Tetracyclin und Ampicillin (siehe Abb. 2). Die Erkennungsregion des verwendeten Restriktionsenzyms muss innerhalb eines der beiden Resistenzgene liegen. Im Folgenden wird davon ausgegangen, dass sich die Schnittstelle im Tetracyclin-Resistenzgen befindet. In Plasmiden, die durch das Restriktionsenzym gespalten wurden und sich danach einfach wieder geschlossen haben, bleibt das betreffende Resistenzgen erhalten und funktionsfähig. Solche Zellen lassen sich weder mit Tetracyclin noch mit Ampicillin abtöten. Wenn das Plasmid aber Fremd-DNA aufnimmt, bleibt das Tetracyclin-Resistenzgen in zwei Bereiche getrennt. Das Gen wird dadurch unwirksam. Solche Zellen sind weiterhin unempfindlich gegen Ampicillin, sterben aber bei Zugabe von Tetracyclin ab.

In einem ersten Selektionsschritt werden zunächst alle Bakterienzellen aussortiert, die kein Plasmid aufgenommen haben. Um dies zu erreichen, gibt man alle aus dem vorherigen Versuch resultierenden Bakterienzellen (siehe Abb. 2) in eine Nährlösung mit Ampicillin. Dort können sich diejenigen Bakterienzellen vermehren, die das Hybridplasmid mit der übertragenen Fremd-DNA besitzen. Aber auch solche Bakterien gedeihen in der Nährlösung, die im vorhergegangenen Versuch nur das Ausgangsplasmid mit den beiden Resistenzgenen aufgenommen haben. Bakterien, welche kein Plasmid aufgenommen haben oder andersartige Plasmide besitzen, können in der Nährlösung mit Ampicillin nicht wachsen.

Resistenzgene innerhalb eines Plasmids ermöglichen eine Identifikation derjenigen Bakterienzellen, die das entsprechende Plasmid aufgenommen haben.

Um diejenigen Bakterienzellen zu identifizieren, die das Hybridplasmid mit der Fremd-DNA enthalten, kann im nächsten Schritt die 1952 von Joshua LEDERBERG entwickelte Technik der **Replika-Plattierung**, eine spezifische **Stempeltechnik**, angewendet werden.

Hierzu plattiert man Bakterienzellen aus der ampicillinhaltigen Nährlösung auf einer Petrischale aus, deren Nährboden das Antibiotikum ebenfalls enthält. Anschließend wird die Platte in einem Wärmeschrank bebrütet. Nach kurzer Zeit haben sich auf dem Nährboden Kolonien gebildet. Bei jeder der Kolonien handelt es sich um einen **Klon** (siehe auch S. 43), also um eine Population aus

Organismen (Bakterienzellen) mit identischem Erbgut. Aus den Kolonien werden nun Bakterienzellen mithilfe der Stempeltechnik auf einen weiteren Nährboden übertragen. Dazu drückt man einen mit Samt bespannten Stempel vorsichtig auf die Petrischale mit den Bakterienkolonien. Beim Abheben des Stempels bleiben an den feinen Haaren des Samtstoffs einzelne Bakterienzellen der unterschiedlichen Kolonien hängen. Wird der Samtstempel nun auf einen frischen Nährboden gedrückt, werden die anheftenden Bakterien auf diesen übertragen. Durch die einfache Technik der Replika-Plattierung kann somit ein genaues Abbild der Kolonien einer (Ausgangs-)Platte hergestellt werden.

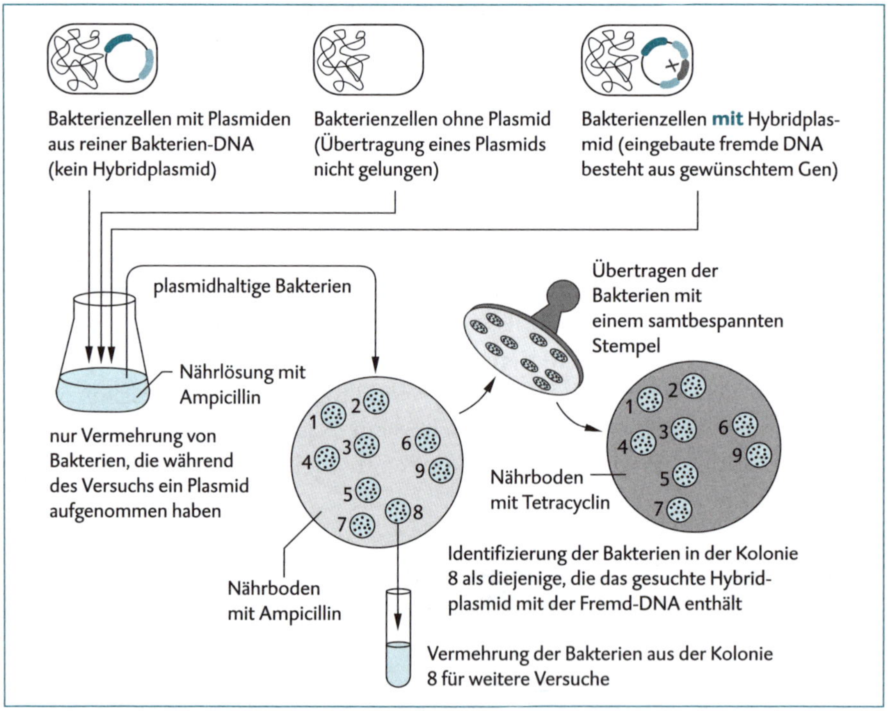

Abb. 3: Isolieren von Bakterienzellen mithilfe der Stempeltechnik

Im vorliegenden Fall ist eine Identifizierung derjenigen Bakterienkolonien, deren Zellen Plasmide mit Fremd-DNA enthalten, einfach zu bewerkstelligen: Der Nährboden, auf den die Bakterienzellen überstempelt werden, enthält Tetracyclin. Folglich können dort keine Bakterienzellen wachsen, welche Plasmide mit Fremd-DNA aufgenommen haben, da die DNA ja innerhalb des Resistenzgens für Tetracyclin in den Plasmidring integriert wurde. Dies trifft im vorliegenden Beispiel (siehe Abb. 3, S. 11) auf die Kolonie 8 zu. Die **Lücke im Koloniemuster** der Tetracyclin-Schale gibt damit den Hinweis, auf welcher Position der Ausgangsplatte die gesuchte Kolonie mit der entsprechenden Fremd-DNA zu finden ist. Von dort können nun Bakterienzellen entnommen und für weitere Versuche in flüssigen Kulturmedien vermehrt werden.

Die **Stempeltechnik (Replika-Plattierung)** ermöglicht es, das vorhandene Koloniemuster von einer Ausgangsplatte identisch auf weitere Platten zu übertragen.

1.4 Kultivierung von Bakterienzellen mittels Verdünnungsreihen

Bei der Arbeit mit Bakterienkulturen ist es oftmals notwendig, die genaue **Anzahl der Bakterien in einem Milliliter (Titer)** einer Kultur bestimmen zu können. Das gängige Verfahren hierfür ist die Herstellung einer **Verdünnungsreihe**. Sie beruht darauf, dass man die Flüssigkeit mit den darin befindlichen Bakterien verdünnt. Die Anzahl der Bakterien verringert sich dadurch in Bezug auf die sie umgebende Lösung. Die Verringerung der Bakterienkonzentration erfolgt bei einer Verdünnungsreihe in mehreren Schritten, wobei die Verdünnung von einer Nährlösung zur anderen jeweils in Dezimalschritten erfolgt (siehe Abb. 4). Verbunden ist das schrittweise Verdünnen mit dem Ausplattieren eines Teils der Bakteriensuspension auf einem Nährboden. Die Zahl der auf dem Nährboden entstandenen Kolonien – pro Kolonie geht man von einer ursprünglichen Bakterienzelle aus – kann dann auf die Anzahl der Bakterienzellen in der Ausgangslösung hochgerechnet werden.

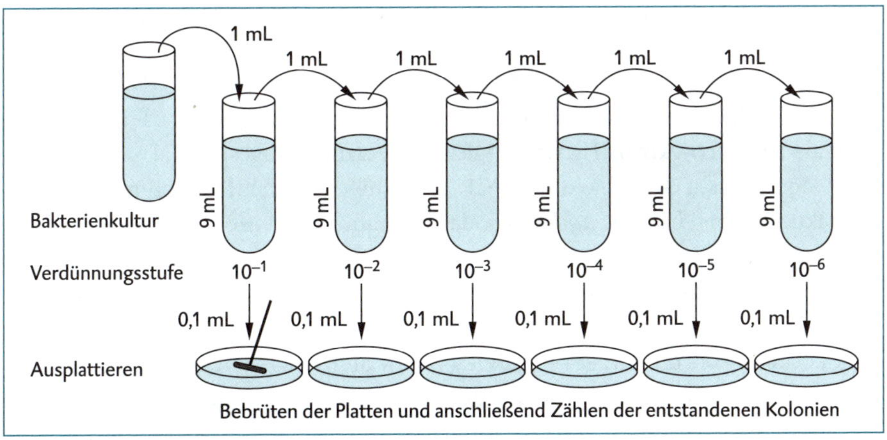

Abb. 4: Aufbau einer Verdünnungsreihe

Von einer Ausgangskultur füllt man eine Probe von 1 mL Bakteriensuspension in ein Reagenzglas mit 9 mL Nährlösung. Aus diesem Reagenzglas wird 1 mL des Inhalts in ein weiteres Reagenzglas mit 9 mL Nährlösung gegeben, woraus sich eine Verdünnung um den Faktor 10 ergibt. Bei allen weiteren Schritten der Verdünnungsreihe wird genauso verfahren (jeweils Verdünnung um den Faktor 10). Des Weiteren werden aus jedem Reagenzglas der Verdünnungsreihe 0,1 mL Flüssigkeit auf jeweils eine Petrischale mit Nährboden ausplattiert. Anschließend können die nach der Bebrütung entstandenen Kolonien gezählt werden.

Beispiel

Nach sechs Schritten in der Verdünnungsreihe (Verdünnung: 10^{-6}) sind auf der Platte des Nährmediums insgesamt drei Kolonien vorhanden. Dies bedeutet, dass das Reagenzglas mit der Verdünnung 10^{-6} hochgerechnet insgesamt 30 Bakterien in einem Milliliter Lösung enthält (der Titerwert bezieht sich auf 1 mL). Für die Ausgangslösung ergibt sich damit ein Wert von $30 \cdot 10^6$ oder $3 \cdot 10^7$ Bakterien pro Milliliter.

Mithilfe einer **Verdünnungsreihe** kann die in einem Milliliter einer Ausgangskultur vorhandene Anzahl von Bakterien bestimmt werden.

1.5 Polymerase-Kettenreaktion (PCR)

Seit Mitte der 1980er-Jahre kommt das Verfahren der **Polymerase-Kettenreaktion** (PCR, *polymerase chain reaction*) zur Anwendung, wenn es darum geht, genetisches Material gezielt zu vervielfältigen. Dabei kann es sich beispielsweise um kleinste DNA-Spuren von einem Tatort handeln, die untersucht werden sollen, aber auch um Erbgut, das als Spender-DNA dienen soll.
Mithilfe der PCR können gezielt spezifische Abschnitte einer DNA in einem Reaktionsgefäß identisch vermehrt werden. Diesen Vorgang bezeichnet man auch als **In-vitro-Amplifikation** (gezielte Vermehrung von DNA-Sequenzen im Reagenzglas). Grundlage der PCR sind die hitzestabilen Polymerasen aus dem Bakterium *Thermus aquaticus*, das in manchen heißen Quellen – z. B. im Yellowstone Nationalpark (USA) – vorkommt.
Für die Polymerase-Kettenreaktion wird ein sogenannter **PCR-Mix** angesetzt, der die zu vervielfältigende DNA, spezifische Primer (siehe S. (1) 17), DNA-Nukleotide sowie die hitzebeständige (Taq-)Polymerase enthält. Die Kettenreaktion läuft in mehreren **PCR-Zyklen** ab, die sich jeweils in drei nur einige

Sekunden bis Minuten dauernde und aufeinander aufbauende Schritte unterteilen lassen (siehe auch Abb. 5, S. 14):

1. **Denaturierung:** Der erste Arbeitsgang der PCR besteht darin, dass die zu untersuchende **DNA** bei 92 °C **denaturiert** und in ihre **Einzelstränge** zerlegt wird.
2. **Hybridisierung:** Im nächsten Schritt werden die **Startstellen** der **Replikation** auf dem zu kopierenden DNA-Abschnitt **festgelegt**. Dies ist der entscheidende Arbeitsschritt der PCR. Er kann nur dann gelingen, wenn diejenigen Nukleotidsequenzen bekannt sind, die an den Enden des DNA-Abschnitts liegen, der vervielfältigt werden soll. Zur Begrenzung und Markierung dieses DNA-Abschnitts werden jeweils zwei spezifische gegenläufige **PCR-Primer** (für die zwei Enden des DNA-Abschnitts) verwendet. Damit sich die Primer, die aus kurzen Nukleotidfolgen (Oligonukleotide) bestehenden Startpunkte für die DNA-Polymerase (siehe (1) S. 17 f.), anlagern können, wird die **Temperatur** auf 50–60 °C **gesenkt**. Die beiden im Überschuss zugegebenen Primer-Moleküle lagern sich nach der Komplementaritätsregel an die denaturierte DNA an. Es kommt also zu einer **Hybridisierung** zwischen Primern und DNA.
3. **Polymerisierung:** Anschließend findet die **Polymerisierung** statt. Hierzu wird die Temperatur im Reaktionsgefäß auf ca. 70 °C erhöht. Mit den im Ansatz vorhandenen DNA-Nukleotiden (A, T, G, C) und der hitzebeständigen DNA-(Taq-)Polymerase werden nun – mit den Primern als Ausgangspunkt – die vorliegenden Einzelstränge zu Doppelsträngen ergänzt. Am Ende der Polymerisierung liegen folglich wieder DNA-Doppelstränge vor.

Die Abfolge von DNA-Denaturierung, Hybridisierung und Polymerisierung wird im Reaktionsgefäß als **Kreislauf** mehrfach durchlaufen. Bei jedem Zyklus kommt es zu einer Verdopplung der Menge an identischen DNA-Molekülen, das heißt, ihre Zahl steigt exponentiell an (n Zyklen = 2^n DNA-Abschnitte). Nach 30–40 Durchläufen ist dann selbst bei einer sehr geringen Ausgangsmenge ausreichend DNA synthetisiert worden, um damit weitere Arbeiten durchführen zu können. So liegen beispielsweise nach 40 PCR-Zyklen insgesamt 2^{40} DNA-Moleküle vor, das heißt $1{,}09 \cdot 10^{12}$ identische Kopien des Ausgangsmaterials – das sind mehr als eine Milliarde identische Moleküle.

Mithilfe der **PCR** lassen sich selbst kleinste Mengen an DNA in kurzer Zeit vermehren. Das gelingt durch den Wechsel zwischen bestimmten Temperaturbereichen, der viele nacheinander ablaufende **Replikationen** ermöglicht.

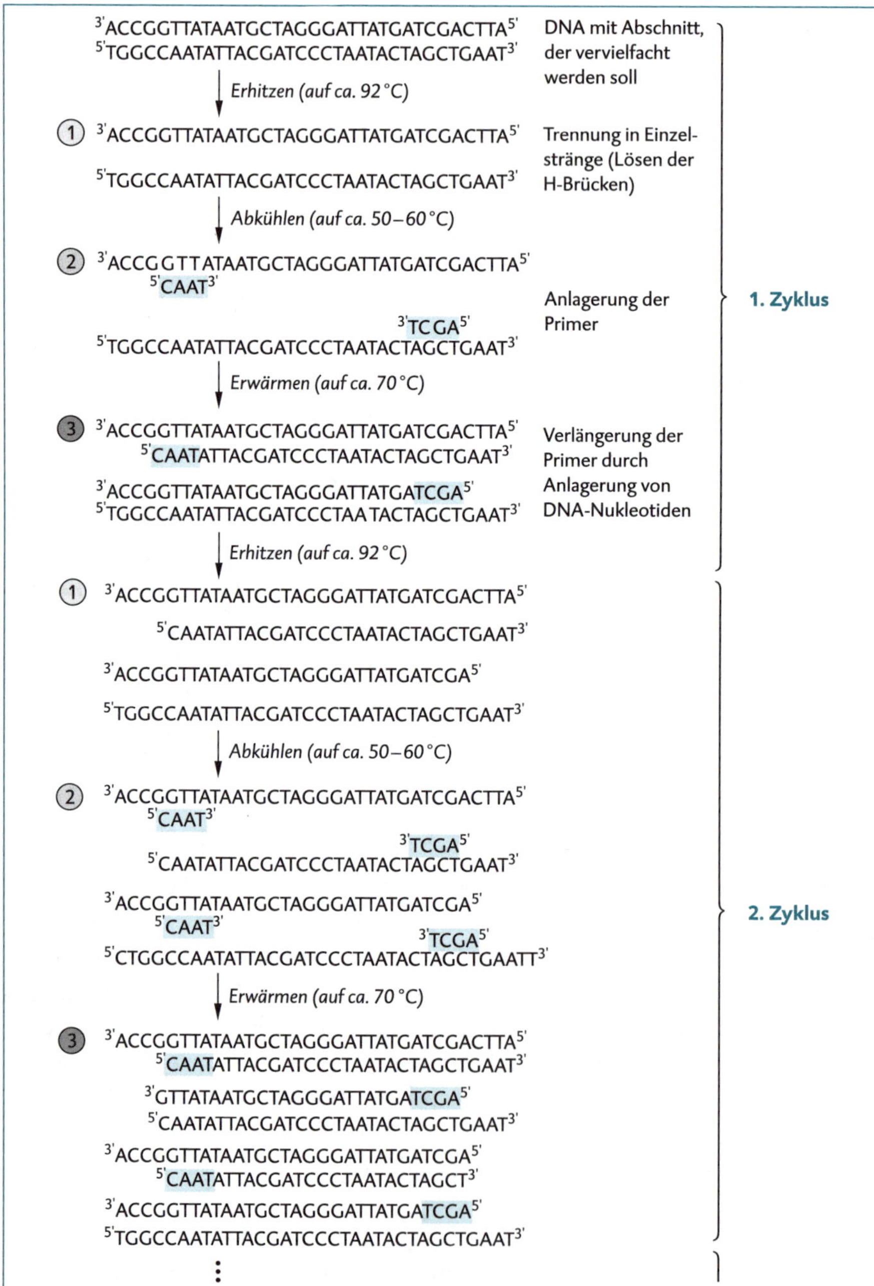

Abb. 5: Ablauf des ersten und zweiten Zyklus der PCR. Erforderlich sind unter anderem DNA-Nukleotide, hitzebeständige Polymerase und Primer, in der Abbildung 5'CAAT3' und 3'TCGA5'.

1.6 Elektrophorese – ein Verfahren zur Molekültrennung

Die **Elektrophorese** ist ein Verfahren, das in der Gentechnik immer dann angewendet wird, wenn es gilt, Gemische verschiedener Moleküle zu trennen. Hierbei macht man sich zunutze, dass elektrisch geladene Körper je nach ihren Eigenschaften eine unterschiedliche Wanderungsgeschwindigkeit in einem elektrischen Feld aufweisen. Die Wanderung findet in einer Trägersubstanz statt. Als Träger dient bei der häufig genutzten **Gelelektrophorese** eine dünne Gelplatte. Für die Bewegung der Moleküle sorgen Elektroden (Anode und Kathode) an den Enden der Gelplatte, die ein Gleichspannungsfeld aufbauen. Je nach Gesamtladung, Größe und Gestalt wandern die Moleküle verschieden schnell und damit verschieden weit pro Zeiteinheit zu einem Pol des elektrischen Feldes. So bewegen sich beispielsweise bei negativ geladenen Molekülen, die gleich groß sind, aber eine unterschiedlich hohe Ladung tragen, diejenigen mit der höheren Ladung schneller zum Pluspol. Bei gleicher Ladung entscheidet die Molekülgröße: Kleinere Teilchen bewegen sich im elektrischen Feld schneller als größere. Es ist aber auch möglich, dass unterschiedliche Moleküle sich gleich schnell in der Trägersubstanz bewegen: Trägt das größere Molekül eine höhere negative Ladung als das kleinere, so können beide gleich schnell in Richtung Anode wandern.

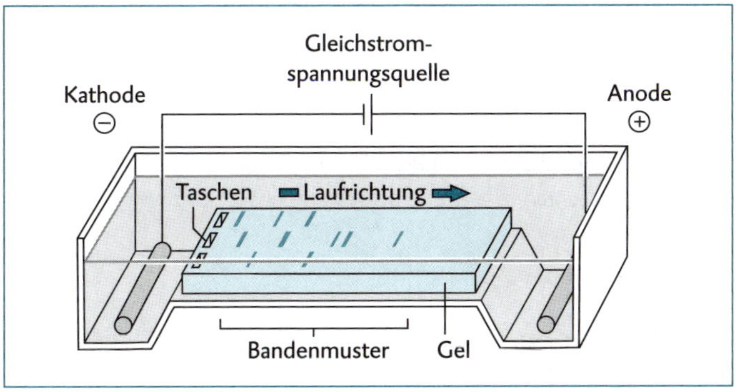

Abb. 6: Apparatur zur DNA-Gelelektrophorese

DNA-Stücke laufen im elektrischen Feld der Gelplatte von der Kathode (Minuspol) zur Anode (Pluspol). Dabei behindert das Gel kurze DNA-Stücke nur wenig. Sie laufen schnell und legen daher in einer bestimmten Zeit eine größere Strecke im Gel zurück als lange DNA-Stücke.

Um die dadurch entstehenden Bereiche, in denen sich gleich oder ähnlich lange DNA-Stücke gesammelt haben, **sichtbar** zu machen, werden hauptsächlich **fluoreszierende Farbstoffe** verwendet. Diese sind entweder schon im Gel

enthalten oder werden den DNA-Proben vor dem Start der Elektrophorese zugegeben. In manchen Fällen wird die DNA auch erst am Ende des Trennvorgangs markiert. Durch die Bindung der fluoreszierenden Farbstoffe an die DNA wird auf der Gelplatte ein leuchtendes Bandenmuster erkennbar.
Eine weitere Möglichkeit, Bandenmuster sichtbar zu machen, stellt die **Autoradiographie** dar. Von der Gelplatte werden die DNA-Fragmente dafür auf eine Nylon- oder Nitrocellulosemembran übertragen und anschließend chemisch denaturiert, wodurch sie sich in Einzelstränge auftrennen. Radioaktiv markierte **DNA-Sonden** werden zugegeben, die an komplementären DNA-Abschnitten binden (Hybridisierung). Die Trägermembran wird dann auf einen für radioaktive Strahlung empfindlichen Film gelegt. Die Schwärzung des Films identifiziert die Stellen, an denen eine Hybridisierung zwischen der zu untersuchenden DNA und den DNA-Sonden stattgefunden hat (Autoradiographie). Es entsteht ein Bandenmuster.
Die voneinander in Banden getrennten, nach ihrer Länge geordneten DNA-Stücke lassen sich durch mitgelaufene **Kontroll-DNA-Stücke** bekannter Länge identifizieren. Die DNA einer Bande kann nach der Elektrophorese aus der Gelplatte gelöst und für weitere Arbeitsschritte verwendet werden. Entsprechendes gilt für die Elektrophorese anderer Substanzen, z. B. für Proteine.
Befinden sich in der zu trennenden Substanz Partikel mit unterschiedlichen Ladungen, so wird das zu trennende Substanzgemisch in der Mitte zwischen Kathode und Anode aufgetragen. Ja nach ihrer Ladung wandern die Teilchen dann zum Plus- oder zum Minuspol.

Bei der **Elektrophorese** trennen sich die unterschiedlichen Moleküle einer Lösung durch verschieden schnelle, das heißt verschieden weite **Wanderung** pro Zeit **in einem elektrischen Feld**.

1.7 Sequenzierungsmethoden

In den 70er-Jahren des 20. Jahrhunderts gelang es Forschern erstmalig, die Sequenz der Nukleotide in einem vorgegebenen DNA-Abschnitt zu ermitteln. Den Durchbruch auf dem Gebiet der **DNA-Sequenzierung** stellte dabei vor allem die von dem britischen Biochemiker Frederick SANGER 1975 entwickelte Methode der Kettenabbruchsynthese (Kettenabbruchmethode, Didesoxymethode) dar. Inzwischen wurden Methoden entwickelt, mit deren Hilfe die Sequenzierung wesentlich vereinfacht und automatisiert werden konnte (Sequenzierungsmethoden der nächsten Generation).

Sequenzierung mittels Kettenabbruchsynthese und Fluoreszenzmarkierung

Bei der **Kettenabbruchsynthese** handelt es sich um eine der „klassischen" Methoden der DNA-Sequenzierung. Die dabei untersuchten DNA-Fragmente dürfen nicht sehr lang sein (bis zu 1 000 Basen). Ausgangspunkt ist immer eine einsträngige DNA des Fragments, dessen Basensequenz festgestellt werden soll, der Matrizenstrang (siehe Abb. 8). Die Methode beruht auf der Verwendung spezifischer Nukleotide, der Didesoxyribonucleotid-Triphosphate (ddNTP; siehe Abb. 7). Beim normalen Ablauf der DNA-Polymerisation (siehe (1), S. 17 f.) werden im Organismus Desoxyribonucleotid-Triphosphate (dNTP) der Basen Adenin, Thymin, Guanin und Cytosin verwendet. Anders als die dNTPs besitzen die ddNTPs am 3'-Kohlenstoffatom der Desoxyribose keine OH-Gruppe, was dazu führt, dass, wenn sie in einen DNA-Strang eingebaut werden, der Anknüpfungspunkt für das nächste Nucleotid fehlt. Dies führt zum Abbruch der DNA-Synthese.

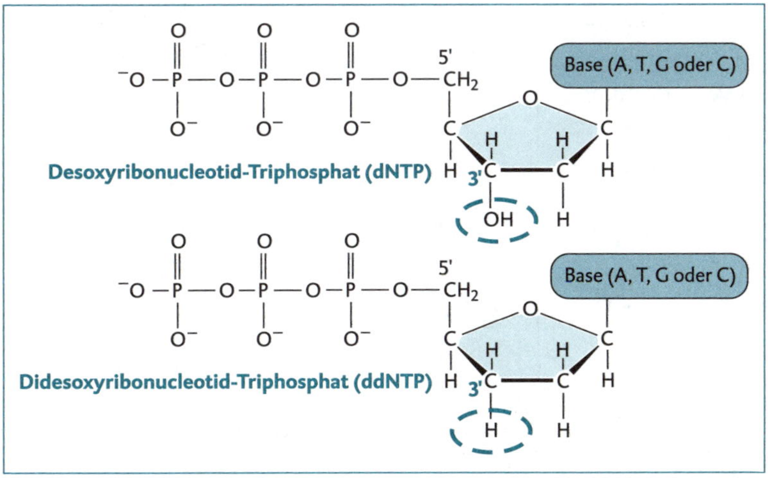

Abb. 7: dNTP (oben) und ddNTP (unten)

Bei der Kettenabbruchsynthese werden die folgenden Komponenten in einem Reagenzglas zusammengegeben (siehe Abb. 8, S. 18):

- der Matrizenstrang
- die „normalen" Basen der DNA: dATP, dTTP, dGTP, dCTP
- eine geringe Menge der „Abbruchbasen", die jeweils mit einem anderen fluoreszierenden Farbstoff verbunden sind: ddATP, ddTTP, ddGTP, ddCTP
- ein spezifischer Primer (mit einer Nukleotidfolge, über die er am Matrizenstrang binden kann)
- eine DNA-Polymerase (das Enzym, welches die DNA-Synthese katalysiert)

Sobald sich der Primer an den Matrizenstrang angelagert hat, beginnt die Neusynthese des komplementären Strangs. Nach der Komplementaritätsregel (siehe (1), S. 15 f.) lagern sich die jeweils komplementären Basen an. Bei dieser Basenpaarung gibt es grundsätzlich zwei Möglichkeiten: Entweder kann sich ein dNTP anlagern oder ein ddNTP. Beim dNTP hat dies für die weitere Synthese keine Auswirkungen; sie läuft normal weiter. Lagert sich jedoch zufällig das chemisch veränderte ddNTP an, so findet die DNA-Polymerase keine Ansatzstelle, um ein weiteres Nukleotid an den Strang anzuhängen. Die Synthese wird abgebrochen und das mit einem Fluoreszenzfarbstoff markierte ddNTP ist das letzte Nukleotid in der neu synthetisierten Kette. Anschließend wird diese vom Matrizenstrang getrennt. Nach und nach entsteht so eine große Menge unterschiedlich langer DNA-Einzelstränge (siehe Abb. 8). Diese DNA-Fragmente werden auf ein Gel aufgebracht und elektrophoretisch – ihrer jeweiligen Länge nach – getrennt. Dabei bewegen sich längere DNA-Fragmente (später abgebrochene Synthesevorgänge) langsamer durch das Gel als kürzere (früher beendete Replikationen). Daraus ergibt sich ein lineares, unterschiedlich fluoreszierendes Fragmentmuster. Ein Laser-Fluoreszenz-DNA-Sequenator kann dieses erkennen und die einzelnen Fluoreszenzfarben den unterschiedlichen Basen zuordnen. Die Reihenfolge der dabei ermittelten Basen spiegelt die Reihenfolge der zu bestimmenden Basen im Matrizenstrang wider.

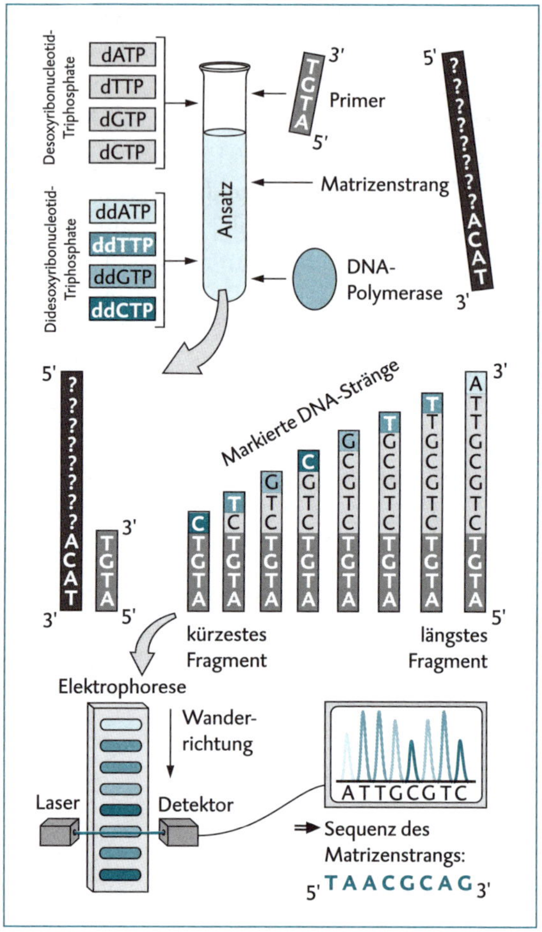

Abb. 8: Schematische Darstellung des Ablaufs der Sequenzierung durch Kettenabbruchsynthese

Durch die **Kettenabbruchsynthese** ist die Analyse der Sequenz eines DNA-Strangs auf der Grundlage der Untersuchung unterschiedlich langer DNA-Fragmente möglich.

Die Pyrosequenzierung

In Schweden gelang es 1996 dem Biochemiker Pal NYREN zusammen mit dem Molekularbiologen Mostafa RONAGHI, die DNA-Sequenzierung erheblich zu beschleunigen und die Kosten hierfür deutlich zu senken. Ihrer **Pyrosequenzierung**, die eine Methode des „Next Generation Sequencing" (NGS, Sequenzierungsmethode der nächsten Generation) darstellt, liegt ebenfalls die von einem Primer ausgehende DNA-Synthese entlang eines Einzelstrangs zugrunde. Anders als bei der Kettenabbruchmethode wird hier aber nicht das „Anhängen" von Nukleotiden verhindert, sondern die Verknüpfung der Nukleotide entlang der Matrize wird gemessen und identifiziert.

Diese Form der Sequenzierung beruht auf folgender Grundlage: Bei der Verknüpfung der neu anzuhängenden Base mit der vorhergehenden wird vom dNTP-Molekül ein Diphosphat enzymatisch abgespalten. Die Abspaltung dieses Diphosphats, auch Pyrophosphat genannt, vom dNTP wird sichtbar gemacht und registriert.

Im Reaktionsgefäß spielen sich dabei die folgenden Vorgänge ab:

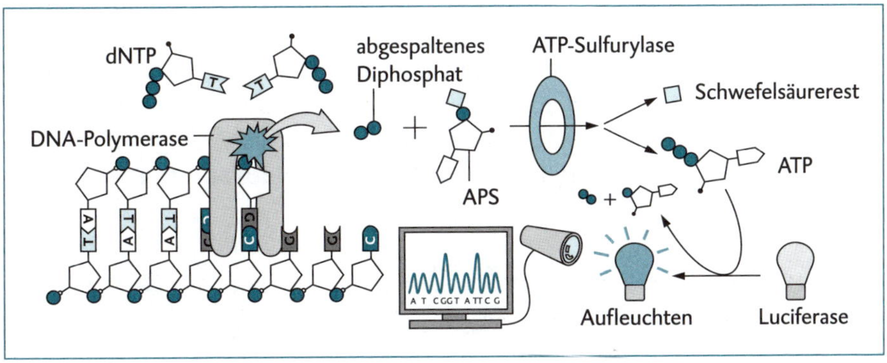

Abb. 9: Schematische Darstellung des Ablaufs der Pyrosequenzierung

In der Reaktionslösung sind enthalten:

- der zu untersuchende DNA-Einzelstrang (Matrizenstrang)
- DNA-Polymerase
- Primer-Moleküle
- dNTPs
- Adenosin-Phosphosulfat (APS)

- ATP-Sulfurylase
- Luciferase

APS besitzt eine Phosphatgruppe, die mit einem endständigen Schwefelsäurerest verbunden ist. Treffen das Diphosphat und das APS auf das Enzym ATP-Sulfurylase, so katalysiert das Enzym die Bildung von ATP unter Abspaltung des Schwefelsäurerests. Stößt das ATP anschließend auf das Enzym Luciferase, dann spaltet diese das ATP-Molekül und gibt dabei Licht ab. Das Aufleuchten wird registriert und aufgezeichnet.
Eine Pyrosequenzierung läuft nun so ab, dass immer nur eine der vier unterschiedlichen dNTP-Formen (dATP, dTTP, dGTP, dCTP) in die Reaktionslösung zur Matrize gegeben wird. Kommt es zu einem Lichtblitz, ist die zugegebene Base eingebaut worden – erfolgt kein Aufleuchten, wurde keine Base eingebaut. Da die Lichtintensität proportional zur Konzentration der Diphosphate ist, kann so auch erkannt werden, wenn mehrere gleiche Basen im neu synthetisierten DNA-Strang hintereinander liegen (z. B. drei gleiche Basen = dreimal helleres Licht). Überschüssige dNTP- und NTP-Moleküle werden vor der Zugabe der nächsten dNTP-Sorte durch das Enzym Apyrase zerstört.
Dieser Ablauf wiederholt sich ständig mit der gleichen Reihenfolge der vier Basen, bis kein Leuchten mehr registriert werden kann. Dies ist das Zeichen dafür, dass die Matrize „abgearbeitet" ist und zu einem Doppelstrang ergänzt wurde.
Diese Form der DNA-Untersuchung ist zum einen gut zu automatisieren und zum anderen können Millionen DNA-Fragmente in einem einzigen Sequenzierlauf untersucht werden. Aufgrund der hohen Geschwindigkeit, mit der dieses Verfahren abläuft, spricht man auch von **Hochdurchsatz-Sequenzierung**.

Bei der **Hochdurchsatz-Sequenzierung** ist es möglich, sehr **schnell** sehr **viele** DNA-Fragmente ungerichtet zu sequenzieren.

1.8 DNA-Chips

Der Einsatz von **DNA-Microarray-Technologie** (engl. *arrays* = Sequenzreihen), bei der parallel mehrere Tausend Gene untersucht werden können, gehört heute zum Standardrepertoire in der Gentechnik. Ziel der Untersuchungen ist es dabei in der Regel, herauszufinden, ob die betrachteten Gene eines Organismus z. B. in einem seiner Organe zu einem bestimmten Zeitpunkt exprimiert werden.

Für die Microarray-Analyse werden sogenannte **DNA-Chips** genutzt. Ausgangspunkt für die Herstellung eines solchen Chips sind einzelsträngige Kopien der DNA der zu untersuchenden Gene. Diese **DNA-Sonden** werden wie Angeln an der Oberfläche des Chips, einem Glas- oder Plastikplättchen, chemisch fixiert (siehe Abb. 10).

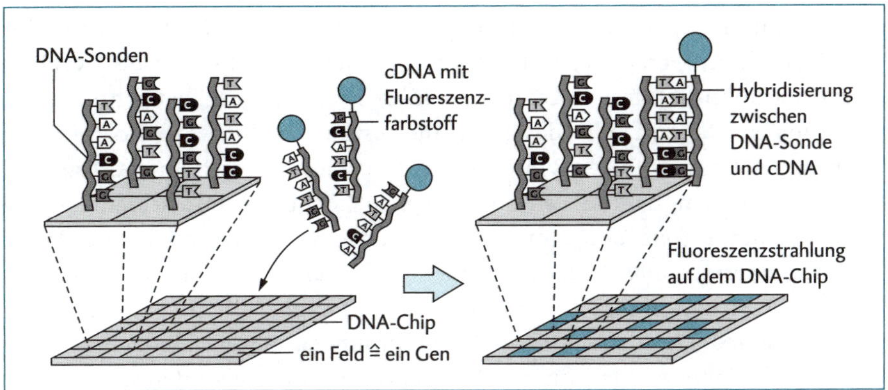

Abb. 10: Aufbau und Funktionsweise eines DNA-Chips

Um die Genexpression in einem bestimmten Gewebe zu untersuchen, wird in einem ersten Schritt die in einer Gewebeprobe enthaltene mRNA isoliert. Um die Hybridisierung mit den DNA-Sonden zu ermöglichen, muss die mRNA anschließend mithilfe des Enzyms **Reverse Transkriptase** in DNA umgewandelt werden. Diese **c(opy)DNA** wird dann noch mit Fluoreszenzfarbstoff markiert. Die fluoreszierende cDNA wird auf den DNA-Chip gegeben und **hybridisiert** dort mit den vorhandenen komplementären DNA-Sonden. Sobald die überschüssige cDNA vorsichtig abgespült worden ist, kann der DNA-Chip auf Fluoreszenzstrahlung untersucht werden. Leuchtende Felder auf dem Chip zeigen an, dass das entsprechende Gen im untersuchten Gewebe exprimiert worden ist.

> Der Einsatz von **DNA-Chips** ermöglicht es, planmäßig zu identifizieren, welche Gene eines Organismus an einem bestimmten Ort zu einer bestimmten Zeit aktiv sind.

1.9 Der genetische Fingerabdruck

Die DNA des Menschen ist bei allen Individuen ähnlich, aber mit Ausnahme von eineiigen Zwillingen nie vollständig identisch. Für das Verfahren des **ge-**

netischen Fingerabdrucks *(genetic fingerprinting)* benutzt man den Vergleich von besonders unterschiedlichen DNA-Bereichen, um einen Menschen zuverlässig zu identifizieren. Deutliche und für jeden Menschen typische Unterschiede weisen vor allem solche DNA-Abschnitte auf, die **keine genetische Information** enthalten. Mutationen in diesen Bereichen bleiben erhalten, da sie keine Merkmalsänderung zur Folge haben und daher nicht der Selektion unterliegen (siehe S. 82 ff. und S. 125 ff.). Diese DNA-Regionen sind von Mensch zu Mensch verschieden. Sie werden als **polymorphe Bereiche** bezeichnet. Eine Mutation kann dazu führen, dass in den betrachteten Abschnitten eine Schnittstelle, das heißt eine bestimmte kurze Basenfolge, für ein bestimmtes Restriktionsenzym entsteht oder wieder verschwindet. Daher ist damit zu rechnen, dass in den polymorphen Bereichen unterschiedlich viele Schnittstellen für ein bestimmtes Restriktionsenzym vorhanden sind. Wenn man die polymorphen DNA-Bereiche verschiedener Personen also mit dem gleichen Restriktionsenzym behandelt, entsteht folglich ein für jedes Individuum **typisches Gemisch aus DNA-Fragmenten** unterschiedlicher Länge. Wenn viele Schnittstellen für das Restriktionsenzym vorhanden sind, enthält das Gemisch eine größere Zahl und kürzere DNA-Stücke, als wenn es nur wenige Schnittstellen gibt.

Der Vorgang des genetischen Fingerabdrucks kann in fünf aufeinander aufbauende gentechnische Verfahrensschritte unterteilt werden:

1. **DNA-Isolierung:** Aus Zellen, die beispielsweise in einer an einem Tatort gefundenen Spur (z. B. Blutfleck, Speichelrückstand, Spermarest) enthalten sind, wird DNA extrahiert. Auch aus den Zellen der Mundschleimhaut einer zu testenden Person wird DNA gewonnen.
2. **DNA-Vervielfältigung:** Spezifische polymorphe Bereiche der beiden gewonnenen Erbgutproben werden mithilfe der PCR (siehe S. 12 ff.) vervielfältigt.
3. **Bildung von DNA-Restriktionsfragmenten:** Zu den beiden Ansätzen mit den vervielfältigten polymorphen Bereichen der DNA wird jeweils das gleiche Restriktionsenzym gegeben. Dadurch wird sowohl die DNA aus der Spur als auch die DNA aus den Mundschleimhautzellen der zu testenden Person in unterschiedlich lange Stücke, die Restriktionsfragmente, zerlegt.
4. **Auftrennung der Restriktionsfragmente:** Die beiden Restriktionsfragment-Gemische werden mithilfe der Gelelektrophorese (siehe S. 15 f.) aufgetrennt.
5. **Untersuchung des Elektrophorese-Bandenmusters:** Verfahren siehe S. 15 f.

Jeder Mensch hat eine für ihn charakteristische Zusammensetzung des Restriktionsfragment-Gemischs. In der Kriminalistik kann man daher durch den **Vergleich der Bandenmuster**, die die Elektrophorese liefert, exakt feststellen, ob z. B. ein Blutfleck oder Spermarest von einem Verdächtigen stammt oder nicht. Zur Absicherung werden beim genetischen Fingerabdruck **mehrere verschiedene DNA-Bereiche** untersucht.

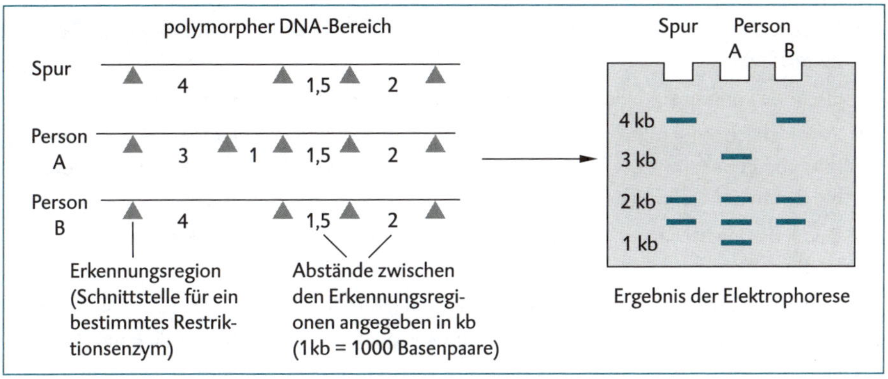

Abb. 11: Das Prinzip des genetischen Fingerabdrucks. Die Spur ist der Person B zuzuordnen.

Zusammenfassung

- Mithilfe der Gentechnik sind Manipulationen am Erbgut außerhalb und innerhalb der Zelle möglich.
- Modellorganismen wie das Bakterium *E. coli* tragen viel zur Entwicklung gentechnologischer Verfahren bei, die mit spezifischen molekulargenetischen Werkzeugen ausgeführt werden.
- Gene lassen sich durch Restriktionsenzyme aus der DNA eines Spenderorganismus herausschneiden.
- Plasmide können zur Übertragung eines Gens auf ein Bakterium dienen.
- Wenn gleichzeitig mit einem Fremdgen auch Gene übertragen werden, die die Resistenz gegen bestimmte Antibiotika zur Folge haben, lassen sich die Zellen identifizieren, bei denen der Gentransfer gelungen ist.
- Durch das Herstellen einer Verdünnungsreihe kann der Titer einer Bakterienkultur bestimmt werden.
- In der PCR laufen in kurzen Abständen nacheinander Replikationen ab, sodass aus einer geringen Menge an DNA eine sehr große Zahl identischer DNA-Moleküle entsteht.
- Ein Gemisch aus verschiedenen DNA-Stücken lässt sich mithilfe der Gelelektrophorese auftrennen.
- Sequenzierungsmethoden wie die Kettenabbruchsynthese boten in der Anfangszeit der Sequenzanalyse eine verlässliche Möglichkeit zur In-vitro-Analyse relativ kurzer Sequenzen des Erbguts.
- Mit verbesserten Sequenzierungsmethoden, wie der Hochdurchsatz-Sequenzierung, ist es möglich, eine große Anzahl von DNA-Teilstücken schnell und kostengünstig zu analysieren.
- DNA-Chips ermöglichen es, zu identifizieren, welche Gene eines Organismus aktiv sind.
- Durch das Verfahren des genetischen Fingerabdrucks lässt sich die DNA aus Zellen einer Probe eindeutig einer bestimmten Person zuordnen.

Aufgaben

1 Restriktionsenzyme sind wichtige Werkzeuge der Gentechnik.

a Beschreiben Sie die Funktion der Restriktionsenzyme im Gentechniklabor.

b Beschreiben Sie die Aufgaben der Restriktionsenzyme unter natürlichen Bedingungen.

2 Erklären Sie, warum man beim Gentransfer mithilfe von Plasmiden das gleiche Restriktionsenzym verwendet, um das zu übertragende Gen aus der DNA des Spenderorganismus herauszuschneiden und um die Plasmide, die zur Einschleusung dienen sollen, aufzutrennen.

3 Hefezellen sind Eukaryoten, das heißt, sie haben einen Zellkern und mehrere Chromosomen. Zusätzlich aber können sie auch Plasmide enthalten. Das ist untypisch für eukaryotische Zellen.
Erläutern Sie, warum Hefen durch diese Besonderheit für bestimmte gentechnische Verfahren besonders geeignet sind. Berücksichtigen Sie dabei auch, dass Prokaryoten nicht die gleiche Art der Transkription und der Translation haben wie Eukaryoten.

4 Durch spezielle Verfahren ist es in manchen Fällen möglich, DNA auch ohne die Nutzung von Vektoren oder Glaskapillaren in Zellen zu übertragen. Dies kann z. B. durch die Behandlung der Zellen mit elektrischem Strom geschehen. Eine solche direkte Übertragung von Genen ist bei Pflanzenzellen schwieriger als bei Tierzellen.
a Stellen Sie eine Vermutung darüber auf, warum das so ist.
b Erklären Sie, durch welche Vorbehandlung von Pflanzenzellen sich ein direkter Gentransfer erleichtern lässt.

5 Welche der folgenden Substanzen, Partikel oder Zellbestandteile sind mit der falschen gentechnischen Funktion oder Anwendung verknüpft? Kreuzen Sie an.
- ☐ DNA-Polymerase – Zerschneiden der DNA
- ☐ Vektor – Transport von mRNA aus dem Zellkern in das Zytoplasma
- ☐ Restriktionsenzym – komplementäre Anlagerung von RNA-Nukleotiden an einen DNA-Einzelstrang
- ☐ Hybridplasmid – Übertragung fremder DNA-Stücke auf eine Bakterienzelle
- ☐ Virus – Übertragung von Fremdgenen auf Zellen von Eukaryoten

6 In der Gentechnik verwendet man in der Regel Plasmide, um Gene auf Bakterienzellen zu übertragen.
Beschreiben Sie in Stichworten ein übliches Suchverfahren, mit dem diejenigen Bakterienzellen, die ein Plasmid aufgenommen haben, von solchen unterschieden werden können, die kein Plasmid enthalten.

7 Angenommen, eine Kultur von Bakterien (Kulturschale A) besteht aus zwei Zelltypen:

- Typ I enthält ein Plasmid, das aus reiner Bakterien-DNA besteht (ohne fremde DNA) und auf dem sich ein Resistenzgen gegen das Antibiotikum Tetracyclin befindet.
- Typ II besteht aus Zellen, die ein Hybridplasmid aufgenommen haben. Das Plasmid enthält ein Resistenzgen gegen Tetracyclin. Das fremde DNA-Stück liegt innerhalb dieses Resistenzgens.

Beschreiben Sie ein Suchverfahren, mit dem man die beiden Bakterientypen voneinander unterscheiden und weiterverwenden kann.

8 Wenn man Plasmide für den Gentransfer benutzt, entstehen während des Verfahrens der Genübertragung verschiedene Bakterientypen, die sich in ihren genetischen Informationen unterscheiden lassen.

a Beschreiben Sie in kurzen Sätzen solche Bakterientypen.

b Welche der genannten Bakterientypen entstehen am seltensten? Begründen Sie Ihre Antwort.

9 Erläutern Sie, warum man beim Anlegen einer Verdünnungsreihe davon ausgehen kann, dass eine Bakterienkolonie auf den Nährböden der Petrischalen als eine Bakterienzelle gezählt werden kann.

10 Erläutern Sie, warum bei einer Verdünnungsreihe die Anzahl der Bakterienkolonien, die auf den bebrüteten Petrischalen entstanden sind, nicht dem Titer-Wert entspricht.

11 Kreuzen Sie an, welche der unten genannten Substanzen und Organellen unter anderem in einem Ansatz vorhanden sind, in dem die PCR abläuft.

- [ ] Restriktionsenzyme
- [ ] Primer
- [ ] vier Arten von DNA-Nukleotiden
- [ ] vier Arten von RNA-Nukleotiden
- [ ] DNA-Polymerase
- [ ] zu vermehrender DNA-Bereich
- [ ] Zellkerne
- [ ] Ribosomen

12 Im Folgenden ist die Basensequenz eines Abschnitts eines DNA-Doppelstrangs angegeben. Darin sind Beginn und Ende des Bereichs markiert, der durch eine PCR vermehrt werden soll. Die DNA-Polymerase kann vom Primer ausgehend einen komplementären Strang nur in Richtung vom 5'-Ende zum 3'-Ende der DNA aufbauen.

Beginn ↓ (vor der 7. Base) … **Ende** ↓ (vor der 21. Base)

$^{3'}$G G T A T C A G G C C A T A G T C C C A G C G G T T A$^{5'}$
$^{5'}$C C A T A G T C C G G T A T C A G G G T C G C C A A T$^{3'}$

a Ermitteln Sie die Primer, die im vorliegenden Fall für die PCR erforderlich sind. Zur Vereinfachung können Sie davon ausgehen, dass die Primer aus nur vier Basen bestehen.

b Zeichnen Sie das DNA-Molekül in der Phase der PCR, in der sich die Primer bereits angelagert haben.

c Stellen Sie die DNA-Moleküle dar, die nach dem ersten und nach dem zweiten PCR-Zyklus entstanden sind.

13 Die für die PCR verwendete DNA-Polymerase stammt aus einem Bakterium *(Thermus aquaticus)*, das ungewöhnlich hohe Umgebungstemperaturen ertragen kann. Die *Taq*-Polymerase arbeitet optimal bei einer Temperatur von ca. 70 – 80 °C. Oberhalb von 90 °C ist sie nicht mehr aktiv; ihre chemische Struktur bleibt aber auch in diesen Temperaturbereichen noch stabil.
Erläutern Sie, warum die *Taq*-Polymerase für die PCR geeigneter ist als eine „normale“ Polymerase.

14 Nennen Sie das Merkmal, in dem sich die DNA-Stücke innerhalb der jeweiligen Banden, die bei der Elektrophorese von DNA entstehen, ähneln/gleichen, wenn die DNA mit einem bestimmten Restriktionsenzym behandelt wurde.

15 Abb. 6 (S. 15) zeigt den Vorgang einer Elektrophorese. Legen Sie begründet dar, woran es liegen kann, dass einzelne Substanzen im elektrischen Feld schneller wandern als andere.

16 Bei der Kettenabbruchsynthese wird in das Reagenzglas eine große Menge der vier dNTP-Moleküle gegeben, aber nur eine kleine Menge der vier verschiedenen ddNTPs.
Erläutern Sie, warum es sinnlos wäre, eine große Menge oder gar ausschließlich ddNTPs zuzugeben.

17 Die nachfolgende Abbildung zeigt das Ergebnis der Pyrosequenzierung einer Matrize nach sieben Durchläufen.

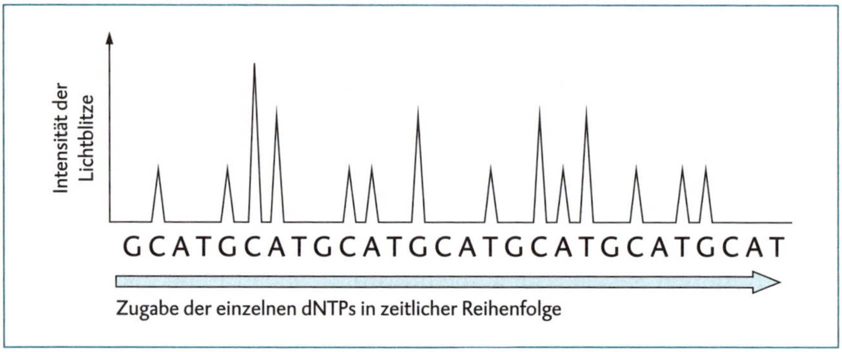

a Geben Sie die Länge des zu dekodierenden Matrizenstrangs an (Anzahl der Basen).

b Leiten Sie aus dem in der Abbildung dargestellten Ergebnis begründet die Basensequenz des Matrizenstrangs ab.

18 Erläutern Sie, warum bei der Pyrosequenzierung überschüssige dNTP- und NTP-Moleküle nach jedem Durchgang entfernt werden müssen.

19 Beim genetischen Fingerabdruck können die Banden, die sich während der Elektrophorese aus den verschieden langen DNA-Stücken (Restriktionsfragmente) bilden, unter anderem dadurch sichtbar gemacht werden, dass man radioaktiv oder mit fluoreszierenden Farbstoffen markierte DNA-Sonden zugibt.
Erklären Sie, warum dieses Verfahren aufgrund der Tatsache, dass man für den genetischen Fingerabdruck polymorphe Bereiche verwendet, die aus repetitiven Sequenzen bestehen (Abschnitte, in denen sich bestimmte, kurze Basenfolgen unterschiedlich häufig wiederholen), besonders effektiv ist.

20 Erklären Sie, warum die Analyse einzelner Gene nicht geeignet ist, um die Identität einer Person festzustellen (z. B. für die Aufklärung von Gewaltverbrechen).

21 In der Vergangenheit wurde die Bevölkerung in einigen spektakulären Kriminalfällen dazu aufgefordert, sich für Tests mit der Methode des genetischen Fingerabdrucks zur Verfügung zu stellen.

Ist es sinnvoll, die Bestimmung des genetischen Fingerabdrucks mit dem Argument abzulehnen, man wolle niemandem die Kenntnisse seiner Gene gestatten? Begründen Sie Ihre Antwort.

22 In einem Fall von Familienzusammenführung werden die leiblichen Kinder eines Elternpaares gesucht. In der Abbildung rechts ist das Ergebnis der Elektrophorese schematisch dargestellt, durch die der genetische Fingerabdruck des Elternpaares und dreier Kinder angegeben wird.

a Erklären Sie, wie sich die Banden in der folgenden Abbildung bilden.

b Welche Kinder können nicht die leiblichen Kinder der angegebenen Eltern sein? Begründen Sie Ihre Antwort kurz.

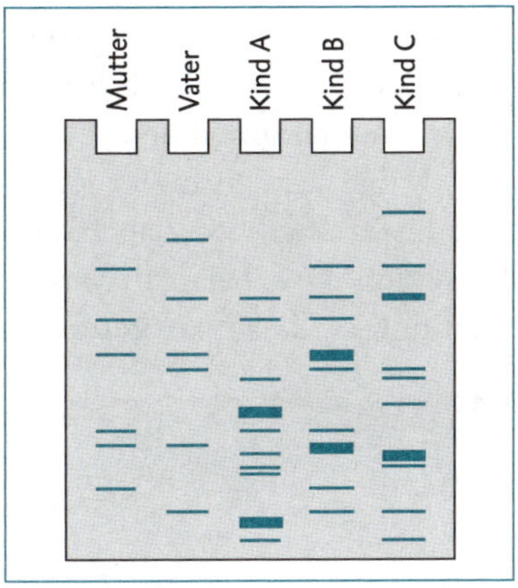

Ergebnis einer Elektrophorese

23 Welche der folgenden Aussagen sind richtig? Kreuzen Sie an.

- ☐ Restriktionsenzyme zeichnen sich dadurch aus, dass sie an jeder beliebigen Stelle in einer DNA tätig werden können.
- ☐ Wenn sie in Plasmiden im Bakterium vorliegen, können Resistenzgene zur Identifizierung bestimmter Bakterienzellen genutzt werden.
- ☐ Bei der Stempeltechnik wird mit ein und demselben Stempel von allen Platten das Koloniemuster übertragen.
- ☐ Mit DNA-Chips ist es möglich, zu bestimmen, welche Gene eines Organismus gerade exprimiert werden.
- ☐ Bei der Gelelektrophorese wandern negativ geladene Moleküle zur Kathode.
- ☐ In einem Hybridplasmid liegt rekombinante DNA vor.

2 Chancen und Risiken der Gentechnik und -diagnostik

2.1 Einsatz der Gentechnik bei Mikroorganismen und Viren

Transgene Mikroorgansimen und Viren

In der Medizin, wie auch bei industriellen Produktionsverfahren und im Umweltschutz kommen heute diverse gentechnische Verfahrensweisen zum Einsatz. Dabei werden in der Regel Mikroorganismen – hauptsächlich Bakterien- und Hefezellen – aber auch Viren gentechnisch verändert. Ihre genetische Information wird, beispielsweise durch das Einschleusen artfremden Erbguts, so manipuliert, dass **transgene Organismen** entstehen.

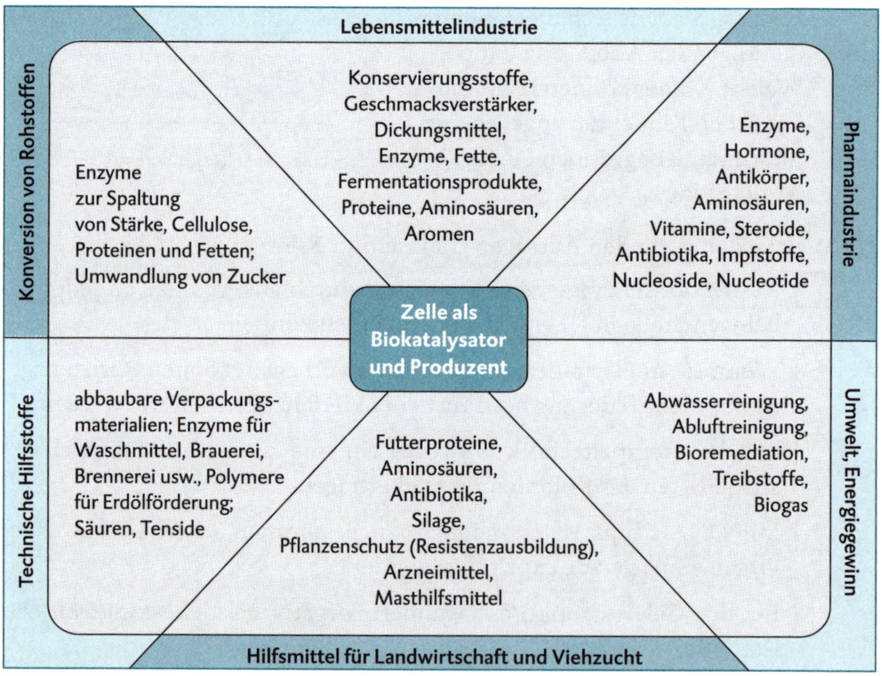

Abb. 12: Einsatzgebiete der Biotechnologie

Die Nutzung von Mikroorganismen (und teilweise auch von Pflanzen) für die Produktion chemischer Verbindungen und zur Erstellung von Diagnosen wird unter dem Überbegriff **Biotechnologie** zusammengefasst. Für die *European Federation of Biotechnology* ist die Biotechnologie die „integrierte Anwendung von Mikrobiologie, Biochemie, Molekulargenetik und Verfahrenstechnologie mit dem Ziel, das Potenzial von Mikroorganismen, Zell- und Gewebekulturen

sowie Teile davon (z. B. Enzyme und andere Zellkomponenten) technisch zu nutzen". Dieses Teilgebiet der Biologie kann bereits auf eine **sehr lange Geschichte** zurückblicken. Erste Ansätze gehen mindestens bis ins 6. Jahrtausend vor Christus zurück. Damals entdeckten die Menschen die alkoholische Gärung (durch Hefepilze) und machten sie sich nutzbar, ebenso wie das Säuern – und damit Haltbarmachen – von Lebensmitteln (durch Milchsäurebakterien). Einen Überblick über die Einsatzmöglichkeiten der verwendeten Zellen als Biokatalysatoren und Produzenten im Rahmen der Biotechnologie gibt Abb. 12.
Beispiele für die Nutzung transgener Mikroorganismen:

Beispiele

- In der **Medizin** kommen beispielsweise schon seit längerer Zeit transgene Bakterienzellen zum Einsatz, in die das menschliche Gen für die Produktion von Insulin oder des Blutgerinnungsfaktors VIII eingeschleust wurde. Folglich können diese Organismen eingesetzt werden, um die gewünschten Substanzen für eine therapeutische Behandlung zuckerkranker bzw. hämophiler Patienten herzustellen. In der Erprobung ist auch der Einsatz von manipulierten Virenstämmen, die in der Lage sind (z. B. bei Krebserkrankungen) Zellen gezielt zu erkennen und zu bekämpfen.
- Ein Beispiel für den Einsatz der Gentechnik in der **Lebensmittelherstellung** ist die Steigerung der Effektivität der Mikroorganismen bei der Produktion von Backwaren, Bier, Milch- und Käseprodukten, Vitaminen, Aromastoffen sowie Enzymen und anderen Proteinen durch den Einbau artfremder Gene.
- Im Bereich der **Rohstoffgewinnung** vermag die Gentechnik den Entzug von Mineralien aus Erzen durch gentechnisch veränderte Bakterien zu verbessern oder auch die Herstellung von Alkohol durch veränderte Hefestämme zu optimieren.
- Im **Umweltschutz** schließlich kann durch gentechnische Veränderungen eine Leistungssteigerung von Mikroorganismen etwa bei der Reinigung von Abwässern, der Kompostierung, der Gewinnung von Biogas oder beim Abbau von Schadstoffen (z. B. Ölrückständen) im Boden oder im Wasser erreicht werden.

Risiken beim Einsatz transgener Mikroorganismen und Viren

Die Manipulation des Erbguts von Mikroorganismen und Viren birgt unter anderem die folgenden, bisher schwer überschaubaren Risiken:

Beispiele

- Durch Veränderung der genetischen Information könnten unabsichtlich neue Krankheitserreger entstehen, die nur schwer zu bekämpfen sind.
- Transgene Mikroorganismen und Viren könnten aus den Labors freigesetzt werden und im Freiland in Wechselwirkung mit anderen Umweltbedingungen und anderen Organismen unvorhersehbare Wirkungen entfalten. Die gentechnisch veränderte DNA könnte dabei z. B. auf andere Stämme übergehen (horizontaler Gentransfer), sodass neue Genkombinationen entstehen, deren Effekte nicht vorauszusehen sind. Bei Bakterien ist der horizontale Gentransfer auch zwischen Zellen möglich, die zu verschiedenen Arten gehören; sogar eine Übertragung auf Pflanzen ist denkbar.
- Gezielt gentechnisch veränderte Bakterien und Viren lassen sich als biologische Kampfmittel mit ungeahnter Wirkung militärisch und terroristisch nutzen.

Synthetische Organismen – Chancen und Risiken

Ein weiter gestecktes Ziel der Biotechnologie ist die Schaffung eines **synthetischen Organismus**, das heißt eines **vollständig künstlichen biologischen Systems**. Dabei geht es in der Regel um synthetische Organismen in der Größenordnung von Einzellern. Ein erster Erfolg auf diesem Gebiet war die Herstellung eines **künstlichen Bakteriums**, einer „synthetischen Zelle“, durch Craig VENTER und seine Mitarbeiter nach 15-jähriger Arbeit im Jahr 2010. Die Forscher hatten zunächst aus einem Bakterium sämtliche DNA entfernt und dem Einzeller anschließend eine aus chemischen Rohstoffen in vitro neu synthetisierte DNA eingefügt. Damit ist die theoretische Möglichkeit geschaffen, in absehbarer Zukunft maßgeschneiderte künstliche Bakterien („Designer-Bakterien“) mit einem Kunstgenom für alle möglichen Einsatzgebiete zu generieren.

Es ist denkbar, dass aus diesen Anfängen ein neuer Industriezweig erwächst, bei dem man **Mikroorganismen** mit einem für die eigenen Bedürfnisse **maßgeschneiderten Genom** erwerben kann.

Bei allem berechtigten Optimismus, ein neues Werkzeug in der Hand zu halten, um zukünftig globale Probleme von der Energieversorgung über die Nahrungsmittelerzeugung bis hin zur Medikamentenproduktion und zum umweltverträglichen Recycling besser zu meistern, sollte dennoch Vorsicht geboten sein: Bei der „synthetischen Zelle“ und ihrer Weiterentwicklung kann es sich unter Umständen durchaus um eine **Hochrisikotechnologie** handeln. Kritiker wenden beispielsweise ein, dass es unmöglich sei, vorherzusagen, ob derartige Designer-Bakterien nicht Risiken in sich bergen, das heißt z. B.

Krankheiten auslösen könnten. Gefährdet sind unter Umständen nicht nur Menschen: Auch Tiere und Pflanzen könnten geschädigt werden, wenn synthetische Organismen z. B. aus dem Labor entweichen und in die Umwelt gelangen. Auch weitergehende ethische Überlegungen in Richtung „Darf der Mensch künstliche Lebewesen erschaffen?“ sind durchaus angebracht.

2.2 Transgene Pflanzen und Tiere

Während bei Bakterien eine Weitergabe artfremder Gene an die Nachkommen bei jeder Zellteilung erfolgt, müssen diese bei Eukaryoten in den Keimzellen vorhanden sein, damit ein **horizontaler Gentransfer** (die Übertragung des Transgens von einer Generation zur nächsten) gewährleistet ist.

Transgene Pflanzen

Neben anderen Techniken, **transgene Pflanzen** herzustellen, bedient sich ein gängiges Verfahren des Bodenbakteriums *Agrobacterium tumefaciens*. Das Agrobakterium ist in der Lage, Pflanzenzellen genetisch zu verändern. Für diesen Zweck besitzt es ein sogenanntes **Ti-Plasmid** (Ti = **T**umor **i**nduzierend). Dieses Plasmid kann als Vektor genutzt werden, um im Labor Fremdgene auf eine Pflanze zu übertragen.

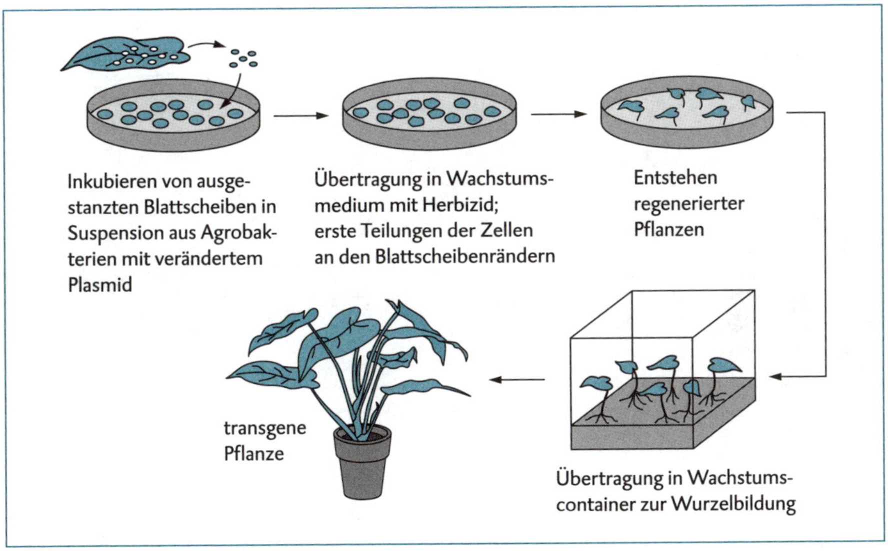

Abb. 13: Entstehung einer transgenen Pflanze mithilfe des Ti-Plasmids

Aus Bodenbakterien, in die ein verändertes Ti-Plasmid eingebaut wurde (Transgen + Marker-Gen zur Erkennung der veränderten Zellen), stellt man eine Suspension her. In diese Flüssigkeit werden aus Pflanzenblättern ausgestanzte kleine Scheiben gelegt (siehe Abb. 13). Nach einer gewissen Inkubationszeit erfolgt eine Umsetzung der Scheiben in ein Wachstumsmedium, das spezifische Phytohormone (pflanzeneigene Botenstoffe) enthält, die auf die Bildung von Wurzel- und Sprossgewebe einwirken. Darüber hinaus beinhaltet das Medium eine Substanz, die es erlaubt, den Marker zu erkennen. Meist ist dies ein Herbizid, das mit einem entsprechenden Herbizidresistenzgen in den Plasmiden korrespondiert. Die Aufnahme der Plasmide in das Blattgewebe erfolgt an den Rändern der Blattscheiben. Dort kommt es dann zu Teilungen nur derjenigen Zellen, die das Transgen in sich tragen. Aus den Zellen wachsen kleine Pflänzchen heran, die anschließend zur Wurzelbildung in einen Wachstumscontainer umgesetzt werden können.

Transgene Tiere

Transgene Tiere werden meist durch einen Transfer des Transgens in eine Eizelle hergestellt. Neben anderen Methoden hat sich dabei die Technik der **Mikroinjektion** bewährt (siehe Abb. 14).

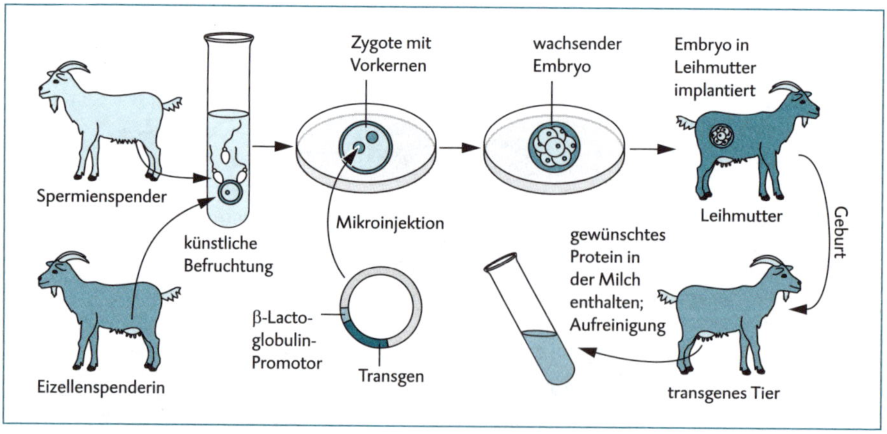

Abb. 14: Entstehung eines transgenen Tieres mithilfe der Mikroinjektion

Ausgangspunkt ist eine Zygote, deren männlicher und weiblicher Vorkern sich noch nicht zum Zellkern des neuen Lebewesens vereinigt haben. In einen der beiden Vorkerne wird das Transgen, gekoppelt an einen spezifischen Promotor (siehe S. (1) 34 f.), im Beispielsfall an einen für die Milchproduktion, injiziert. Der Embryo wird in eine Leihmutter übertragen und wächst zur endgültigen

Geburtsgröße heran. Ob das herangewachsene – in diesem Beispiel weibliche – Tier tatsächlich das Transgen in sein Genom integriert hat, kann gentechnisch überprüft werden (siehe DNA-Sonden, S. 21). Ist dies der Fall, kann damit gerechnet werden, dass es in den Milchdrüsen zur Expression des Transgens, das heißt zur Proteinbiosynthese kommt. Das Protein findet sich folglich in der produzierten Milch wieder. Diese muss nur abgemolken und aufgereinigt werden, sodass das reine Genprodukt des Transgens gewonnen werden kann.

Einsatz transgener Organismen und mögliche Risiken

Die Möglichkeit, durch gentechnische Methoden genetisches Material über Artgrenzen hinweg auf Pflanzen und Tiere zu übertragen, findet in vielen Bereichen Verwendung.

- In **Nutzpflanzen** werden meist solche Erbanlagen als Transgene eingeschleust, die zu einer Ertragssteigerung beitragen. Zu nennen sind hier vor allem Resistenzgene gegen Pflanzenkrankheiten, aber auch gegen Herbizide. So können unerwünschte Wildkräuter auf den Anbauflächen mit Pflanzenschutzmitteln bekämpft werden, ohne dass die Nutzpflanze Schaden nimmt. Auch auf die Menge und Qualität der Inhaltsstoffe oder die Haltbarkeit der Produkte kann Einfluss genommen werden.

Beispiele

  - Gegen die Raupen des Maiszünslers resistenter sogenannter Bt-Mais
  - Anti-Matsch-Tomate

- Bei **Zierpflanzen** ist es möglich, das Aussehen in Bezug auf Wuchs und Blüte dahingehend zu verändern, dass es den gewünschten Vorstellungen entspricht, ohne dafür oft langwierige Züchtungen vornehmen zu müssen.
- Auch in der **Phytoremediation**, das heißt der biologischen Sanierung von verunreinigten Böden und Gewässern mithilfe von Pflanzen, können transgene Organismen eingesetzt werden. Entweder bauen sie giftige Substanzen ab oder sie akkumulieren diese (z. B. Schwermetalle) in ihren Zellen, sodass die entstandene Biomasse nur noch abgeerntet und mitsamt den enthaltenen Schadstoffen entsorgt werden muss.
- **Transgene Tiere** können beispielsweise als **Produzenten** von bestimmten **Proteinen** für die pharmazeutische Industrie *(Gene-farming)* eingesetzt werden.

  Auch ihr Einsatz in der Grundlagenforschung als **Modellorganismen** für bestimmte Krankheiten (z. B. bei Krebs und Diabetes) wird praktiziert.

Beispiele

  - Transgene Kaninchen und Schafe produzieren Humaninsulin, das z. B. aus ihrer Milch gewonnen werden kann.

- In das Erbgut von Mäusen eingebaute Gene steigern die Anfälligkeit für Krebs.

- Bei **Nutztierrassen** kann durch Genmanipulation z. B. eine Steigerung der Produktionsleistung und des Wachstums (durch Transfer von Wachstumsgenen) erreicht werden. Auch eine Anreicherung von Nahrungsmitteln mit zusätzlichen Inhaltsstoffen *(functional food)* ist hier möglich. Darüber hinaus können transgene Nutztiere mit Bakterien- und Virenresistenzen ausgestattet werden.

Beispiele

- Steigerung der Milchproduktion bei Rindern.
- Sogenannter Golden Rice enthält erhöhte Mengen an Beta-Carotin. Dadurch soll der Vitamin-A-Unterversorgung in vielen Entwicklungs- und Schwellenländern entgegengewirkt werden.

Wie die angeführten Beispiele verdeutlichen, begegnen wir transgenen Lebewesen bzw. deren Produkten in vielen Bereichen des täglichen Lebens. Die möglichen Risiken für Umwelt und Gesundheit, die durch den Anbau und die Nutzung transgener Organismen entstehen, sind jedoch vielfältig.

Beispiele

- In die Umwelt gelangende transgene Pflanzen und Tiere könnten durch eine erhöhte Vitalität natürlich vorkommende Konkurrenten verdrängen.
- Gefahr der Monopolbildung durch den Verkauf von Herbiziden und darauf abgestimmtem Saatgut.
- Gesundheitsschädliche Effekte (z. B. Allergien) auf den Menschen durch die veränderten pflanzlichen und tierischen Produkte.

Transgene Lebewesen enthalten in ihrem Genom artfremdes genetisches Material, das z. B. mit **bakterieller Hilfe** (Pflanzen) oder durch **Mikroinjektion** (Tiere) eingeschleust wird. Derartig veränderte Lebewesen spielen in Wissenschaft und Wirtschaft eine große Rolle.

2.3 Gendiagnostik – Chancen und Risiken

Bereits seit dem Jahr 2003 ist die vollständige Basensequenz des menschlichen Genoms durch das Humangenom-Projekt aufgeklärt worden. Das heißt allerdings nicht, dass schon alle informationstragenden Abschnitte (Gene) identifiziert bzw. in ihrer Wirkung bekannt sind.
Mit modernen gentechnologischen Verfahren haben Biologen und Mediziner heute die Möglichkeit, das Genom eines Menschen zu „durchleuchten“ und z. B. tatsächliche wie vermeintliche „Schwachstellen“ aufzudecken. Die Mög-

lichkeit, festzustellen, ob ein Organismus bestimmte (veränderte) Gene in sich trägt, eröffnet **zahlreiche Chancen**, birgt aber auch **viele Risiken**.

Chancen der Gendiagnostik

Die verschiedenen gendiagnostischen Verfahren bieten eine Vielzahl an Chancen:

Beispiele

- Durch den Einsatz von DNA-Chips können beispielsweise genetische Veranlagungen für **Erbkrankheiten** frühzeitig festgestellt werden. So lassen sich noch vor ihrem Ausbruch prophylaktische medizinische Maßnahmen treffen.
- Gezielte **humangenetische Beratungen** von Paaren mit einem Kinderwunsch, in deren Familien Erbkrankheiten aufgetreten sind, ist dadurch möglich, dass die DNA der Ehepartner sequenziert und auf entsprechende Gene hin untersucht werden kann.
- Während der Schwangerschaft können Untersuchungen auf veränderte Gene durchgeführt werden, die Krankheiten verursachen. Bei einer Befruchtung im Reagenzglas, der *In-vitro*-Fertilisation (siehe auch S. 43), lassen sich durch Gendiagnose Embryonen mit verändertem Genotyp frühzeitig erkennen.
- In der **Kriminalistik** lassen sich Täter mithilfe des genetischen Fingerabdrucks mit sehr hoher Wahrscheinlichkeit überführen – dank der PCR auch dann, wenn am Tatort nur geringe DNA-Mengen gefunden wurden.

Risiken der Gendiagnostik

Das Wissen darum, welche Gene ein Organismus in sich trägt, bringt, wie im vorherigen Abschnitt verdeutlicht wurde, zunächst viele Vorteile mit sich. Vor allem die beschleunigten Sequenzierungstechniken ermöglichen es, das individuelle Genom eines Menschen schnell und kostengünstig für genetische Analysen zugänglich zu machen. Im Umgang mit der Möglichkeit einer genetischen Analyse des (einzelnen) Menschen treten aber ernstzunehmende **ethische und soziale Fragen** auf. Vor dem Hintergrund der zunehmenden Einsatzmöglichkeiten und der allgemeinen Verfügbarkeit gentechnischer Methoden – auch im privaten Alltag – gewinnen unter anderem folgende, zum Teil heftig diskutierte Fragestellungen, immer mehr an Bedeutung:

Beispiele

- PCR und Sequenzierungstechniken ermöglichen es, aus kleinsten DNA-Proben – legal oder illegal beschafft – Informationen über das Erbgut eines Menschen zu gewinnen.

Wer soll **berechtigt** sein, das **Genom** eines Menschen **untersuchen zu lassen**, um z. B. festzustellen, ob bestimmte Gene verändert sind?

- Ein potenzieller Arbeitgeber könnte bei einem Einstellungsgespräch auf einer Blut- oder Speichelprobe bestehen.
  Darf die Kenntnis der Gene eines Menschen genutzt werden, um die **Eignung für** einen bestimmten **Beruf oder Arbeitsplatz** zu bestimmen?
- Eine Versicherungsgesellschaft will ihr unternehmerisches Risiko möglichst gering halten.
  Darf die Kenntnis des Genoms eines Menschen von diesen **Unternehmen** genutzt werden, um die Höhe der Beiträge in Abhängigkeit von eventuell **zu erwartenden Krankheiten** oder von der **mutmaßlichen Lebensdauer** der Person festzusetzen? Darf einer Person mit „negativen Befunden" ein Versicherungsschutz verweigert werden?
- Ein Mann ist sich nicht sicher, ob er wirklich der Vater seines Kindes ist.
  Ist es gerechtfertigt, ohne das Wissen der Mutter und/oder des Kindes einen **Vaterschaftstest** durchzuführen?
- Die Untersuchung des Genoms einer Person hat ergeben, dass ein Gen vorliegt, das die Wahrscheinlichkeit stark erhöht, an einem bestimmten **tödlichen Leiden** zu erkranken.
  Wie kann ein Mensch sein **Leben mit dem Wissen** über diesen Sachverhalt gestalten, wenn ein solches „Damoklesschwert" ständig über ihm schwebt – die Krankheit aber vielleicht auch gar nicht ausbrechen wird?

Die technisch bereits vorhandenen Möglichkeiten, Embryonen mit besonders vielen „gewünschten" bzw. besonders wenigen „nachteiligen" Gene für eine Schwangerschaft auszuwählen oder mittels Genmanipulation zukünftig aktiv zu verändern **(„Designerbabys")**, können theoretisch den Weg hin zu einer gezielten **„Menschenzucht"** ebnen. In Deutschland sind solche Verfahren der **Eugenik** gesetzlich verboten.

Eine abschließende und eindeutige **Beurteilung** der diversen schon vorhandenen oder in der Entwicklung begriffenen **Möglichkeiten der Gendiagnostik** gestaltet sich schwierig.
Vor dem Hintergrund der zunehmenden Verfügbarkeit entsprechender Untersuchungsmethoden könnte dem **Schutz der eigenen genetischen Identität** vor kommerziellen oder staatlichen Interessen und Zugriffen in Zukunft der Stellenwert eines **neuen Menschenrechts** zukommen.
Wenn es um **ethische Fragen der Gentechnik** geht, wollen wir als Autoren nur die biologischen Sachverhalte, die Chancen und die Risiken darstellen. Die Regeln und Normen des ethischen Handelns, des Umgangs mit den Möglich-

keiten, die die Gentechnik anbietet, fallen in das Fachgebiet der Ethik und weiterer gesellschaftswissenschaftlicher Fächer, der Gesetzgebung und der Rechtsprechung. Die Biologie sollte hierzu allein aus ihrem Fachgebiet heraus keine Aussagen machen, die Anspruch auf Verbindlichkeit erheben.

2.4 Gentherapie beim Menschen

Sind bestimmte krankheitsbedingende Gene identifiziert, lassen sich diese theoretisch mit gentechnischen Methoden „korrigieren". Bisher ist dies allerdings nur in sehr wenigen Fällen gelungen.

Somatische Gentherapie

Dieses gentechnische Verfahren hat zum Ziel, mutierte Gene in den Körperzellen des Menschen – in der Regel sogar nur ganz gezielt in bestimmten Körperbereichen, in denen sie aktiv sind – zu korrigieren. Durch Einschleusung und Einbau der entsprechenden intakten Gene hofft man in Zukunft, viele schwere Erbkrankheiten heilen zu können. Gelungen ist dies bisher allerdings nur in einem Fall: Eine sehr seltene Immunschwäche lässt sich heute auf diesem Wege heilen. Die Bemühungen um die somatische Gentherapie weiterer Erbkrankheiten, wie z. B. der Mukoviszidose, haben aber schon gewisse Fortschritte gebracht.

Da die somatische Gentherapie nur die Körperzellen der behandelten Person betrifft und nicht auch ihre Keimzellen, können nur die mutierten Gene, nicht aber die übertragenen weitervererbt werden.

Gentherapie an Keimzellen

Anders ist dies bei der **Gentherapie an Keimzellen (Keimbahntherapie):** Hier werden die intakten Gene in Keimzellen oder in Embryonalzellen eines frühen Entwicklungsstadiums eingebracht. Dadurch sind alle daraus entstehenden Tochterzellen inklusive der Keimzellen verändert. Dies hat zur Folge, dass die eingeschleusten Gene auch an die Nachkommen weitervererbt werden können.

Da dies ein unkalkulierbares potenzielles Risiko für die Folgegenerationen darstellt, sind genetische Eingriffe in die Keimbahn des Menschen in Deutschland verboten.

> Bei der **somatischen Gentherapie** werden veränderte Gene in Körperzellen ersetzt.
> Die **Gentherapie an Keimzellen** führt zur gezielten Änderung der genetischen Informationen aller Zellen eines Menschen und eventuell auch seiner Nachkommen.

Die Gentechnik ermöglicht theoretisch die gezielte Manipulation der genetischen Information, sodass in der Zukunft eventuell Menschen mit exakt geplanten Eigenschaften geschaffen werden könnten, **„Menschen nach Maß"**. Die möglichen Chancen der Gentherapie sind nicht von der Hand zu weisen und können für viele erkrankte Menschen ein Segen sein. Mit Blick auf die (theoretisch) möglichen Risiken darf aber eine „Optimierung" um jeden Preis nicht zur alleinigen Richtschnur werden.

Zusammenfassung

- In transgene Bakterien, Viren, Pflanzen und Tiere ist artfremdes genetisches Material (Transgene) eingeschleust worden. Der transgene Organismus stellt folglich die entsprechenden Genprodukte her.
- Außer zur Produktion bestimmter Wirk- und Rohstoffe werden Transgene unter anderem auch zur Resistenzbildung, zur phänotypischen Abwandlung von Lebewesen, zur Produktivitäts- und Qualitätssteigerung sowie zur Erzeugung von Modellorganismen eingesetzt.
- Bei der Anwendung der Gendiagnostik müssen Risiken und Nutzen der Verfahren abgewogen werden.
- Die Gentechnik eröffnet die Möglichkeit, Gendefekte durch somatische Gentherapie zu beheben.
- Gentechnische Eingriffe in die Keimbahn des Menschen sind aus ethischen Gründen sehr bedenklich. In Deutschland sind sie gesetzlich verboten.

Aufgaben

24 Nennen Sie mit jeweils nur wenigen Stichworten drei Beispiele für Bereiche, in denen die Herstellung und Nutzung transgener Mikroorganismen und Viren …

a Chancen eröffnet.

b Risiken mit sich bringt.

25 Recherchieren Sie im Internet Beispiele für Substanzen, die heute bereits industriell mit gentechnischen Methoden hergestellt werden, und jeweils die Einsatzmöglichkeiten des gentechnischen Produkts.

26 Nehmen Sie begründet Stellung zu folgender Aussage:
„VENTER *bewegt sich auf die Rolle eines Gottes zu, wenn er künstliches Leben schafft, das auf der Erde niemals auf natürlichem Wege hätte existieren können.*"

27 Interpretieren Sie die Karikatur. Stimmen Sie mit der Aussage der Wissenschaftlerin in der Karikatur überein? Bewerten Sie!

Genetische Forschung und Gen-Ethik. *„Ich finde, es wird immer schwieriger, vernünftig zu arbeiten, wenn dauernd die ganzen Ethiker hier herumlungern."*

28 Welche Aussage zur Erzeugung und Nutzung transgener Pflanzen und Tiere ist korrekt? Kreuzen Sie an.

- [ ] Die einzige Möglichkeit zur Produktion transgener Pflanzen ist das Verfahren, das auf der Nutzung des Bakteriums *Agrobacterium tumefaciens* beruht.
- [ ] Die sich aus den Blattscheiben regenerierenden Pflanzen sind erbgleich.
- [ ] Transgene Pflanzen können in der freien Natur nicht überleben.

- [ ] Es ist ausgeschlossen, dass es durch den Einsatz schädlingsresistenter Pflanzen zu Veränderungen im Nahrungsnetz kommen kann.
- [ ] Anders als bei den transgenen Pflanzen sind durch den Einsatz transgener Tiere keine negativen Folgen für die Umwelt zu erwarten.
- [ ] Mithilfe der Mikroinjektion werden Hybridplasmide in die tierischen Zellen eingeschleust.
- [ ] Zur Erzeugung transgener Tiere wird DNA über eine Mikroinjektion in eine Körperzelle der Organismen eingebracht.
- [ ] Durch die genetische Veränderung von Tieren ist eine Effizienzsteigerung des betroffenen Organismus in Bezug auf die Produktion bestimmter Stoffe möglich. Anders als bei den transgenen Pflanzen kann es aber nicht zur Synthese artfremder Substanzen kommen.

29 Kreuzen Sie die richtigen Aussagen an.
Seit dem Abschluss des Humangenom-Projekts sind bekannt …

- [ ] die Aminosäuresequenzen aller Proteine der menschlichen Zellen.
- [ ] die Basensequenz der DNA des Menschen.
- [ ] der Beginn und das Ende aller Abschnitte der DNA des Menschen, die Gene darstellen.
- [ ] alle Enzyme der menschlichen Zelle.
- [ ] die Basensequenz vieler Gene, aber häufig nicht die Funktion der mit ihrer Hilfe entstehenden Genprodukte.
- [ ] für alle Gene des Menschen die Mechanismen, durch die Gene aktiviert werden können (Mechanismen, die erforderlich sind, um die Information der Gene zu realisieren).

30 Die Möglichkeit, die genetischen Informationen eines Menschen gezielt festzustellen, wirft gesellschaftliche Fragen auf. Nennen Sie mit kurzen Formulierungen drei solche, bisher noch nicht endgültig geklärte Fragen.

31 Beschreiben Sie den grundsätzlichen Unterschied zwischen der Gentherapie an Keimzellen und der somatischen Gentherapie beim Menschen.

3 Biologisch-medizinische Reproduktionsverfahren

3.1 Verfahren

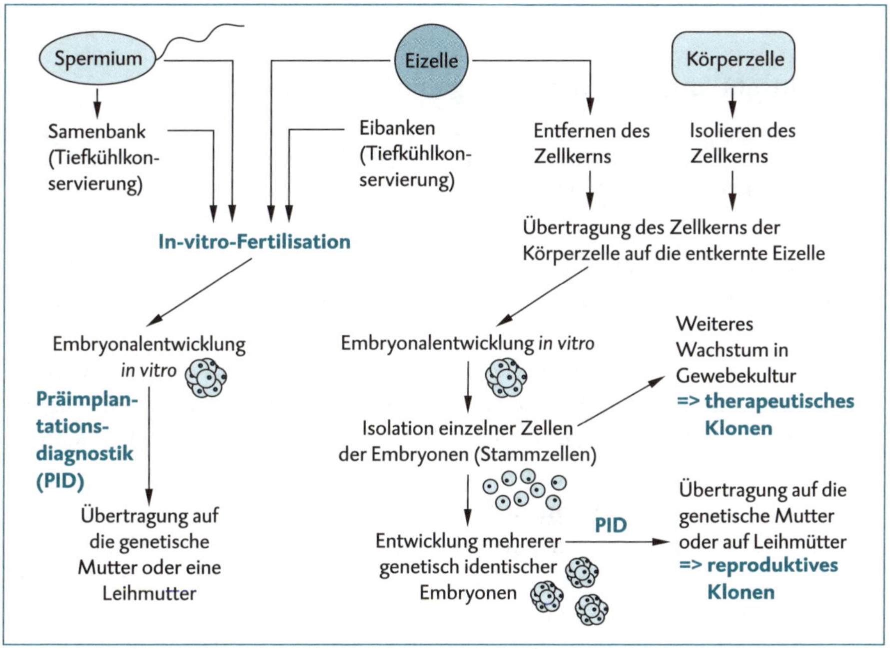

Abb. 15: Übersicht über wichtige Methoden der modernen Reproduktionsbiologie und -medizin

Die Verfahren der modernen Reproduktionsbiologie bzw. -medizin eröffnen ein weites Feld an Möglichkeiten. Dieses reicht von der Hilfe für ungewollt kinderlose Paare bis hin zur Steigerung der Leistung von Nutztieren. Ein kurzer Überblick soll hier einige Methoden und Einsatzgebiete aufzeigen:

- Mithilfe der **In-vitro-Fertilisation**, der künstlichen Befruchtung im Reagenzglas, kann unfruchtbaren Paaren in vielen Fällen doch noch der Kinderwunsch erfüllt werden (siehe Abb. 15).
- Im Zuge der **Präimplantations-Diagnostik (PID)** können Genotypanalysen an Embryos vorgenommen werden. Dies eröffnet z. B. die Möglichkeit, nur ausgewählte Embryonen mit spezifischen Merkmalen in die Gebärmutter einzupflanzen (siehe Abb. 15).
- Das **reproduktive Klonen** von Tieren ermöglicht es, viele Individuen (Klone) mit einem gewünschten identischen Genotyp zu erhalten (siehe Abb. 15).

- Beim **therapeutischen Klonen** werden Embryonen zur Gewinnung embryonaler Stammzellen (siehe S. 46 f.) erzeugt (siehe Abb. 15). Ziel ist es anschließend, aus den unspezialisierten Stammzellen Gewebezellen zu züchten und daraus z. B. menschliche Ersatzorgane zu generieren.

3.2 Ethische und juristische Fragen und Probleme

Aus diesen Verfahren, die prinzipiell alle beim Menschen Anwendung finden können, ergeben sich erhebliche Probleme ethischer und juristischer Natur, z. B.:

- Welche Folgen kann die Anonymisierung und Entpersonalisierung der Fortpflanzung und die damit evtl. verbundene strenge Trennung von Sexualität und Fortpflanzung haben?
- Was soll mit Embryonen geschehen, die bei *In-vitro*-Fertilisationen entstanden sind, aber nicht in den Uterus eingepflanzt werden? Dürfen sie abgetötet werden? Dürfen sie zu Forschungszwecken verwendet werden? Dürfen sie zum therapeutischen Klonen eingesetzt werden?
- Darf man aus den Embryonen, die durch eine *In-vitro*-Fertilisation entstanden sind, ungeeignete oder unerwünschte auf Grundlage der PID aussortieren, um beispielsweise zu gewährleisten, dass kein Embryo mit evtl. krankheitsverursachenden Allelen zur Entwicklung kommt? Oder sollte eine Auswahl erlaubt sein, um sicherzustellen, dass je nach Wunsch der Eltern z. B. ein Junge oder ein Mädchen geboren wird?
- Darf man unter bestimmten Voraussetzungen die Veränderung der genetischen Ausstattung eines durch In-vitro-Fertilisation entstandenen menschlichen Embryos mithilfe eines gezielten Gentransfers zulassen?
- Darf einer Frau der Embryo eines fremden Paares übertragen werden? Darf sie als Leihmutter dienen, wenn sie nicht die genetische Mutter ist und auch nach der Geburt nicht die soziale Mutter sein wird?
- Werden sich alle Wissenschaftler an das Verbot der Klonierung von Menschen halten?
- Dürfen beim therapeutischen Klonen menschliche Embryonen zur Gewinnung von Stammzellen erzeugt werden, ohne dass sie je Gelegenheit erhalten, heranzuwachsen?
- Sollte es erlaubt sein, für das therapeutische Klonen oder zu Forschungszwecken Hybridwesen zwischen Mensch und Tier zu erzeugen, z. B. durch Zellverschmelzungen oder Übertragungen von menschlichen Zellkernen auf tierische Zellen?

Zusammenfassung

- Die Anwendung der Methoden der modernen Reproduktionsbiologie und -medizin beim Menschen führt zu vielfältigen ethischen, gesellschaftlichen und juristischen Problemstellungen.

Aufgaben

32 Die neuen Methoden der Reproduktionsbiologie lassen sich auch beim Menschen anwenden. Aus Sicht der Ethik ist dabei besonders der Umgang mit Embryonen problematisch.
Nennen Sie in Stichworten drei kritische Punkte, die sich ergeben können.

33 Welche der im Folgenden angegebenen Verfahren sind aus ethischen und/oder juristischen Gründen in unserer Gesellschaft umstritten?
Kreuzen Sie an.

- ☐ therapeutisches Klonen mithilfe embryonaler Zellen
- ☐ Transfer menschlicher Gene auf Bakterienzellen
- ☐ Übertragung von Zellkernen aus Körperzellen des Menschen auf entkernte Eizellen von Tieren
- ☐ therapeutisches Klonen mithilfe von Stammzellen aus dem Körper erwachsener Menschen
- ☐ künstliche Befruchtung beim Menschen
- ☐ Präimplantations-Diagnostik (PID)
- ☐ Übertragung von Genen auf embryonale Zellen

34 Folgendes Verfahren ist technisch durchführbar, wird aber aufgrund ethischer Vorbehalte in unserer Gesellschaft nicht eingesetzt:
Der Zellkern einer Stammzelle eines menschlichen Embryos, der nach einer *In-vitro*-Fertilisation nicht in den Uterus einer Frau eingepflanzt wurde, wird entfernt. Anschließend erhält diese Stammzelle den Zellkern einer Körperzelle des späteren Empfängers eines Transplantats.
Formulieren Sie so knapp wie möglich die Gründe für die ethischen Bedenken gegen dieses Verfahren.

4 Aspekte der Zytogenetik in der Humanbiologie

Streng genommen beschäftigt sich die **Zytogenetik** als Teilgebiet der Klassischen Genetik auf der **zellulären Ebene** mit den **Chromosomen**, ihrem Aufbau, ihrer Weitergabe und ihrem Verhalten im Zellgeschehen. Dabei haben die Forscher aber auch einzelne Anlagen (Gene), die auf den Chromosomen lokalisiert sind (siehe S. (1) 19 ff.), im Blick. Eine klare und eindeutige Abgrenzung zytogenetischer und molekulargenetischer Aspekte – wie noch vor wenigen Jahrzehnten üblich – ist heute kaum noch möglich. Veränderungen an den Chromosomen bei Mensch, Tier und Pflanze werden in ihren Auswirkungen heute auch in molekularbiologischer Hinsicht untersucht und gedeutet. In der Humanbiologie analysiert man das Auftreten und die Weitergabe derartiger Veränderungen innerhalb von Familiengemeinschaften genauer. Hieraus können Rückschlüsse auf die Vererbung der betrachteten Merkmale gezogen werden (**Stammbaumanalyse**).

Im Fokus der aktuellen zytogenetischen Forschung stehen aber die „Alleskönner" unter den Zellen, die Stammzellen.

4.1 Stammzellen

Allgemein versteht man unter dem Begriff **Stammzellen** Körperzellen, die sich in verschiedene Zelltypen oder Gewebe ausdifferenzieren können.

Je nach Herkunftsort unterscheidet man **embryonale Stammzellen** (aus Embryonen) von postembryonalen Formen (lat. *post* = hinter, nach). Zur letztgenannten Gruppe zählen die **adulten Stammzellen** (aus Säuglingen, Kindern oder Erwachsenen). Embryonale Stammzellen sind in der Lage, sich in jede Art von Gewebe zu entwickeln. Man bezeichnet sie daher als **pluripotent** (lat. *plus* = mehr; potentia: Kraft, Macht). Bis etwa zur dritten Zellteilung (8-Zell-Stadium) sind die Zellen des Embryos sogar **totipotent** (lat. *totus* = alles, ganz), das heißt, sie sind fähig, einen vollständigen Organismus zu bilden. Auf diese Weise können aus einem Embryo eineiige Zwillinge entstehen. Im Gegensatz dazu sind adulte Stammzellen auf bestimmte Gewebetypen festgelegt und werden als **multipotent** (lat. *multus* = viel) bezeichnet.

Gewinnung embryonaler Stammzellen

Die Gewinnung **embryonaler Stammzellen** ist auf mehreren Wegen möglich. Bei allen Verfahren erfolgt die Entnahme der Zellen aus der inneren Zellmasse weniger Tage bis Wochen alter Embryonen:

- Stammzellen aus In-vitro-Fertilisationen: Bei künstlichen Befruchtungen entstehen in der Regel mehr Embryonen, als für eine Schwangerschaft notwendig sind. Werden diese nicht mehr benötigt, können aus ihnen embryonale Stammzellen gewonnen werden.
- Stammzellen aus Schwangerschaftsabbruch und Abort: Bei einer Abtreibung oder einem Abort (Fehlgeburt) ist es möglich, bis zur neunten Schwangerschaftswoche embryonale Stammzellen aus dem Embryo zu gewinnen.
- Stammzellen aus therapeutischem Klonen: Beim therapeutischen Klonen (siehe S. 47 f.) wird in eine entkernte Eizelle der Zellkern einer Körperzelle eingesetzt. Die sich teilende Zelle entwickelt sich weiter wie eine befruchtete Eizelle. Aus dem Inneren des Embryos können dann embryonale Stammzellen entnommen werden.

Gewinnung adulter Stammzellen

Adulte Stammzellen wurden bisher in mehr als 20 Körperorganen nachgewiesen und können aus diesen gewonnen werden. Hierzu gehören u. a. das Gehirn, die Leber, die Niere, die Lunge, das Knochenmark und das Blut, einschließlich des Nabelschnurblutes von Neugeborenen. An den Orten ihres Vorkommens existieren sie ein Leben lang. Ihre Bestimmung ist es, an den entsprechenden Stellen im Organismus diverse Typen von Zellen als Ersatz nachzuliefern. Adulte Stammzellen unterliegen aber auch einem Alterungsprozess, sie besitzen eine eingeschränkte Möglichkeit der Entwicklung und ihre Vermehrbarkeit ist ebenfalls begrenzt.

Therapeutischer Einsatz von Stammzellen – ein Bereich mit vielen Facetten

Der **therapeutische Einsatz von Stammzellen** – embryonaler wie adulter – wird nicht nur unter Wissenschaftlern zum Teil sehr **kontrovers diskutiert**. Die Erwartungen an medizinische Erfolge einer Therapie mit Stammzellen werden dabei durch stetig neu entwickelte Einsatzmöglichkeiten gesteigert.
Bei der Behandlung von Krankheiten wie Alzheimer und Parkinson, aber auch bei Diabetes, Multipler Sklerose und bei bestimmten Muskelerkrankungen erwarten die beteiligten Wissenschaftler mittels dieses therapeutischen Ansatzes in absehbarer Zeit entscheidende Durchbrüche. Die Stammzellen könnten beispielsweise in ein erkranktes oder geschädigtes Organ bzw. Gewebe gespritzt werden, und dadurch dessen Funktionsfähigkeit verbessern. Theoretisch ist auch die Erzeugung neuer Organe aus Stammzellen denkbar. Bei Stammzellen, die aus therapeutischem Klonen entstehen, käme es zu keinen Abstoßungsreaktionen, da es sich bei den aus den Stammzellen hervorgehen-

den Zellen um Körperzellen des Zellkernspenders handelt. Auch bei der Verwendung adulter Stammzellen des gleichen Organismus würden keine Abstoßungsreaktionen erfolgen.
Medizinisch problematisch ist die Tatsache, dass adulte Stammzellen einem Alterungsprozess unterliegen. Aus diesem Grund können sich durch Mutation hervorgerufene Schäden in ihrem Erbgut manifestieren. Auch ist noch nicht hinreichend geklärt, ob adulte Stammzellen tatsächlich immer alle benötigten Zelltypen in vitro herstellen können.
Klare ethische Probleme ergeben sich bei der Erzeugung embryonaler Stammzellen, da ihre Gewinnung immer mit der Zerstörung von Embryonen verbunden ist. Dieses Vorgehen ist in Deutschland seit 1991 durch das Embryonenschutzgesetz verboten. Bei adulten Stammzellen liegt eine aus ethischer Sicht einfachere Ausgangslage vor. Die Zellen sind im erwachsenen Organismus lebenslang vorhanden. Ihre Gewinnung (adulte Stammzellen liegen meist mitten im Gewebe eingebettet) ist aber äußerst schwierig.

Stammzellen können aufgrund ihrer Eigenschaften zu therapeutischen Zwecken genutzt werden. Ihre **Gewinnung** ist jedoch entweder **ethisch umstritten** (embryonal) oder **äußerst schwierig** (adult).

4.2 Meiose und Befruchtung

Die Zygote, das erste Stadium der Entwicklung des diploiden Organismus Mensch, entsteht im Zuge der Befruchtung durch die **Verschmelzung zweier** Keimzellen, der **Gameten**. Die Gameten, das heißt die Eizellen und die Spermienzellen, werden aus speziellen Körperzellen, den Ei- bzw. Spermienmutterzellen (Urkeimzellen), gebildet. Menschliche Körperzellen haben einen diploiden Chromosomensatz, während Keimzellen haploid sind. Hieraus ergibt sich die Notwendigkeit, den doppelten Chromosomensatz der Urkeimzellen auf einen haploiden zu reduzieren. Diese geschieht im Prozess der **Meiose**.
Ausgangspunkt der Meiose sind Metaphase-Chromosomen (siehe S. (1) 19 ff.), die sich aus zwei Chromatiden zusammensetzen. In einer **1. Reifeteilung** kommt es zur Reduktion der Chromosomenzahl. Nach Abschluss der 1. Reifeteilung enthalten die neu gebildeten, zukünftigen Gameten anstatt 46 nur noch 23 Chromosomen, jeweils 22 Autosomen und ein Heterosom (Gonosom). Wie die Mitose läuft auch dieser Prozess in mehreren Teilschritten ab:

- Während der **Prophase** lagern sich die **homologen Chromosomen** der Ei- bzw. der Spermienmutterzellen **nebeneinander** an. Man spricht vom Vier-Strang-Stadium, der Chromatiden-Tetrade.
- In der sich anschließenden **Metaphase** werden die **Vier-Strang-Stadien** unter Vermittlung des Spindelapparates in der **Zell-Äquatorialebene** angeordnet.
- Die **Trennung der homologen Chromosomen** erfolgt in der **Anaphase**. Je ein homologes Chromosom wandert aus der Äquatorialebene zu einem Pol der Urkeimzelle.
- Im Laufe der **Telophase** wird die **Zelle** unter Aufteilung des Zytoplasmas **geteilt**. Damit ist die Reduktion der Chromosomenzahl erfolgt. Es sind zwei neue Zellen mit jeweils der Hälfte des ursprünglichen Erbguts (haploider Chromosomensatz) entstanden.

An diesen Vorgang schließt sich eine **2. Reifeteilung** an. Sie läuft wie eine Mitose ab, mit dem einzigen Unterschied, dass es sich bei den zu teilenden Zellen um haploide Zellen handelt. Die beiden während der 1. Reifeteilung entstandenen Zellen werden jeweils so geteilt, dass die nun entstehenden **Gameten** je **eine Chromatide** jedes Metaphase-Chromosoms enthalten. Auf diese Weise erhält jeder Gamet von jedem zu vererbenden Merkmal nur ein Gen. Nachdem das Zytoplasma aufgeteilt worden ist, werden in den Zellen neue Zellkerne gebildet.

Die **Oogenese** (Eizellenbildung) und die **Spermatogenese** (Spermienbildung) laufen prinzipiell gleich ab (siehe Abb. 16, S. 50). Am Ende der Meiose liegen immer vier Zellen vor. Bei der **Eizellenbildung** sind diese Zellen aber unterschiedlich groß. Schon bei der 1. Reifeteilung erfolgt eine inäquale, das heißt ungleiche, Aufteilung des Zytoplasmas. Eine der beiden Zellen enthält am Ende des Vorgangs beinahe den gesamten Zytoplasmavorrat, während die zweite fast plasmafrei ist. Beide Zellen durchlaufen die 2. ebenfalls inäquale Reifeteilung, sodass am Ende der Meiose eine sehr **plasmareiche Eizelle** und drei sogenannte **Polkörperchen** vorliegen, die noch an der Eizelle haften und später absterben.

Aus der Befruchtung der plasmareichen Eizelle mit dem genetischen Material eines Spermiums entsteht dann die **Zygote**, die befruchtete Eizelle, die sich zu einem neuen Lebewesen entwickelt.

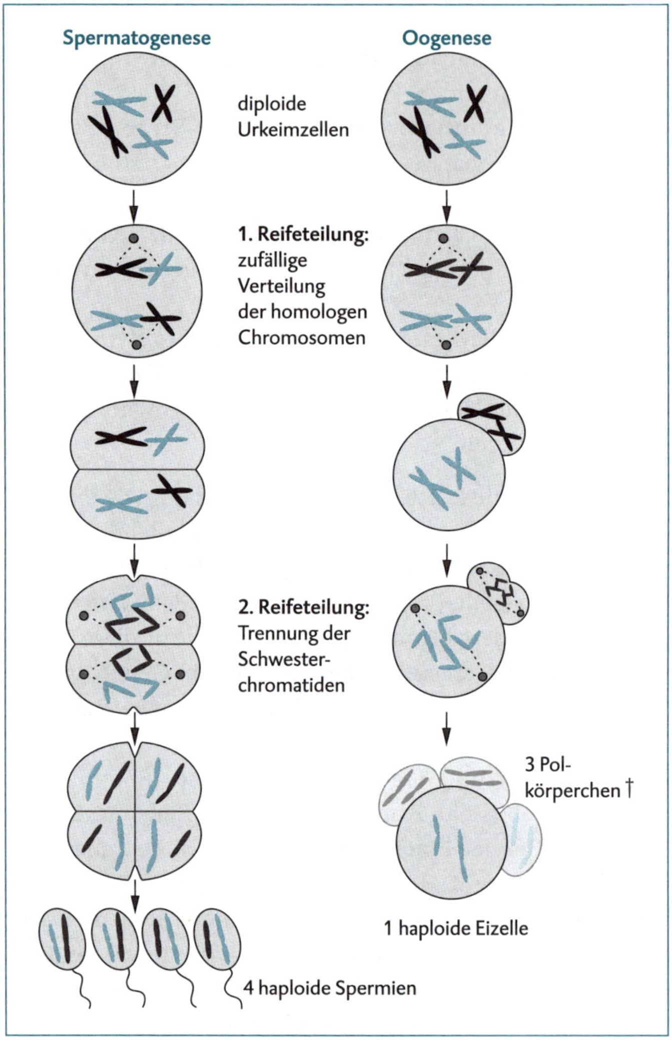

Abb. 16: Ablauf der Meiose

Bei der **Spermatogenese** entstehen **vier gleich große Spermien**. Die **Oogenese** führt zu **einer Eizelle** und **drei Polkörperchen**. Jeder dieser Gameten enthält von jedem vererbten Gen nur eine Anlage.

4.3 Rekombinationen

Interchromosomale Rekombination

Im diploiden Chromosomensatz der menschlichen Urkeimzellen liegen 46 Chromosomen vor. 23 Chromosomen stammen dabei von der Mutter und 23 vom Vater. Während der Meiose werden die 44 homologen Autosomen und die beiden Heterosomen (Gonosomen) voneinander getrennt. Dabei ist es rein vom Zufall abhängig, auf welche der beiden in der 1. Reifeteilung entstehenden Zellen die ursprünglich väterlichen und mütterlichen Chromosomen der Chromosomenpaare verteilt werden. Man nennt diese Neukombination der Chromosomen **interchromosomale Rekombination**. Ein Beispiel für die Verteilung von drei homologen Chromosomenpaaren zeigt die folgende Abbildung.

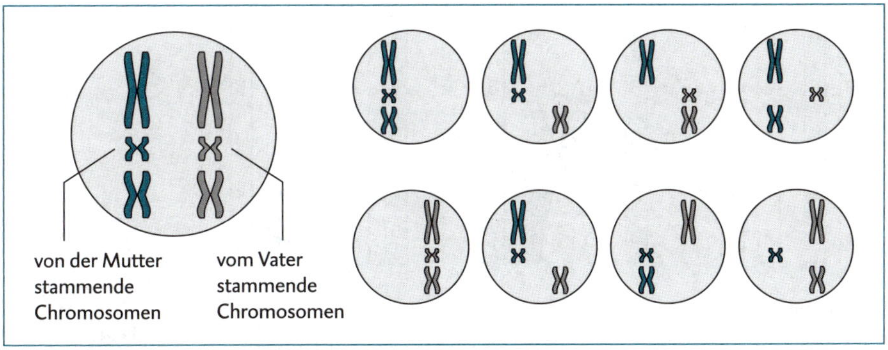

Abb. 17: Möglichkeiten für die Rekombination bei drei homologen Chromosomenpaaren

Bei den hier angenommenen drei Chromosomenpaaren ergeben sich bereits acht verschiedene Kombinationsmöglichkeiten (2^n mit n als der Anzahl der homologen Chromosomenpaare). Je mehr homologe Chromosomenpaare vorliegen, desto größer ist die Anzahl der möglichen Chromosomen-Kombinationen. Für den Menschen ergeben sich 2^{23}, also 8 388 608, Kombinationsmöglichkeiten. So wird auch verständlich, warum sich Geschwisterkinder des gleichen Elternpaares (mit Ausnahme eineiiger Zwillinge) zwar ähneln, aber mit an Sicherheit grenzender Wahrscheinlichkeit nie ganz gleichen.

Durch die **zufällige Verteilung der homologen Chromosomen** in der 1. Reifeteilung der Meiose erfolgt eine **Durchmischung des Erbguts**.

Intrachromosomale Rekombination – Crossing-over

Der Ablauf der Meiose kann – über die zufällige Verteilung der homologen Chromosomen hinaus – noch weitere zytogenetische Auswirkungen haben. Im Verlauf des Vier-Strang-Stadiums während der 1. Reifeteilung der Meiose (siehe S. 48 ff.) ist es möglich, dass die homologen Chromosomen untereinander Teilstücke austauschen. Diesen Vorgang bezeichnet man als **Crossing-over (intrachromosomale Rekombination)**. Der **Austausch von Chromosomenteilstücken** findet dabei **zwischen** den sog. **Nicht-Schwester-Chromatiden** statt, das heißt, je eine Chromatide der beiden homologen Chromosomen eines Chromosomenpaares ist am Crossing-over beteiligt.

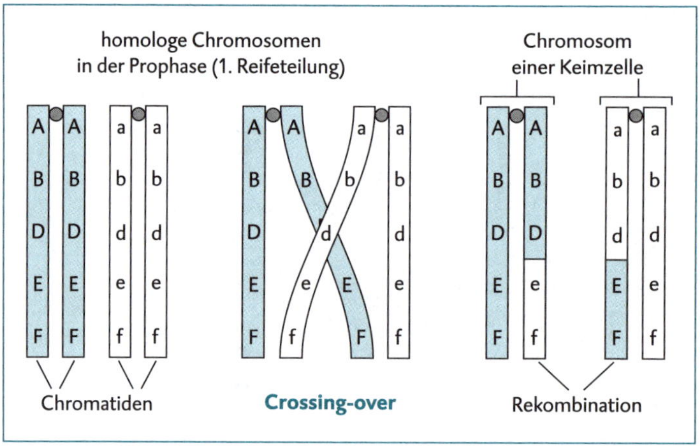

Abb. 18: Vereinfachte Darstellung eines Crossing-over-Geschehens

Der zytogenetische Vorgang des Crossing-over ist wie die interchromosomale Rekombination für die Evolution von entscheidender Bedeutung, da er eine **Neukombination des Erbguts** bewirkt und somit die Vielfalt der Kombinationsmöglichkeiten des genetischen Materials enorm erhöht.

Das **Crossing-over** führt zu einer **Neukombination des genetischen Materials**, indem homologe Chromosomenteilstücke ausgetauscht werden.

Rekombination durch Befruchtung

Bei der Befruchtung kommen die Keimzellen des mütterlichen Organismus (Eizelle) und des väterlichen Organismus (Spermium bzw. Pollenzelle bei Pflanzen) zusammen. Auch hier ist es rein zufällig, welcher männliche Gamet welche Eizelle befruchtet. Da die Keimzellen durch Rekombinationsvorgänge im Verlauf der Meiose alle eine unterschiedliche Chromosomenzusammensetzung haben, sorgt dieser vom Zufall bestimmte Prozess bei der **Bildung der Zygote** für eine **weitere Rekombination des Erbguts**.

Welche mütterlichen und väterlichen Gameten bei der **Befruchtung** aufeinandertreffen und folglich, welche Chromosomenzusammensetzung die Zygote hat, ist **zufallsbedingt**.

Exkurs
Methoden der klassischen Genetik

Die sog. **klassische Genetik** ist der älteste Zweig der Vererbungsforschung. Der Hauptschwerpunkt der klassischen Genetik liegt darin, **Gesetzmäßigkeiten im Vererbungsgeschehen** aufzuzeigen und diese mithilfe von **allgemeingültigen Regeln** zu erklären. Ein Ziel ist es dabei, die Erbgänge für bestimmte vererbbare Eigenschaften und Merkmale herauszuarbeiten. Wird der Mensch zum genetischen Untersuchungs-„Objekt", so stehen die **Aufstellung und Analyse von Stammbäumen** einzelner Familien und die **Betrachtung** der innerhalb dieser Stammbäume von Generation zu Generation **vererbten Merkmale** im Vordergrund. Neben derartigen **Familienanalysen** wird auch durch die Untersuchung von Zwillingen die Vererbung konkreter Merkmale oder Merkmalskombinationen beleuchtet **(Zwillingsforschung)**.
Gesetzmäßigkeiten in Bezug auf die Vererbung konkreter Merkmale untersuchte wissenschaftlich erstmals der Augustinerpater Gregor MENDEL Mitte des 19. Jahrhunderts mit statistischen Erhebungen. Die nach ihm benannten **„MENDEL'schen Regeln"** sind auch heute noch Grundlage für die Analyse von humangenetischen Stammbäumen (siehe S. 57 ff.). Dabei wird versucht, Aussagen über das Vorkommen, die Häufigkeit und das wahrscheinliche Auftreten eines Merkmals oder einer Merkmalskombination in der folgenden Generation zu machen.
Bei seinen Untersuchungen an der Erbse *(Pisum sativum)* konnte MENDEL feststellen, dass es Merkmale gibt, die in zwei Erscheinungsformen vorkommen. Während die eine Erscheinungsform **dominant** („vorherrschend") auftritt, verhält sich die andere ihr gegenüber **rezessiv** („zurückweichend").
Neben der häufigen dominant-rezessiven Vererbung gibt es unter anderem auch Fälle, in denen die Dominanz nicht eindeutig ist und sich bei Nachkommen mit heterozygotem Genotyp folglich eine „Mittelstellung" zwischen den Merkmalen der Eltern ergibt. Solche **intermediären Erbgänge**, die auch als semidominant bezeichnet werden, werden im Folgenden aber nicht berücksichtigt.

Ausgehend von seinen ersten Erkenntnissen kreuzte MENDEL zunächst Erbsensorten miteinander, die über viele Generationen das betrachtete Merkmal, z. B. die Blütenfarbe, nur in einer Ausprägung, im Fall der Blütenfarbe entweder rot oder weiß, gezeigt hatten. Diese erste Generation nannte er P-Generation (Elterngeneration). Alle Nachkommen der **Kreuzungen** der Elternpflanzen mit der unterschiedlichen Merkmalsausprägung zeigten nur eines der beiden Merkmale, in diesem Fall die rote Blütenfarbe. Auch bei anderen Merkmalen wie der Samenfarbe (gelb/grün) oder der Stiellänge (lang/kurz) erhielt MENDEL das gleiche einheitliche Erscheinungsbild (gelbe Samenfarbe bzw. lange Stiele) in der F_1-Generation (1. Tochtergeneration). MENDEL bezog sich bei seinen Aussagen nur auf den **Phänotyp**, also das Erscheinungsbild der Pflanzen. Die zytogenetischen Grundlagen seiner Erbgänge, den **Genotyp**, kannte er nicht. So war ihm nicht bekannt, dass die diploiden Pflanzenzellen der Erbse für jedes von ihm untersuchte Merkmal zwei Anlagen (zwei Gene) besitzen. Bei der Meiose (siehe S. 48 ff.) werden diese dann getrennt und gelangen einzeln in die Keimzellen. Eine über viele Generationen hinweg z. B. immer einheitlich rot oder weiß blühende Pflanzensorte ist **homozygot** (reinerbig), da beide Anlagen in der diploiden Pflanzenzelle in ihrer Ausprägung gleich sind. Auf diesen Grundlagen kann eine erste Vererbungsregel formuliert werden. Sie wird heute **1. MENDEL'sche Regel (Uniformitätsregel)** genannt.

> **1. MENDEL'sche Regel:** Kreuzt man zwei Individuen einer Art, die sich in einem oder mehreren Merkmalen unterscheiden, für das sie homozygot (reinerbig) sind, so sind die Mitglieder der F_1-Generation untereinander gleich. Beim dominant-rezessiven Erbgang trägt die F_1-Generation das Merkmal des dominanten Elternteils.

Die Nachkommen der reinerbigen Pflanzensorten sind immer **heterozygot** (mischerbig). Als **Bastarde**, auch **Hybride** genannt, tragen sie sowohl die Anlage für die dominante als auch die Anlage für die rezessive Ausprägung des Merkmals in sich (siehe Abb. 19, S. 55).

Danach kreuzte MENDEL die Individuen der F_1-Generation untereinander. Als Ergebnis erhielt er in der F_2-Generation (2. Tochtergeneration) eine gemischte Nachkommenschaft, die sowohl das dominante als auch das rezessive Merkmal zeigte, wobei letzteres – statistisch gesehen – seltener auftrat. Aus diesem Sachverhalt kann die **2. MENDEL'sche Regel (Spaltungsregel)** abgeleitet werden.

2. Mendel'sche Regel: Kreuzt man die heterozygoten Bastarde der F_1-Generation untereinander, so spaltet die F_2-Generation in einem bestimmten Zahlenverhältnis auf. Beim dominant-rezessiven Erbgang beträgt das statistische Zahlenverhältnis von dominantem zu rezessivem Phänotyp 3:1.

Ein solches Zahlenverhältnis tritt aber nur bei einer großen Nachkommenschaft zutage, wenn die **statistische Wahrscheinlichkeit** der **Kombination aller möglichen männlichen und weiblichen Keimzellen untereinander** gewährleistet ist. In der F_2-Generation kommt das rezessive Merkmal phänotypisch bei 1/4 der Nachkommen wieder zum Vorschein und zwar in den Fällen, in denen die rezessiven Anlagen der Elternpflanzen in einem Nachkommen zusammentreffen. 3/4 der Nachkommenschaft zeigen das dominante Erscheinungsbild. 1/3 von ihnen ist homozygot dominant in ihren Anlagen, die übrigen 2/3 sind mischerbig (siehe Abb. 19).

Die beiden hier dargestellten **Kreuzungsversuche** werden normalerweise **formalisiert wiedergegeben**. Dabei stehen Rechtecke immer für Körperzellen und Kreise für Keimzellen. Weibliche Individuen werden immer zuerst angegeben. Bei der Bildung der F_1-Generation aus den Keimzellen der P-Generation und der Bildung der F_2-Generation aus denen der F_1-Generation wird immer jede mögliche Kombination der Keimzellen angegeben.

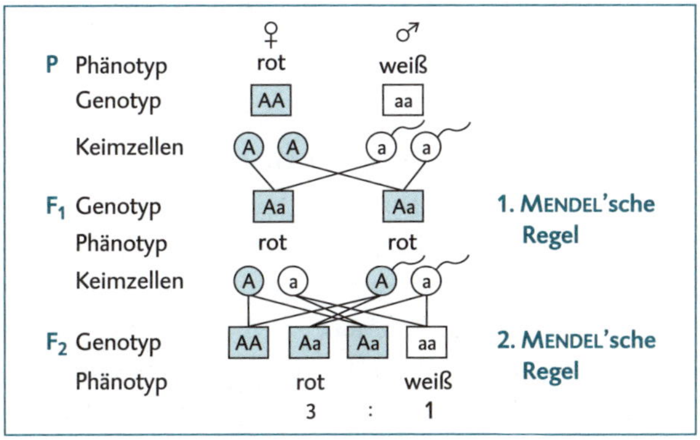

Abb. 19: Kreuzungsschema zur 1. und 2. Mendel'schen Regel

Im hier dargelegten Beispiel ist ein Gen für die Ausprägung der Blütenfarbe verantwortlich. Von diesem **Gen** besitzen die Körperzellen wie besprochen immer zwei Kopien (je eines auf den beiden entsprechenden homologen Chromosomen). In Keimzellen ist das Gen nur einmal vertreten. Das Gen für die Blütenfarbe kann in zwei unterschiedlichen **Allelen** (Zuständen) vorkommen, die für rote oder für weiße Blütenfarbe codieren. Die Allele eines Gens

erhalten immer den gleichen Buchstaben: Dominante Allele werden groß (hier „A“ für das dominante Allel der roten Blütenfarbe), rezessive Allele klein geschrieben (in diesem Fall „a“ für das rezessive Allel der weißen Blütenfarbe).
Ob wie in Abb. 19 die dominanten Allele in den weiblichen Keimzellen vorliegen und die rezessiven in den männlichen oder ob die Verhältnisse genau umgekehrt sind, ist für die Kreuzung nicht relevant.

Neben der ersten und der zweiten gibt es noch eine weitere Vererbungsregel, die auf Gregor MENDEL zurückgeht. Diese **3. MENDEL'sche Regel** wird als **Regel der Neukombination** bezeichnet.

3. MENDEL'sche Regel: Kreuzt man zwei Individuen einer Art, die sich in mehreren Merkmalen unterscheiden, für die sie homozygot sind, so gilt für jedes dieser Merkmale sowohl die Uniformitäts- als auch die Spaltungsregel.
Bei der Bildung der Gameten der F_1-Generation und der anschließenden Befruchtung werden diese Merkmale unabhängig voneinander vererbt. Dies führt zu neuen Merkmalskombinationen in der F_2-Generation.

Im einfachsten Fall kann die Regel der Neukombination auf zwei Gene **(dihybrider Erbgang)** angewendet werden. MENDEL untersuchte dies in einer **Zweifaktorenanalyse** an äußeren Merkmalen der Saaterbse, der Samenfarbe und der Samenform. Er kreuzte reinerbige Elternpflanzen mit den Merkmalspaaren „gelb und rund“ sowie „grün und runzelig“. In der F_1-Generation zeigten alle Nachkommen dieser Kreuzungen die Merkmale der dominanten Elternpflanzen: Ihre Samen waren gelb und rund (Abb. 20, S. 57). Die dominanten Merkmale sind demnach gelb (Allel G) und rund (Allel R), die rezessiven grün (Allel g) und runzelig (Allel r). Der Genotyp der Individuen der F_1-Generation ist für beide Merkmale mischerbig (GgRr), da die eine Elternpflanzengruppe ausschließlich Gameten des Typs „GR“ und die andere nur solche des Typs „gr“ für die erste Tochtergeneration beigesteuert hat. Bei der Bildung der Keimzellen in der F_1-Generation ergeben sich nun insgesamt vier Möglichkeiten. Um alle möglichen Gameten-Kombinationen der mütterlichen und väterlichen Pflanze nach ihrer statistischen Wahrscheinlichkeit aufzeigen zu können, wird ein **Kombinationsquadrat** (PUNNET-Schema) gewählt. In der F_2-Generation sind insgesamt vier unterschiedliche Phänotypen zu beobachten. Darunter sind auch solche, die in diesem Erbgang bisher noch nicht in Erscheinung getreten sind: gelbe/runzelige sowie grüne/runde Erbsensamen. Sie stellen **Neukombinationen** des genetischen Materials dar, die nur dadurch entstehen können, dass die Merkmale Samenfarbe und Samenform **unabhängig** voneinander vererbt werden. Bei einem derartigen dihybriden, dominant-rezessiven Erbgang ergibt sich in der F_2-Generation immer ein charakteristisches Zahlenverhältnis von 9:3:3:1 (siehe Abb. 20). Auch hier wird das statistische Verhältnis nur bei einer großen Zahl von Nachkommen annähernd erreicht.

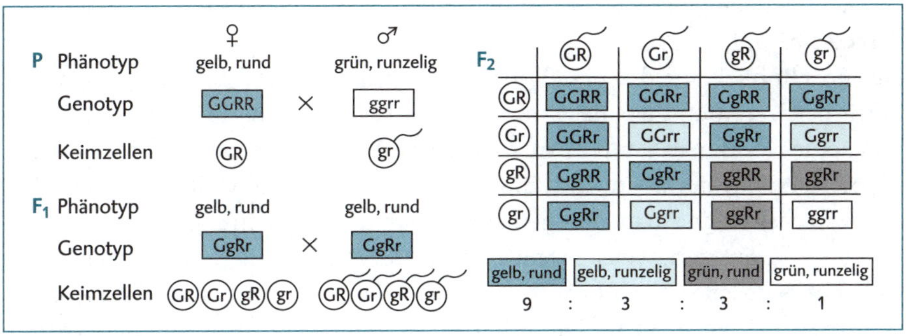

Abb. 20: Kreuzungsschema zur 3. MENDEL'schen Regel

4.4 Stammbaumanalyse und Erbgänge in der humangenetischen Beratung

Ein **Familienstammbaum** wird in der Genetik immer dann aufgestellt, wenn die Vererbung von Merkmalen innerhalb einer Familie über mehrere Generationen hinweg verfolgt und begutachtet werden soll. Vor allem in der genetischen Beratung angehender Elternpaare, die einen Kinderwunsch hegen, aber von genetisch bedingten Erkrankungen in ihren Familien wissen, ist eine **Stammbaumanalyse** ein unerlässliches Mittel zur Abschätzung und Risikoabwägung für eine mögliche Schwangerschaft.

Bei der Beschreibung von Erbgängen beim Menschen sind bestimmte **Darstellungsformen** verbindlich festgelegt worden (siehe auch Abb. 21, S. 58):

- **Weibliche** Individuen werden immer mit einem **Kreis** symbolisiert.
- **Männliche** Individuen sind immer als **Viereck** dargestellt.
- Bei **Merkmalsträgern**, das heißt solchen Individuen, die das betrachtete Merkmal aufweisen, ist das entsprechende Symbol **farbig ausgefüllt**.
- Individuen, die das Merkmal **nicht zeigen**, kennzeichnet ein **nicht ausgefülltes** Symbol.
- Bei **Elternpaaren** sind ein Kreis und ein Viereck durch eine **horizontale Linie** miteinander verbunden.

- **Kinder**, die aus dieser Verbindung hervorgegangen sind, werden unter den Elternsymbolen **horizontal** dargestellt und durch eine **vertikale Linie** mit der Elternlinie verbunden.

Normalerweise kann man bei Stammbäumen, die im Unterricht oder in Klausuren verwendet werden, davon ausgehen, dass nur legitime Nachkommen dargestellt sind.
Die im Hinblick auf die Erstellung von Familienstammbäumen relevanteste Form der Vererbung ist die dominant-rezessive. Bei der autosomalen Vererbung eines Merkmals kann es auch vorkommen, dass die eine Ausprägung des Merkmals nicht dominant und die andere nicht rezessiv weitergegeben wird, sondern dass beide Ausprägungen zusammen das Erscheinungsbild eines Individuums bestimmen, welches beide unterschiedlichen Allele besitzt. In diesem Falle entsteht eine Mischform. Man spricht dann von **intermediärer (semidominanter) Vererbung**. Diese Form der Vererbung ist in Hinblick auf die Stammbaumanalyse aber nicht unterrichtsrelevant.

Autosomal-dominante Vererbung

Beispiel

Die Erbanlage, die die Fähigkeit bedingt, **Phenylthioharnstoff** (PTH; auch: Phenylthiocarbamid) **zu schmecken**, liegt auf dem Chromosom 10, ist also **autosomal** bedingt. Rund 70 % der europäischen Bevölkerung können PTH schmecken. Während sie diese Substanz als ausgesprochen bitter wahrnehmen, ist PTH für die übrigen 30 % der Europäer vollkommen geschmacklos. Das Zahlenverhältnis lässt darauf schließen, dass die PTH-Schmeckfähigkeit **dominant** gegenüber der Nicht-Schmeckfähigkeit vererbt wird.

Ein Blick auf den Stammbaum einer Familie, die in Bezug auf dieses Merkmal untersucht wurde (siehe Abb. 21), kann diese Hypothese bestätigen.

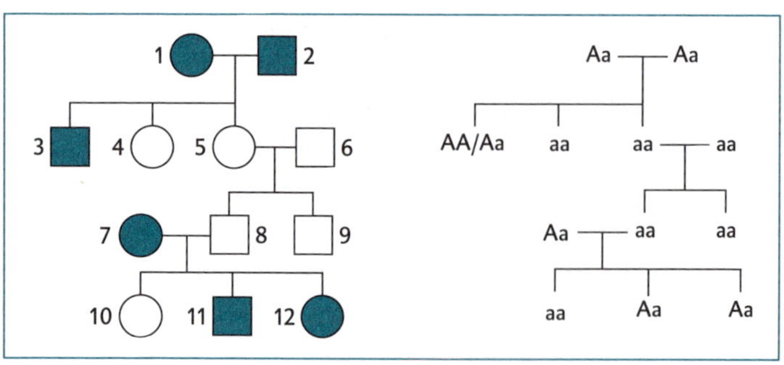

Abb. 21: Modellstammbaum zu einem autosomal-dominanten Erbgang; links: Phänotyp, rechts: Genotyp

Die ausgefüllten Symbole repräsentieren in diesem Stammbaum „Schmecker“.

Dominant vererbte Merkmale treten meist in jeder Generation auf, wohingegen **rezessive** Merkmale oft eine oder mehrere Generationen „überspringen".

Das in einem Stammbaum zutage tretende Erscheinungsbild, der **Phänotyp**, kann Rückschlüsse auf das ihm zugrunde liegende Erbbild, den **Genotyp**, erlauben. Die Eltern 1 und 2 haben zwei Töchter (4 und 5), die im Gegensatz zum Sohn (3) Schmecker sind. Daraus, dass Nachkommen zweier Schmecker Nicht-Schmecker sind, lässt sich schließen, dass die Anlage für die Unfähigkeit, PTH zu schmecken, bei beiden Elternteilen vorhanden sein muss, obwohl beide die Schmeckfähigkeit besitzen. Individuen, welche für das betrachtete Merkmal sowohl die dominante als auch die rezessive Anlage in sich tragen, werden **Überträger** oder **Konduktor** genannt. Auch der Begriff Bastard ist üblich und wird in der Biologie wertfrei verwendet. Im Genotyp wird bei einem autosomalen Erbgang wie diesem das für ein betrachtetes Merkmal dominante Allel mit einem Großbuchstaben benannt (A für das Allel der PTH-Schmeckfähigkeit). Die rezessive Ausprägung des Allels erhält den entsprechenden Kleinbuchstaben (a für das Allel der Nicht-Schmeckfähigkeit). Die Individuen 1 und 2 haben also jeder sowohl das Allel für die Schmeckfähigkeit als auch dasjenige für die Nicht-Schmeckfähigkeit. Dies bedeutet für den Genotyp, dass beide die genetische Ausstattung Aa besitzen. Das männliche Individuum 3 ist wie seine Eltern (1 und 2) ein Schmecker. Bei ihm ist aber keine gesicherte Aussage über seine genetische Ausstattung in Bezug auf die Schmeckfähigkeit möglich. Er kann ein reinerbiger Schmecker sein (AA), wenn er das jeweilige Allel sowohl vom Vater als auch von der Mutter geerbt hat. Ebenso besteht aber die Möglichkeit, dass ihm vom einen Elternteil das dominante Allel A und vom anderen das rezessive Allel a weitergegeben wurde (siehe Abb. 22).

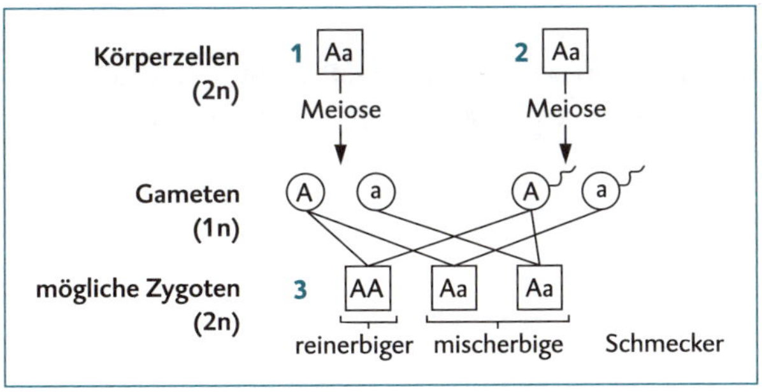

Abb. 22: Möglichkeiten für die Zygotenbildung bei den Individuen 1 und 2 in Bezug auf Individuum 3 aus Abb. 21

Welche Allel-Kombination Individuum 3 aufweist, hat sich in der Meiose seiner Mutter und seines Vaters sowie bei der anschließenden Befruchtung entschieden. Statistisch gesehen enthalten im Fall des Elternpaares, das aus den Personen 1 und 2 besteht, 50 % der Eizellen und der Spermien das Allel für die Fähigkeit, PTH zu schmecken (Allel A), die anderen 50 % das Allel, das für die Nicht-Schmeckfähigkeit codiert (Allel a). Beim Vorgang der Zygotenbildung werden die Allele A und a aus Eizelle und Spermium dann zufallsmäßig zu den Allel-Zusammensetzungen „AA“ oder „Aa“ kombiniert.
Klarheit darüber, ob der Sohn die PTH-Schmeck-Allele in reinerbiger (AA) oder in mischerbiger Form (Aa) besitzt, könnte unter Umständen die Schmeckfähigkeit seiner Nachkommenschaft bringen. Da er jedoch keine Nachkommen hat bzw. diese in der Abbildung nicht dargestellt sind, ist dies nicht möglich. Allen übrigen Familienmitgliedern dieses Stammbaums – auch den angeheirateten (6 und 7) – kann die genetische Ausstattung für die PTH-Schmeckfähigkeit eindeutig zugeordnet werden. Nicht-Merkmalsträger besitzen zwei rezessive Allele und sind in ihrer genetischen Ausstattung in Bezug auf die Schmeckfähigkeit immer reinerbig (aa).

Liegt eine **autosomal-dominante Vererbung** eines Merkmals vor, so ist der Genotyp der Individuen, die das rezessive Merkmal zeigen bzw. das dominante Merkmal nicht zeigen, immer eindeutig. Sie sind immer reinerbig und tragen stets zwei rezessive Allele.

Das Gen für die Fähigkeit, Phenylthioharnstoff schmecken zu können, liegt auf einem der 22 Autosomen (Chromosom 10). Selbst wenn dies nicht bekannt wäre, würde der Stammbaum dennoch Hinweise auf die Lokalisation des betreffenden Gens liefern. Ein Anhaltspunkt, dass es sich um einen autosomalen Erbgang handelt, besteht z. B. darin, dass gleich viele männliche wie weibliche Individuen die Schmeckfähigkeit besitzen.

Sind in einem Stammbaum **ähnlich viele männliche wie weibliche Merkmalsträger** vorhanden, so handelt es sich wahrscheinlich um ein autosomal vererbtes Merkmal.

Autosomal-rezessive Vererbung

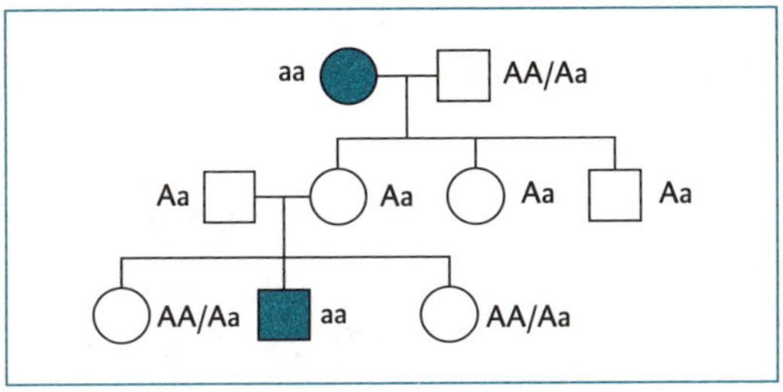

Abb. 23: Modellstammbaum zu einem autosomal-rezessiven Erbgang

Wie bei der autosomal-dominanten Vererbung gibt es auch für **autosomal rezessive Erbgänge** mehr oder weniger eindeutige Kennzeichen.

- Die Merkmalsträger sind immer **reinerbig (homozygot**, aa).
- Phänotypisch merkmalsfreie Personen können entweder homozygot merkmalsfrei sein (AA) oder **Überträger (Konduktoren)** (Aa).
- Anders als bei dominant vererbten Merkmalen, die in jeder Generation auftreten, können rezessive Merkmale eine oder mehrere **Generationen „überspringen“**.
- Wie beim autosomal-dominanten Erbgang ist auch hier die Vererbung **unabhängig vom Geschlecht**.

Beispiel

Ein Beispiel für einen **autosomal-rezessiven Erbgang** stellt die **Phenylketonurie** (siehe auch (1) S. 72) dar.

Heterosomal-rezessive (gonosomal-rezessive) Vererbung

Sind in einem Stammbaum überdurchschnittlich viele bzw. alle Merkmalsträger männlichen Geschlechts, so kann mit sehr hoher Wahrscheinlichkeit davon ausgegangen werden, dass dieses Merkmal **heterosomal-rezessiv (gonosomal-rezessiv)** bzw. **X-chromosomal-rezessiv** vererbt wird. Das bedeutet, dass das Gen, welches für die Ausprägung des betrachteten Merkmals codiert, auf dem X-Chromosom zu finden ist und rezessiv vererbt wird. **Y-chromosomale** Erbgänge sind quasi zu vernachlässigen, da sich auf diesem Chromosom nur sehr wenige Gene befinden.

Bei einem **heterosomal-rezessiven (X-chromosomal-rezessiven) Erbgang** sind im Normalfall deutlich mehr männliche Individuen Merkmalsträger als weibliche.

Beispiel

Im Folgenden ist der Stammbaum einer Familie wiedergegeben, deren männliche Mitglieder im Vergleich zu ihren weiblichen Verwandten überdurchschnittlich häufig an der **Bluterkrankheit** leiden.

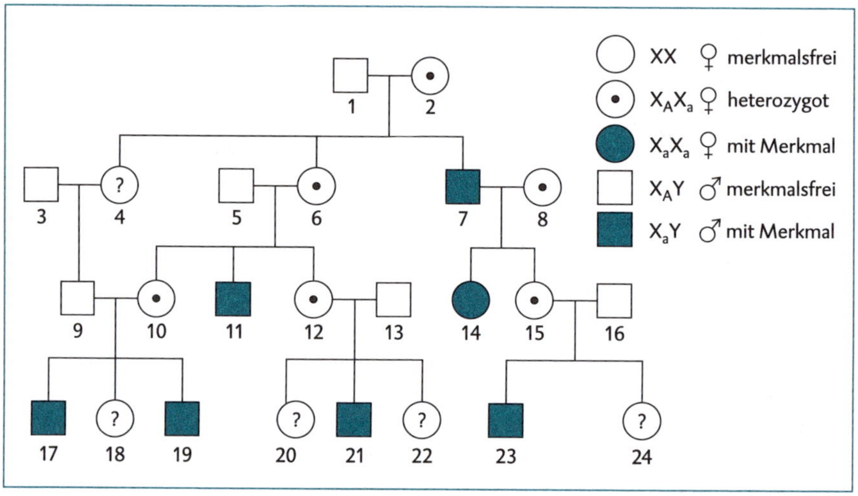

Abb. 24: Phänotyp und Genotyp eines Familienstammbaums zur Vererbung der Bluterkrankheit; Beispiel für einen X-chromosomal-rezessiven Erbgang

Bei der Angabe der Genotypen ist es üblich, X-Chromosomen, die das rezessive Allel tragen, mit einem Kleinbuchstaben zu etikettieren und X-Chromosomen mit dem dominanten Allel mit Großbuchstaben (siehe Abb. 24).
Von der Bluterkrankheit sind sechs männliche Individuen betroffen, aber nur eine Frau. Weibliche Individuen haben als Heterosomen (Gonosomen) zwei X-Chromosomen, Männer besitzen dagegen ein X- und ein Y-Chromosom. Das Y-Chromosom trägt wie angesprochen nur wenige Gene und spielt daher bei Stammbaumanalysen in der Regel kaum eine Rolle. Die männlichen Gonosomen sind zueinander nicht homolog, sodass eine Homozygotie (Reinerbigkeit) oder eine Heterozygotie (Mischerbigkeit) ausgeschlossen ist. Diesen Sonderfall, bei dem ein Chromosom nicht in doppelter Anzahl, sondern einzeln vorkommt, bezeichnet man als **Hemizygotie** (siehe (1) S. 21). Veränderte Gene, die auf dem X-Chromosom eines männlichen Individuums lokalisiert sind, können nicht durch entsprechende homologe Gene auf einem zweiten X-Chromosom ausgeglichen werden (X_aY), wie dies im Falle einer X-chromosomal-rezessiven Erbkrankheit bei heterozygoten weiblichen Individuen der Fall ist (X_aX_A). Frauen sind folglich phänotypisch gesund, obwohl eines ihrer X-Chromosomen ein defektes rezessives Gen trägt. Im Stammbaum wird dies

durch einen schwarzen Punkt innerhalb des Kreissymbols angedeutet (z. B. Person 2). Diese weiblichen Personen werden als **Konduktorinnen (Überträgerinnen)** bezeichnet.
Der genetische Defekt kann auch bei einem weiblichen Individuum phänotypisch zutage treten, aber nur dann, wenn er reinerbig vorliegt (X_aX_a; Person 14 in Abb. 24).

Wird ein Merkmal **X-chromosomal-rezessiv** vererbt, so sind alle männlichen Individuen phänotypisch wie genotypisch immer eindeutig zu bestimmen: Sie können aufgrund ihrer **Hemizygotie** niemals nur Konduktor des Merkmals sein, sondern sind entweder Merkmalsträger oder nicht.

Bei einem X-chromosomal-rezessiven Erbgang kann mithilfe der Stammbaumanalyse oft nicht allen weiblichen Individuen eindeutig der korrekte Genotyp zugeordnet werden. Fehlen Nachkommen wie in Abb. 24 bei den Personen 18, 20, 22 und 24, so können meist keine genauen Aussagen darüber gemacht werden, ob das jeweilige Individuum Überträger des Merkmals ist oder nicht. Ein Blick auf eine mögliche Zygotenbildung z. B. aus der Verbindung der Individuen 9 und 10 macht dies in Bezug auf Individuum 18 deutlich:

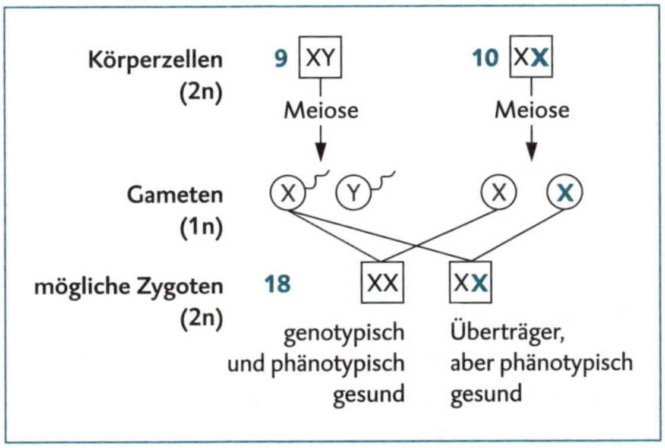

Abb. 25: Möglichkeiten für die Zygotenbildung bei den Individuen 9 und 10 in Bezug auf Individuum 18 aus Abb. 24

In manchen Fällen ist eine eindeutige Zuordnung jedoch trotzdem möglich: Ist beispielsweise der Vater einer phänotypisch gesunden Frau Merkmalsträger, ist klar, dass alle seine Töchter Überträgerinnen sind, auch wenn diese keine Kinder haben, da Väter allen ihren Töchtern ihr eines X-Chromosom vererben.

Auch wenn Nachkommen vorhanden sind, ist eine Zuordnung des korrekten Genotyps nicht immer zweifelsfrei möglich, wie in Abb. 24 beim weiblichen Individuum 4.
Neben den X-chromosomal-rezessiven gibt es auch **X-chromosomal-dominante** Erbgänge. Diese sind jedoch nicht unterrichtsrelevant. Eine Unterscheidung zu einem autosomal-dominanten Erbgang ist bei diesen sehr schwierig.

Zweifaktorenanalyse, Genkopplung und Crossing-over beim Menschen

Ende der 30er-Jahre des 20. Jahrhunderts wurde man bei Stammbaumanalysen auf eine Familie aufmerksam, in der die **Bluterkrankheit** und die **Rot-Grün-Sehschwäche** gleichzeitig auftraten:

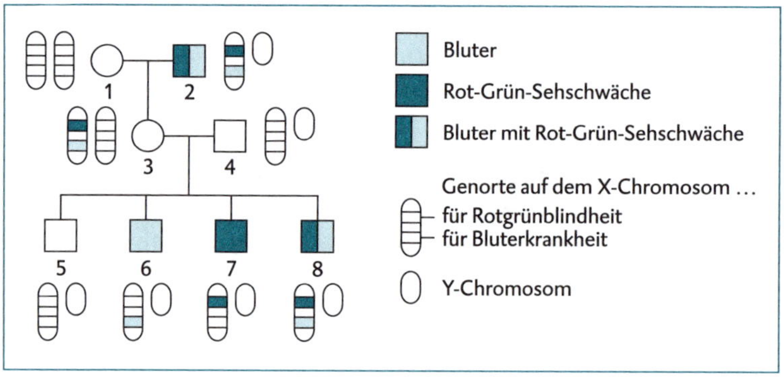

Abb. 26: Stammbaum zu Genkopplung und Faktorenaustausch

Individuum 2, ein Mann, war zum einen bluterkrank und hatte zum anderen eine Sehschwäche im rotgrünen Farbenbereich. Seine Tochter (3) war wie ihre Mutter (1) phänotypisch gesund. Aus der Ehe dieser Tochter mit einem phänotypisch gesunden Mann (4) gingen vier Söhne hervor, die sich alle phänotypisch unterschieden: Ein Sohn (5) war phänotypisch gesund, ein zweiter litt an der Bluterkrankheit (6), der dritte hatte eine Rot-Grün-Sehschwäche (7) und der vierte Sohn war Bluter mit einer Rot-Grün-Sehschwäche (8).
An diesem Stammbaum kann zunächst die Vererbung zweier Merkmale über drei Generationen hinweg untersucht werden. In der Genetik spricht man von einer **Zweifaktorenanalyse**. Die Weitergabe der beiden Erkrankungen weist in diesem Stammbaum eine Besonderheit auf. Aus früheren Untersuchungen war bekannt, dass es sich bei beiden Krankheiten um X-chromosomal-rezessive Gendefekte handelt. Da im vorliegenden Fall die für beide Erkrankungen verantwortlichen Allele auf demselben X-Chromosom lokalisiert sind, wäre zu erwarten, dass beide Allele nur zusammen, das heißt gekoppelt, weitervererbt werden können. Individuum 8 zeigt auch das erwartete Ergebnis dieser

Genkopplung: Die Person ist Bluter und weist gleichzeitig eine Rot-Grün-Sehschwäche auf. Zwei ihrer Brüder sind ebenfalls erkrankt, aber jeweils nur an **einem** der beiden Leiden. Individuum 6 ist Bluter, hat aber keine Einschränkungen in Bezug auf das Farbensehen. Individuum 7 leidet an einer Rot-Grün-Sehschwäche, zeigt aber keine Merkmale eines Bluters.
In beiden Fällen müssen also die für die Erkrankungen verantwortlichen Allele, die zusammen auf einem der beiden X-Chromosomen der Mutter lokalisiert sind, getrennt voneinander vererbt worden sein. Damit liegt ein Fall von **Crossing-over beim Menschen** vor, das anhand des Stammbaums dieser Familie erstmals dokumentiert wurde. Bei den Meiosen, die zur Bildung der jeweiligen Eizellen geführt haben, aus denen die Söhne 6 und 7 hervorgegangen sind, muss jeweils ein Crossing-over von Nichtschwesterchromatiden der beiden X-Chromosomen stattgefunden haben (siehe Abb. 26). So konnten die bei der Mutter noch gekoppelt vorhandenen Erbanlagen für die Sehschwäche und die Bluterkrankheit voneinander getrennt werden.

Zweifaktorenanalysen konnten **Crossing-over-Ereignisse beim Menschen** aufzeigen. Die **Genkopplung** kann in diesen Fällen **durchbrochen** sein. Eigentlich auf einem Chromosom gelegene und somit normalerweise zusammen vererbte Allele werden bei einem derartigen Meiose-Geschehen separiert und getrennt an die Nachkommen weitervererbt.

Humangenetische Beratung

Die Angst, an einem **genetisch bedingten Leiden** zu erkranken oder dieses weiterzuvererben, ist vor allem dann hoch, wenn in der eigenen Familie entsprechende Fälle bereits aufgetreten sind. Hier kann der Besuch **humangenetischer Beratungsstellen**, die unter anderem an den meisten Universitätskliniken eingerichtet sind, Entscheidungshilfen bei einem vorhandenen Kinderwunsch geben und Aussagen über den eigenen **„genetischen Status“** liefern. Als **diagnostische Möglichkeiten** stehen neben der Stammbaumanalyse (Familienanamnesen) auch zytogenetische (Analysen der Chromosomen) und molekulargenetische Untersuchungsmöglichkeiten (Analysen der DNA) zur Verfügung. In der Hand von geschulten, **verantwortungsvollen Fachwissenschaftlern** können die Analyseergebnisse in vielen Fällen eine kompetente Entscheidungshilfe liefern.
Auch während einer Schwangerschaft kann es ratsam sein, sich kompetenten medizinisch-genetischen Rat zu holen, wenn aufgrund des Alters, erforderlicher Medikation oder einer Strahlenbelastung der werdenden Mutter Komplikationen möglich oder zu erwarten sind.

In den meisten Fällen ist eine **absolut zutreffende Aussage** über den Ausbruch oder die Vererbung einer genetisch bedingten Erkrankung **nur schwer möglich**. Dies kann zum einen mit diversen äußeren Einflüssen (Lebensweise, Lebensumwelt) zusammenhängen, die bei vielen Leiden einen Effekt auf die Erkrankungswahrscheinlichkeit haben können, zum anderen mit den zufallsbedingten Abläufen bei der Meiose und dem anschließenden Befruchtungsgeschehen. Aussagen können hier nur mit **statistischen Wahrscheinlichkeiten** argumentieren. Die **letztendliche Entscheidung** bei einem Kinderwunsch muss dann aber immer das betroffene Elternpaar bzw. der von einer möglichen Krankheit **betroffene Mensch alleine treffen**.

Beim **Vorliegen** einer **genetisch bedingten Erkrankung** sollte die betroffene Person im Zweifelsfall eine **humangenetische Beratung** aufsuchen. Hier kann z. B. einem Paar mit Kinderwunsch kompetente Hilfestellung bei ihrer Entscheidung gegeben werden.
Eine **100-prozentige Gewissheit** über das Auftreten bzw. den Ausbruch einer genetischen Erkrankung kann in den meisten Fällen **nicht gegeben** werden.

Zusammenfassung

- Pluripotente embryonale und multipotente adulte Stammzellen können in der Gentherapie eingesetzt werden, um mit ihnen Krankheiten therapeutisch zu bekämpfen.
- Ethische und moralische Bedenken (embryonale Stammzellen) machen ihren Einsatz ebenso schwierig wie technische Probleme bei ihrer Gewinnung (adulte Stammzellen).
- Die Aufgaben der Meiose sind die Reduktion der Chromosomenzahl sowie die Rekombination (Neukombination) des genetischen Materials. Ihr Ergebnis sind haploide Geschlechtszellen.
- Die Spermatogenese liefert vier haploide Geschlechtszellen (Spermien), die Oogenese eine Eizelle (und drei Polkörperchen).
- Während der 1. Reifeteilung kann es zu Crossing-over-Geschehen, das heißt zu einem Chromosomen-Teilstückaustausch verbunden mit genetischer Neukombination, kommen.
- Die Klassische Genetik untersucht die Gesetzmäßigkeiten der Vererbung und versucht, allgemeingültige Regeln aufzustellen.
- Die drei MENDEL'schen Regeln (1. Uniformitätsregel, 2. Spaltungsregel, 3. Regel der Neukombination) erklären die Vererbung von phänotypischen Merkmalen im Verlauf dreier aufeinanderfolgender Generationen.
- Familienstammbäume ermöglichen durch die Angabe des Phänotyps der Familienmitglieder die Analyse vererbbarer Merkmale über mehrere Generationen hinweg.

- Der Vererbungsmodus eines Merkmals kann zum einen dominant und zum anderen rezessiv sein. Auch eine intermediäre Vererbung, bei der Mischformen entstehen, ist möglich.
- Genetisch bedingte Merkmale können sowohl autosomal als auch heterosomal (gonosomal) vererbt werden.
- Bei der X-chromosomal-rezessiven Vererbung zeigen fast ausschließlich männliche Individuen das betreffende Merkmal.
- Bei einer Zweifaktorenanalyse untersucht man die Weitergabe zweier Merkmale im Vererbungsgeschehen.
- Die Koppelung einzelner Gene auf einem Chromosom kann auch beim Menschen durch ein Crossing-over-Geschehen durchbrochen werden. So können eigentlich gekoppelte Erbanlagen in der nächsten Generation einzeln auftreten.
- Menschen, in deren Familien genetisch bedingte Erkrankungen aufgetreten sind, können über eine humangenetische Beratung Informationen über die Wahrscheinlichkeit des Auftretens der Erkrankung und deren Relevanz beim Vorliegen eines Kinderwunsches erlangen.
- Eine absolute Gewissheit über Auftreten oder Ausbruch der Erkrankung kann den Ratsuchenden nicht immer vermittelt werden, sodass mit den Informationen verknüpfte Entscheidungen letztendlich immer bei den Betroffenen selbst liegen.

Aufgaben

35 Nehmen Sie zur folgenden Aussage eines Entwicklungsbiologen zum Thema Stammzellenforschung Stellung:
„Für das Ansehen Deutschlands im Ausland wäre es sicherlich nicht förderlich, wenn – bei einer auf Ablehnung beruhenden Nichtbeteiligung der deutschen Forschung – die entsprechenden Therapien, die in anderen Ländern entwickelt wurden, dann später in Deutschland zur Anwendung kämen.“

36 Meiose und Befruchtung führen zu Rekombinationen der Gene. Erläutern und begründen Sie, warum die mögliche Vererbung oder Nicht-Vererbung genetisch bedingter Erkrankungen zu einem Gutteil hiervon abhängt.

37 Erläutern Sie, warum die 2. Reifeteilung auch als haploide Mitose bezeichnet wird.

38 Begründen Sie, warum eine 2. Reifeteilung überhaupt notwendig ist.

39 Erläutern Sie, warum das unterschiedliche Meiose-Ergebnis in der Oogenese und in der Spermatogenese biologisch sinnvoll ist.

40 Erklären Sie, warum sich die Kinder eines Elternpaares zwar oft sehr ähnlich sehen, sich aber nie ganz gleichen.

41 Erstellen Sie eine Tabelle, in der Sie die Weitergabe eines autosomal-dominant vererbten und eines autosomal-rezessiv vererbten Merkmals vergleichen und zwar in den Punkten: Auftreten in den Generationen, Häufigkeit im Stammbaum und Ausprägung der Überträger.

42 In der folgenden Abbildung ist ein Stammbaum zur Vererbung des Albinismus wiedergegeben.

- **a** Nennen Sie begründet den Modus, nach dem die Erkrankung des Albinismus vererbt wird.
- **b** Wählen Sie eine vernünftige Nomenklatur und ordnen Sie den Phänotypen die zugehörigen Genotypen zu. Nennen Sie dabei alle Möglichkeiten.
- **c** Nennen Sie die möglichen Phäno- und Genotypen von Kindern, die aus der Verbindung der Individuen 15 und 16 hervorgehen würden.

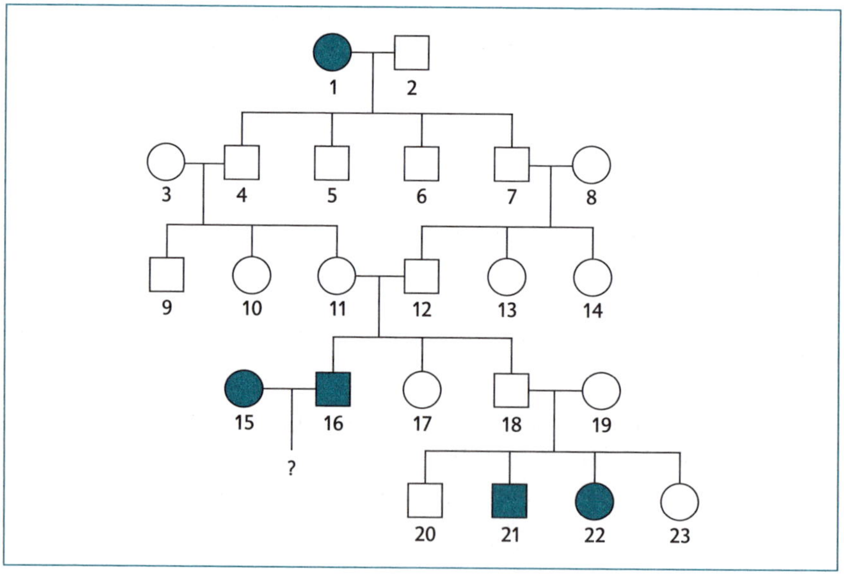

43 Erläutern Sie anhand des Stammbaums auf S. 62 (Abb. 24), wie es zu einem weiblichen Bluter (Individuum 14) kommen kann.

44 Erläutern Sie, warum bei Individuum 4 im auf S. 62 abgebildeten Stammbaum (Abb. 24) der Genotyp nicht eindeutig angegeben werden kann.

Evolution

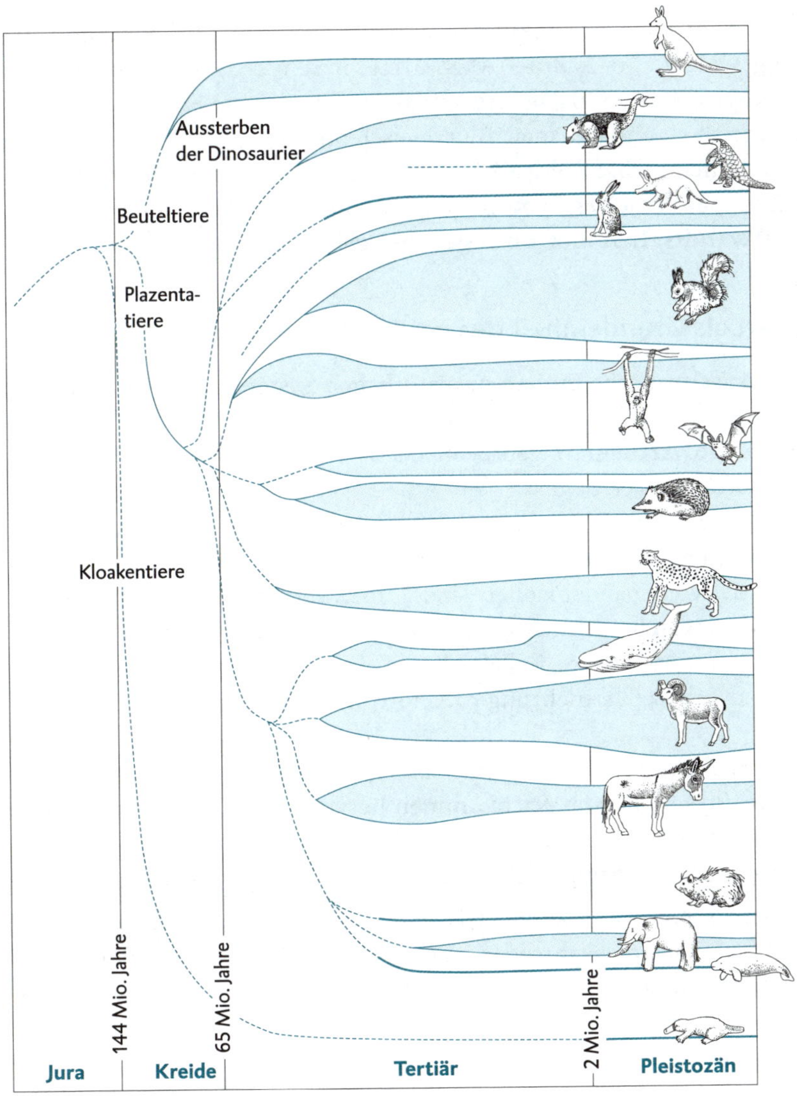

Die Radiation der Säugetiere begann vor ca. 144 Millionen Jahren. Nach dem Massenaussterben der Reptilien vor ca. 65 Millionen Jahren besetzten die Säugetiere eine Vielzahl von Lebensräumen an Land, im Wasser und in der Luft.

1 Vielfalt und systematische Ordnung der Organismen

Mit dem Begriff **Evolution** bezeichnet man in der Biologie die **Entwicklung, Weiterentwicklung und Umwandlung der Organismen**.
Bereits in der Antike versuchte der Mensch, Ordnung in die enorme Vielfalt der Lebewesen zu bringen. Zunächst entstanden dabei künstliche, katalogartige Ordnungssysteme. So „kannte" ARISTOTELES in seiner *„Historia animalium"* (4. Jahrhundert v. Chr.) 520 Tierarten – darunter auch zwei Fabelwesen –, die er nach Gliedmaßen und Organen, Blut, Fleisch und Fett einteilte.
Heute bemüht man sich, die etwa 1,8 Mio. beschriebenen Tier-, Pflanzen- und Pilzarten in ein **natürliches System** einzuordnen. Grundlage dieser Ordnung sind die **Verwandtschaftsbeziehungen** zwischen den Organismen.

1.1 Die Art als Grundeinheit des natürlichen Systems

Die kleinste systematische Einheit im natürlichen System der Organismen ist die **Art**.
Der **biologische Artbegriff** geht von der Art als einer Fortpflanzungsgemeinschaft aus. Er besagt, dass …

- sich die Individuen einer Art nicht mit Angehörigen einer anderen Art kreuzen können, dass die verschiedenen Arten also fortpflanzungsmäßig (reproduktiv) voneinander isoliert sind. Dabei werden ausschließlich natürliche Bedingungen berücksichtigt. Folglich gehören Individuen, die sich untereinander nur in Gefangenschaft, durch künstliche Befruchtung oder Bestäubung, durch Zellvermehrung o. Ä. fortpflanzen können, nicht zur gleichen Art.
- Nachkommen von Individuen derselben Art ihrerseits fruchtbar sein müssen, das heißt miteinander Nachkommen hervorbringen können. Zuweilen können sich Individuen zweier verschiedener Arten zwar paaren und auch Nachkommen hervorbringen, diese sind dann allerdings steril.

Beispiel

So gehen aus einer Kreuzung zwischen Pferdehengst und Eselstute der Maulesel und bei umgekehrter Paarung das Maultier (Muli) hervor. Diese **Artbastarde** können sich aber nicht fortpflanzen, da im Lauf der Meiose (siehe S. 48 ff.) keine normalen Gameten gebildet werden können. Pferd und Esel gehören demnach unterschiedlichen Arten an.

Alle Individuen, die unter natürlichen Bedingungen **fruchtbare Nachkommen** erzeugen können, gehören einer **Art** an.

Binäre Nomenklatur

Die heute international gültige Form der Benennung von Arten geht auf den schwedischen Botaniker Carl VON LINNÉ zurück. Er gab Mitte des 18. Jh. jeder ihm bekannten Tier- und Pflanzenart einen „Doppelnamen" und führte damit die **binäre Nomenklatur** ein. Der erste Teil des Namens gibt die **Gattung** an, der zweite die **Art**. Gattungsnamen beginnen immer mit Großbuchstaben, Artnamen werden klein geschrieben. Großbuchstaben hinter den Doppelnamen verweisen auf den Autor, der die Art benannt und beschrieben hat. „L." steht z. B. für Carl VON LINNÉ.

Beispiele

Corvus corax L.	= Kolkrabe
Corvus corone L.	= Aaskrähe
Pyrrhocorax pyrrhocorax L.	= Alpenkrähe
Pyrrhocorax graculus L.	= Alpendohle

Kolkrabe und Aaskrähe gehören demnach zur gleichen Gattung (Corvus). Die Alpendohle und die Alpenkrähe werden in einer anderen Gattung (Pyrrhocorax) zusammengefasst.

Ein wissenschaftlicher Artname besteht aus **zwei Teilen**. Der erste gibt die **Gattung** an, der zweite die **Art**.

Unterarten

Innerhalb von Arten können Gruppen auftreten, die sich in ihrem Aussehen, Verhalten oder anderen Merkmalen unterscheiden. Sie werden als **Unterarten** bezeichnet. Der Begriff **Rassen** wird nur noch in der Tierzucht und der Begriff **Sorten** nur noch in der Pflanzenzucht verwendet. Einer Unterart angehörende Organismen erhalten eine dritte Bezeichnung, z. B. sind *Corvus corone corone* (Rabenkrähe), und *Corvus corone sardonis* (Nebelkrähe) Unterarten derselben Art *Corvus corone* (Aaskrähe).

1.2 Hierarchische Gliederung der Organismen

Vereinfachte Gliederung in fünf Reiche

Nach Gesichtspunkten wie dem Bau ihrer Zellen und anderen Unterscheidungsmerkmalen können die Organismen in einem Stammbaum angeordnet werden, der die Nähe ihrer Verwandtschaftsverhältnisse angibt. Diese Anordnung wird als **„natürliches System"** bezeichnet.

Am weitesten oben in der Hierarchie stehen die **Reiche**. Sie bilden die umfassendsten Gruppen. Die auf der Erde lebenden Organismen können in die folgenden fünf Reiche eingeteilt werden (wobei die Einteilung umstritten ist):

- Bakterien
- Einzeller (pflanzliche und tierische) mit Zellkern
- Pflanzen
- Pilze
- Tiere

Einzeller, Pflanzen, Pilze und Tiere bilden gemeinsam die Großgruppe der **Eukaryoten** (Eukaryonten). Ihre Zellen besitzen einen **Zellkern** (siehe (1) S. 4). Die Bakterien werden als **Prokaryoten** (Prokaryonten) bezeichnet. Prokaryotenzellen besitzen **keinen Zellkern** (siehe (1) S. 2 f.).

Systematische Kategorien

Von Arten ausgehend, stellt man Gruppen zusammen, die in hierarchischer Ordnung immer umfassender werden: Arten werden zu Gattungen zusammengefasst, diese zu Familien. Mehrere Familien bilden eine Ordnung, mehrere Ordnungen eine Klasse. Weiter übergeordnet sind die Stämme und Reiche.

Beispiel

Systematische Einordnung des Wolfes und der Heckenrose (Hundsrose):

	Wolf	Heckenrose
Reich	**Tiere** z. B. Chordatiere, Weichtiere, Ringelwürmer, Gliederfüßer	**Pflanzen** z. B. Gefäßpflanzen, Laubmoose
Stamm/ Abteilung	**Chordatiere** z. B. Wirbeltiere, Manteltiere	**Gefäßpflanzen** Samenpflanzen, Bärlapppflanzen und Farne
Unterstamm/ Unterabteilung	**Wirbeltiere** umfasst: Säugetiere, Vögel, Reptilien, Amphibien, Fische	**Samenpflanzen** Bedecktsamer und Nacktsamer
Klasse	**Säugetiere** z. B. Raubtiere, Insektenfresser, Primaten, Nagetiere, Huftiere, Wale	**Bedecktsamer** Einkeimblättrige und Zweikeimblättrige (umfasst z. B. Rosenartige)
Ordnung	**Raubtiere** z. B. Hunde, Bären, Marder, Katzen, Hyänen, Robben	**Rosenartige** z. B. Rosengewächse, Hanfgewächse, Brennnesselgewächse

Familie	**Hunde** z. B. Canis (Wolfs- und Schakalartige), Füchse, Wüstenfüchse	**Rosengewächse** z. B. Rosa (Rosen), Fingerkräuter, Erdbeeren, Weißdorne, Kirschen
Gattung	**Canis** umfasst: *Canis lupus*, *Canis familiaris* (Haushund), *Canis aureus* (Goldschakal), *Canis latrans* (Kojote)	**Rosa** z. B. *Rosa canina*, *Rosa arvensis*
Art	***Canis lupus*** (Wolf)	***Rosa canina*** (Hundsrose)

Tab. 1: Die systematischen Kategorien, in die sich der Wolf und die Heckenrose einordnen lassen

Phylogenetische Systematik

Ziel der heutigen Forschung im Bereich der **stammesgeschichtlichen Systematik** ist es, die Lebewesen nach dem **Grad ihrer Verwandtschaft** zu ordnen. Natürliche Verwandtschaftsverhältnisse werden in sogenannten **Kladogrammen** („Hat/hat-nicht-Beziehungen") dargestellt, in denen ausschließlich echte Abstammungsgemeinschaften als **Gruppen** (Taxa) auftreten. Alle Mitglieder einer Gruppe (Taxon) lassen sich auf eine gemeinsame Stammart zurückführen, die sich an den jeweiligen Gabelungen des Kladogramms in zwei Arten gespalten hat. In Abb. 27 (S. 74) ist dies für die **Wirbeltiere** beispielhaft gezeigt.

Ob eine Gruppe einen nur ihr gemeinsamen Vorfahren hat, lässt sich anhand bestimmter **homologer Merkmale** (siehe S. 94 ff.) erkennen. Geeignet dafür sind nur abgeleitete, sogenannte apomorphe homologe Merkmale **(Synapomorphien)**. Das sind Merkmale, die nur bei dem gemeinsamen Vorfahren einer Gruppe entstanden sind und daher auch nur bei den Mitgliedern dieser Gruppe auftreten. Ursprüngliche, sogenannte plesiomorphe homologe Merkmale **(Symplesiomorphien)**, die in verschiedenen Gruppen erhalten geblieben sind, dürfen bei der konsequenten Gruppierung nach dem Verwandtschaftsgrad nicht als Kriterium herangezogen werden.

Beispiele

- Ein ursprüngliches homologes Merkmal, also eine Symplesiomorphie, ist z. B. die Poikilothermie (keine konstante Körpertemperatur) bei allen Tiergruppen außer den Vögeln und den Säugetieren. Die bei den Vögeln und den Säugetieren unabhängig voneinander entstandene Homoiothermie (konstante Körpertemperatur) stellt folglich eine Synapomorphie, ein abgeleitetes, homologes Merkmal, dieser beiden Wirbeltierklassen dar.

- Eine weitere Synapomorphie, die eine Gruppe der Wirbeltiere charakterisiert und von allen anderen Wirbeltiergruppen abgrenzt, sind die kernlosen Erythrozyten der Säugetiere.
- Auch bei den Federn der Vögel handelt es sich um Synapomorphien. Die Federn, die bei manchen Dinosaurierarten vorkamen, waren Vorläufer dieser Vogelfedern.

Ein Kladogramm (siehe Abb. 27) zeigt nur die im Laufe der Stammesgeschichte aufgetretene **Abfolge** der Verzweigungen, nicht aber das **Ausmaß** der Verschiedenheit in Körperbau, Verhalten oder anderen Merkmalen.

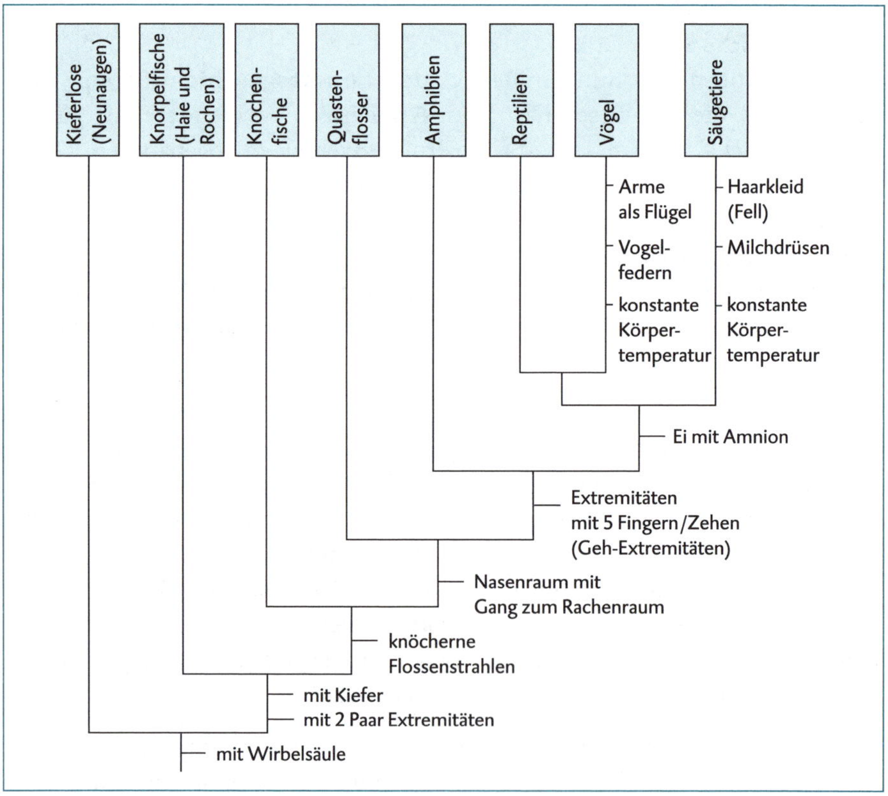

Abb. 27: Kladogramm der Wirbeltiere. Die eingezeichneten Merkmale stellen jeweils Synapomorphien der einzelnen Gruppen dar.
Amnion: Haut, die den Embryo umgibt und einen mit Flüssigkeit gefüllten Hohlraum bildet. Dadurch ist eine Entwicklung an Land möglich.
Flossenstrahlen: Versteifende Elemente in den Flossen. Bei Neunaugen, Haien und Rochen sind sie knorpelig, bei allen übrigen Fischen knöchern.

Ein **Kladogramm** ist eine grafische Darstellung des natürlichen Systems. In ihm werden die Verwandtschaftsbeziehungen zwischen systematischen Gruppen in einem Stammbaum gezeigt.

Erläuterungen zum zuvor gezeigten Kladogramm der Wirbeltiere:

- Nur abgeleitete, homologe Merkmale (Synapomorphien) sind eingetragen. **Stammarten** stehen jeweils an den Gabelpunkten des Stammbaums. Sie sind in der Regel nicht bekannt, weil fossil nicht überliefert.
- Auf dem Ast, der zu den heute lebenden Säugetieren führt, stehen Tiere, die als neue Merkmale Milchdrüsen und ein Haarkleid besitzen. Dies sind zwei Beispiele für **abgeleitete** homologe Merkmale (Synapomorphien). Allen Säugetieren sind daher diese Merkmale gemeinsam. Bei anderen Gruppen sind sie nicht zu finden.
- Eine Besonderheit bildet das Merkmal „konstante Körpertemperatur“. Es lässt sich nachweisen, dass die Fähigkeit, eine konstante Körpertemperatur aufrechtzuerhalten, in der Stammesgeschichte der Wirbeltiere **zweimal unabhängig voneinander** entstanden ist: bei den Vorfahren aller Säugetiere und ein zweites Mal bei den Vorfahren aller Vögel (siehe Konvergenz, S. 94 ff.). Dieses Merkmal ist folglich sowohl eine Synapomorphie der Vögel als auch der Säugetiere.
- Die Verwandtschaftsverhältnisse in der Gruppe der Reptilien und Vögel sind sehr stark vereinfacht dargestellt. Bei konsequenter Orientierung an abgeleiteten Merkmalen sind die Krokodile näher mit den Vögeln verwandt als mit den Eidechsen und Schlangen. Die Gruppe der Reptilien, zu der traditionsgemäß auch die Krokodile gezählt werden, ist also, anders als in der Abb. angegeben, in Wirklichkeit keine natürliche Verwandtschaftsgruppe.

1.3 Progressionsreihen

Vergleicht man die verschiedenen Klassen des Wirbeltierstammbaums in Bezug auf einzelne Organe oder Organsysteme miteinander, so ist dabei eine deutliche Fortentwicklung zu beobachten. Diese kann zum Teil auch schon innerhalb einer Klasse beobachtet werden. Eine derartige **Progression** kann am Beispiel Entwicklung der **Atmungsorgane** verdeutlicht werden.

Beispiel

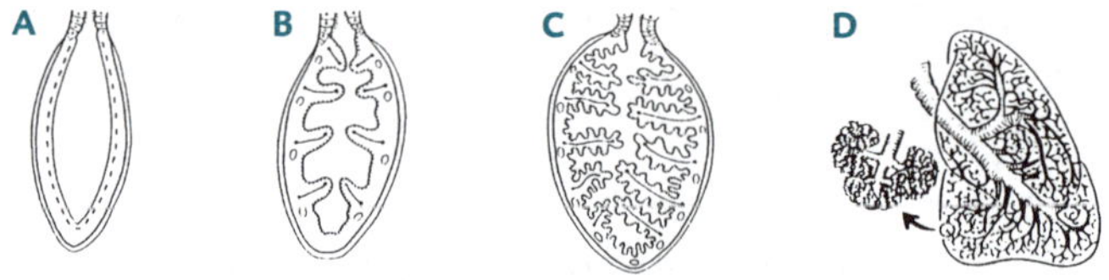

Abb. 28: Evolution der Lunge bei den Landwirbeltieren; A: Molch, B: Frosch, C: Schildkröte, D: Säugetier

Die Lunge der Wirbeltiere und die schlauchartige Schwimmblase der Knochenfische sind zueinander homolog (siehe S. 94 ff.). Von der Schwimmblase der Knochenfische, über die ähnlich einfach aufgebaute Molchlunge (Abb. 28 A), bis zum fein verästelten Atmungsorgan der Vögel und Säugetiere (D) ist eine klare Tendenz auszumachen: Die innere Oberfläche der einzelnen Atmungsorgane vergrößert sich im Verlauf der Entwicklung der Wirbeltierklassen. Ist die Lunge bei den Molchen noch sackförmig ausgebildet, zeigt sich die innere Oberfläche bereits bei den Fröschen (B) durch Einstülpungen vergrößert. Diese **Oberflächenvergrößerung** setzt sich bei den Reptilien (C) durch die Ausbildung von kleinen Blasen und Röhren ins Lungeninnere fort. Die ausgeprägtesten Oberflächenvergrößerungen weisen die Lungen der Vögel und der Säugetiere auf. Beispielsweise ist die innere Oberfläche der Lunge einer Maus ca. um das 240-Fache größer als die eines Feuersalamanders. Derartige **Progressionsreihen**, bei denen eine evolutive Ausbildung innerhalb von Verwandtschaftsbeziehungen mit einer evolutiven Fortentwicklung von Organen oder Organsystemen einhergeht, findet man im Tierreich häufiger. So weist auch das Kreislauf- und das Zentralnervensystem bei den Wirbeltieren ähnliche Tendenzen auf. Auch innerhalb einzelner Klassen sind diese Tendenzen – über Fossilfunde belegt – zu beobachten. Das bekannteste Beispiel ist hier der Stammbaum der Pferde (siehe Abb. 30, S. 91).

Eine Wertung der Entwicklungen im Sinne von „besser entwickelt“ oder „schlechter entwickelt“ ist nicht sinnvoll: Die Molche beispielsweise sind mit ihrer nicht gekammerten Lunge ebenso optimal an ihren Lebensraum angepasst wie die Säugetiere mit der stark verästelten Lunge an den ihren.

Zusammenfassung

- Im natürlichen System sind die Organismen entsprechend ihrer Verwandtschaftsverhältnisse in hierarchisch geordnete Gruppen eingeteilt.
- Carl VON LINNÉ führte die heute gültige binäre Nomenklatur der Arten ein. Eine Artbezeichnung besteht dabei aus zwei Begriffen.
- Individuen verschiedener Arten können sich miteinander nicht fruchtbar fortpflanzen.
- Ein Kladogramm zeigt die im Laufe der Stammesgeschichte aufgetretene Abfolge der Verzweigungen des Stammbaums einer Gruppe.
- Entscheidende Kriterien für die Analyse der Verwandtschaftsverhältnisse sind Synapomorphien. Im Kladogramm der Wirbeltiere sind z. B. Milchdrüsen und Haare Synapomorphien der Säugetiere.
- Progressionsreihen stellen evolutive Fortentwicklungen bei Organen bzw. Organsystemen dar, die mit einer Differenzierung im Aufbau einhergehen.

Aufgaben

45 Erläutern Sie die drei Bestandteile der heutigen Bezeichnungen einer Art.

46 Die heute auf der Erde lebenden Organismen lassen sich in fünf Reiche einteilen.

a Nennen Sie die Bezeichnungen der fünf Reiche.

b Ordnen Sie die fünf Reiche in zwei sinnvolle Gruppen. Beschreiben Sie kurz ein Merkmal, in dem sich beide Gruppen deutlich unterscheiden.

47 Im Folgenden sind systematische Gruppen genannt, in die sich der Seehund einordnen lässt:

Raubtiere – Wirbeltiere – Säugetiere – Robben

Bringen Sie die Gruppen in eine hierarchische Ordnung. Nennen Sie dazu die umfassendste Gruppe zuerst.

48 Nach Auffassung der Biologie sind alle Organismen aus anderen Organismen entstanden. Sie stehen also in einer verwandtschaftlichen Beziehung zueinander und lassen sich daher systematisch ordnen. Die Bezeichnungen einiger Gruppen des Systems sind im Folgenden angegeben. Die Reihenfolge der hierarchischen Ordnung ist aber nicht berücksichtigt.

☐ Unterstamm	☐ Reich	☐ Familie
☐ Gattung	☐ Ordnung	☐ Klasse
☐ Stamm	☐ Art	

Bringen Sie die Gruppen in die richtige hierarchische Ordnung. Notieren Sie dafür vor die Bezeichnung für die umfassendste Gruppe eine 1, vor die nächste, weniger umfassende Gruppe eine 2 etc.

49 Das Schwein und der Hund gehören systematisch zur selben Klasse. Damit gehören sie auch zur/zum gleichen:

- ☐ Familie
- ☐ Ordnung
- ☐ Stamm
- ☐ Gattung

Kreuzen Sie die richtige(n) Bezeichnung(en) an.

50 Kreuzen Sie an, welche der unten aufgeführten Merkmale Synapomorphien (abgeleitete, homologe Merkmale) der Säugetiere sind.
Erläutern Sie den Begriff Synapomorphie an diesem Beispiel.

- ☐ Milchdrüsen
- ☐ Extremitäten mit fünf Fingern bzw. Zehen
- ☐ Mund mit Ober- und Unterkiefer
- ☐ zwei Paar Extremitäten
- ☐ Haut mit Haaren bedeckt (Fell)

51 Innerhalb der Stammesgeschichte der Wirbeltiere traten immer wieder neue Merkmale auf.

a Welche Vorteile brachte die Fähigkeit, die Körpertemperatur ständig hoch zu halten?

b Bei welchen Gruppen kommt das erwähnte Merkmal vor?
Erläutern Sie Besonderheiten des Auftretens gleichwarmer Tiere im Stammbaum der Wirbeltiere.

52 Stellen Sie die Verwandtschaftsverhältnisse zwischen folgenden Arten dar:

- Zauneidechse
- Buchfink
- Hausmaus

Benutzen Sie dazu nur die phylogenetische (stammesgeschichtliche) Systematik.

a Verwenden Sie einen möglichst kurzen Text.

b Verwenden Sie eine möglichst einfache Grafik (Kladogramm).

53 Kreuzen Sie an, in welchen Gruppen sich keine Vorfahren des Menschen finden.

- ☐ Knochenfische
- ☐ Reptilien
- ☐ Vögel
- ☐ Primaten (Affen und verwandte Tiere)
- ☐ Amphibien

Begründen Sie Ihre Antwort kurz.

54 Neben der Progressionsreihe gibt es auch die Regressionsreihe (lat. Vorsilbe *re* = zurück). Beispiele hierfür finden sich unter anderem bei einigen Reptilien, so z. B. bei der Blindschleiche.
Versuchen Sie, den Begriff Regressionsreihe – entsprechend zum Begriff Progressionsreihe – zu definieren und zu erklären.

2 Artentstehung nach den Theorien von LAMARCK und DARWIN – ein Vergleich

Viele Jahrhunderte lang wurde der **Text der Bibel** als Richtschnur genommen, wenn es darum ging, die Formenfülle und Vielfalt der Lebewesen auf der Erde zu erklären. So sagte der schwedische Naturforscher Carl VON LINNÉ noch im 18. Jahrhundert: „Es gibt so viele Arten, wie das Unendliche Wesen im Anfang geschaffen hat.“ Damit vertrat auch er den Standpunkt der **Konstanz der Arten**.

Ein anderer Naturforscher, der französische Gelehrte Georges DE CUVIER (1769–1832) versuchte, eine Erklärung für die inzwischen in großen Mengen gefundenen **Fossilien** zu finden. Zwar stellte er fest, dass eine Veränderung der Merkmale der Organismen von den tieferen zu den höher liegenden Erdschichten zu erkennen war, er führte diese aber auf die **Abfolge wiederholter Katastrophen** wie die Sintflut zurück. Die katastrophalen Ereignisse hatten jeweils die meisten Lebewesen ausgelöscht und so sei es zu wiederholten Zuwanderungen von Lebewesen gekommen.

Die ersten Naturforscher, die umfassende Theorien entwarfen, um die Vielfalt der Organismen durch die Entwicklung aus gemeinsamen Vorfahren zu erklären, waren Jean-Baptiste DE LAMARCK zu Beginn des 19. Jahrhunderts in Frankreich und Charles DARWIN Mitte des 19. Jahrhunderts in England.

2.1 LAMARCKS Theorie der Evolution

LAMARCK war der Meinung, Organismen veränderten sich ständig und strebten danach, sich ihrer Umwelt in kleinen Schritten anzupassen. Er formulierte folgende Ursachen für die Veränderung der Arten:

- **Vervollkommnungstrieb:** Darunter verstand LAMARCK das Bedürfnis der Lebewesen, sich entsprechend den Erfordernissen der Umwelt zu ändern, sich also der Umwelt anzupassen. LAMARCK stellte sich dies als eine Art inneren Drang oder langsam wirkenden Willen vor.
- **Gebrauch und Nichtgebrauch von Organen:** Ständiger Gebrauch verstärkt Organe, längerer Nichtgebrauch führt zu deren Rückbildung.
- **Vererbung von erworbenen Merkmalen:** Die durch Gebrauch und Nichtgebrauch erworbenen Merkmale werden an die Nachkommen vererbt. Die Nachkommen ändern ihre Merkmale über viele Generationen hinweg in sehr kleinen Schritten.

Nach LAMARCK ruft die Umwelt **gerichtete Veränderungen** der Organismen hervor. Dabei bestimmen die Umweltbedingungen die Bedürfnisse der Lebewesen und folglich den Gebrauch bzw. den Nichtgebrauch von Organen und beeinflussen so den Vervollkommnungstrieb. Der jeweilige Organismus wirkt dann aktiv auf die Veränderungen hin, die seinen Bedürfnissen entsprechen (siehe Abb. 29)

Veränderung der Umweltbedingungen → veränderte Bedürfnisse der Organismen → veränderte Tätigkeit → verstärkter oder verminderter Gebrauch führt zur Weiterentwicklung bzw. Rückbildung der betreffenden Organe

Abb. 29: Schematische Darstellung der Zusammenhänge laut LAMARCKS Evolutionstheorie

Die wichtigsten Annahmen der LAMARCK'schen Theorie, nämlich die Möglichkeit, erworbene Eigenschaften zu vererben und damit die Fähigkeit der Umwelt, gerichtete, vererbbare Veränderungen der Organismen hervorzurufen, lassen sich aus Sicht der modernen Genetik widerlegen: Modifikationen, also erworbene, durch Einflüsse der Umwelt entstandene Merkmale, können nicht vererbt werden.

Beispiel

In vielen Fällen legen Gene die Ausprägung eines Merkmals nicht exakt fest, sondern setzen lediglich Grenzen, innerhalb derer sich das Merkmal entsprechend der jeweiligen Umwelt ausprägen kann (Reaktionsnorm, Variationsbreite). So kann z. B. die Hautfarbe von Mitteleuropäern zwischen „sehr hell“ im Winter und „kräftig braun“ im Sommer schwanken. Vererbbar sind nur die Grenzen „sehr hell“ bis „kräftig braun“. Ein Kind, das im Sommer gezeugt wird, ist folglich nicht dunkler als eines, das aus einer Befruchtung im Winter hervorgeht.

Obwohl sich die Kernaussagen des Lamarckismus mit dem heutigen Wissensstand widerlegen lassen, sind LAMARCKS Theorien ein **wichtiger Schritt** der Geistesgeschichte. LAMARCK lieferte zum ersten Mal in der Geschichte eine Theorie, die die langsame, in kleinen Schritten verlaufende Entstehung neuer Arten erklären sollte und die damit dem **Schöpfungsbericht** der Bibel und der Lehrmeinung der christlichen Kirchen widersprach.

2.2 Darwins Theorie der Evolution

Etwa fünfzig Jahre nach der Veröffentlichung der Theorie Lamarcks erschien Darwins bahnbrechendes Buch *„On the Origin of Species by Means of Natural Selection“*. Ausgehend von seinen Beobachtungen der Natur erläuterte Darwin in diesem Buch Schlussfolgerungen, die die Grundlagen seiner Theorie bildeten:

- **Überproduktion** (Übervermehrung): Organismen erzeugen mehr Nachkommen, als zur Arterhaltung erforderlich wären. Dennoch bleibt die Zahl der Individuen einer Art in einem Gebiet in der Regel in gewissen Grenzen konstant.
- **Variabilität:** Die Individuen einer Art sind untereinander nie völlig gleich. Sie zeigen geringe Unterschiede in ihren Merkmalen. Die Unterschiede zwischen den Individuen treten zufällig auf und sind ungerichtet, das heißt sie entstehen unabhängig von den jeweiligen Umweltbedingungen.
- **Vererbung:** Die Merkmalsunterschiede sind zu einem großen Teil vererbbar.

Folgende **Schlussfolgerungen** leitete Darwin aus diesen Beobachtungen ab: Die Individuen einer Art konkurrieren miteinander um Nahrung, Raum, Geschlechtspartner und Ähnliches. Darwin bezeichnete dies als **„struggle for life“**. Diejenigen **Variationen** der Individuen, die zufällig für die jeweiligen Umweltbedingungen günstigere Merkmale haben als andere, die also besser angepasst sind, überleben häufiger. Darwin beschrieb diesen Vorgang als **„survival of the fittest“**. Die an die Umwelt am besten angepassten Individuen, die mit der höchsten „Fitness“, werden **selektiert**. Selektion (Auslese) im Sinne Darwins bedeutet, dass diese Varianten die größte Chance zur Fortpflanzung und folglich die meisten Nachkommen haben. Sie können daher ihre günstigen Merkmale in stärkerem Maße an die nächste Generation weitergeben als solche Individuen, die weniger gut angepasst sind. Welche Merkmale die bessere Anpassung ergeben, welche also von der Selektion bevorzugt werden, hängt von der jeweiligen Umwelt ab. Bei einem Wechsel der Umweltbedingung ändert sich in der Regel auch die Richtung der Selektion. Durch die natürliche Selektion **(„natural selection“)** kommt es zur Änderung der Merkmale einer Art. Dabei ändern sich die Merkmale in kleinen Schritten von **Generation zu Generation** über lange Zeiträume hinweg.

Folgende **Erläuterungen und Hinweise** tragen zum Verständnis der Theorien Darwins bei:

- Die Annahme der **Überproduktion** ist erforderlich, damit trotz Selektion noch genügend Individuen erhalten bleiben, um die Gesamtzahl der Organismen einer Art nicht absinken zu lassen.
- **„Struggle for life"** bedeutet nicht „Kampf ums Überleben" im wörtlichen Sinne, sondern eher **Konkurrenz und Wettbewerb** um Lebensbedingungen. Darunter ist also auch die Konkurrenz (siehe (1) S. 242 f.) um Licht, Wasser, Mineralsalze usw. zwischen Individuen einer Pflanzenart in einem bestimmten Gebiet zu verstehen. Im Zuge des **„survival of the fittest"** können die Varianten unter den Pflanzen, die es aufgrund günstiger Merkmale schaffen, mehr Licht, Wasser, Mineralsalze etc. zu erhalten, mehr Samen produzieren. Ihre günstigen Merkmale treten daher in der nächsten Generation häufiger auf.
- Die von DARWIN beobachteten zufälligen und ungerichteten Veränderungen von Merkmalen werden mithilfe der modernen Genetik durch **Mutation** und Rekombination erklärt (siehe Synthetische Theorie der Evolution, S. 120 ff.).
- DARWIN konnte bei der Entwicklung seiner Theorien auf wichtige Erkenntnisse aus **anderen Wissenschaftsgebieten** zurückgreifen. Der Geologe Charles LYELL beispielsweise wies nach, dass die Gestalt der Erde sich ständig wandelt und dass diese Veränderungen in sehr langen Zeiträumen ablaufen. LYELL lieferte auch das **Aktualitätsprinzip** als grundsätzliche Annahme. Es besagt, dass in der Vergangenheit dieselben Faktoren, z. B. Naturgesetze oder Regeln der Wahrscheinlichkeit, wirksam waren wie in der Gegenwart. Auf den Volkswirt Thomas MALTHUS ging der Gedanke der Überproduktion von Nachkommen zurück. Er errechnete, dass die menschliche Bevölkerung schneller wachse, als die Erzeugung von Nahrungsmitteln zunehmen könne.

DARWINS Theorie der Evolution bedeutete nicht nur in der wissenschaftlichen Welt einen gravierenden **Wandel der Sichtweise** auf die Entstehung des Lebens und nicht zuletzt des Menschen. Ein Ausspruch zu DARWINS Theorien, welcher der Gattin des Bischofs von Worcester zugeschrieben wird, verdeutlicht dies: *„Du meine Güte, wir sollen vom Affen abstammen? Lasst uns hoffen, dass es nicht wahr ist und wenn es doch wahr ist, dann wollen wir beten, dass es wenigstens nicht allgemein bekannt wird!"* Auch wenn dieses Zitat nicht verbürgt ist, so zeigt es doch deutlich, dass mit DARWINS Thesen eine **Veränderung des Weltbilds** eingeleitet wurde. Seine Deutungen erschütterten die kirchlich geprägten und meist streng an der Bibel orientierten Vorstellungen der viktorianischen Gesellschaft.

In der Folgezeit wurden die Theorien DARWINS von Verfechtern verschiedener Ideologien immer wieder verfälscht wiedergegeben und auf wenige Schlagworte reduziert. Vor allem die Formulierungen *„struggle for life"*, *„survival of the fittest"* und *„natural selection"* wurden und werden dabei von Anhängern **rassistischer** Ideologien bewusst falsch interpretiert und missbraucht. Die deutschen Übersetzungen dieser Kernbegriffe (z. B. „Kampf ums Dasein") durch Julius Victor CARUS geben die im wilhelminischen Deutschland des ausgehenden 19. Jahrhunderts herrschende imperialistische Grundstimmung wieder. So entwickelte sich aus einem bewusst falsch verstandenen Darwinismus der **Sozialdarwinismus**. Diese pseudowissenschaftliche Theorie bildete eine wichtige Grundlage für rassistische Gesellschaftsordnungen wie den **Nationalsozialismus** in Deutschland. Sie lieferte eine wesentliche Begründung für die sogenannten **„Rassengesetze"** des nationalsozialistischen Unrechtsstaates. Schreckliche Folgen hatte die unzulässige Übertragung des Phänomens der natürlichen Selektion auf die menschliche Gesellschaft und die ungerechtfertigte, vereinfachende Deutung des *„survival of the fittest"* als das „Recht des Stärkeren".

2.3 Vergleich der Evolutionstheorien von LAMARCK und DARWIN

Sowohl LAMARCK als auch DARWIN waren der Meinung, dass neue Arten aus bereits bestehenden Arten hervorgehen und dass dies durch sehr kleinschrittige Veränderungen geschieht. So erklärten sie die heutige Vielfalt des Lebens. Die Vorstellungen der beiden Evolutionstheoretiker darüber, welche Vorgänge bei der Entstehung einer Art ablaufen und welche Ursachen dafür verantwortlich sind, unterscheiden sich jedoch erheblich:

Nach der Theorie LAMARCKS sind die Organismen **aktiv** an der Veränderung ihrer Merkmale beteiligt, sie **passen** sich an. In DARWINS Theorie spielen die Organismen eine **passive** Rolle, sie **werden angepasst**.

Zusammenfassung

- Nach der Theorie LAMARCKS verändern sich die Organismen im Laufe der Stammesgeschichte aktiv durch den ihnen eigenen Vervollkommnungstrieb und den Gebrauch oder Nichtgebrauch von Organen.
- Die Annahme LAMARCKS, willentlich und aktiv erworbene Eigenschaften seien vererbbar und könnten an die Nachkommen weitergegeben werden, ist mit dem heutigen Wissenstand nicht zu belegen.
- DARWIN schloss aus der Beobachtung der Überproduktion und der Verschiedenartigkeit (Variation) der Nachkommen, dass eine Selektion auftreten müsse, die in der Konkurrenz um Lebensbedingungen („*struggle for life*“) nur den bestangepassten Individuen erlaube, sich fortzupflanzen („*survival of the fittest*“).

ufgaben

55 Welche der folgenden Aussagen beschreiben Inhalte …
- der Theorie LAMARCKS?
- der Theorie DARWINS?
- sowohl der Theorie LAMARCKS wie auch der DARWINS?

Markieren Sie die Aussagen entweder mit einem L (LAMARCK), mit einem D (DARWIN) oder mit einem B (beide Theorien).

☐ Organismen wandeln sich im Laufe langer Zeiträume.

☐ Organismen bringen in der Regel mehr Nachkommen hervor, als zur Erhaltung ihrer Art erforderlich wären.

☐ Eine Ursache der Wandlung der Arten ist ihr innerer Drang nach Vervollkommnung.

☐ Dic Veränderung der Arten geschieht in sehr kleinen Schritten.

☐ Die Unterschiede zwischen den Individuen derselben Art treten zufällig und unabhängig von der Beschaffenheit der jeweiligen Umwelt, das heißt ungerichtet, auf.

☐ Ständiger Gebrauch von Organen führt in kleinen Schritten über viele Generationen hinweg zu ihrer Verstärkung.

☐ Die Individuen derselben Art sind in der Regel nie völlig gleich.

☐ Ständiger Nichtgebrauch hat über die Generationen hinweg eine zunehmende Rückbildung der entsprechenden Organe zur Folge.

☐ Folge der Veränderung der Arten ist eine bessere Anpassung an die jeweilige Umwelt.

- [ ] Durch Gebrauch und Nichtgebrauch erworbene Merkmale werden vererbt.
- [ ] An die jeweilige Umwelt am besten angepasste Individuen überleben häufiger und haben daher mehr Nachkommen.

56 Ordnen Sie die folgenden Zitate jeweils LAMARCK oder DARWIN zu.

a *„Aber man kann auch sagen eine Pflanze kämpfe am Rande der Wüste um ihr Dasein gegen die Trocknis."*

b *„So werden …, als die Giraffe entstanden war, diejenigen Individuen, die die am höchsten wachsenden Zweige abweiden und in Zeiten der Dürre auch nur einen oder zwei Zoll höher reichen konnten als die anderen, häufig erhalten geblieben sein, denn …"*

c *„Gibt es ein treffenderes Beispiel als das des Kängurus? … Seine Vorderbeine, die es sehr wenig gebraucht und auf die es sich nur dann stützt, wenn es seine aufrechte Haltung aufgibt, sind im Verhältnis zu den übrigen Teilen in ihrer Entwicklung zurückgeblieben und sind mager, äußerst klein und beinahe kraftlos geblieben."*

d *„Neu aufgetretene Bedürfnisse, die eine Notwendigkeit für ein Organ hervorrufen, führen als Resultat der gemachten Anstrengung tatsächlich zur Existenz jenes Körperteils."*

e Erklärung der Beinlosigkeit von Schlangen: *„Da nun der Nichtgebrauch dieser Organe bei den Rassen dieser Tiere konstant gewesen ist, so hat er dieselben vollständig verschwinden lassen, obgleich sie im Organisationsplan der Tiere ihrer Klasse liegen."*

57 Welche der folgenden Aussagen der Evolutionstheorie LAMARCKS treffen nach heutiger Kenntnis noch zu? Kreuzen Sie an:

- [ ] Die Organismen haben sich im Laufe der Erdgeschichte gewandelt.
- [ ] Lebewesen sind in der Regel an die jeweiligen Umweltbedingungen angepasst.
- [ ] Lebewesen veränderten sich im Laufe ihrer Stammesgeschichte in kleinen Schritten.
- [ ] Die Anpassung der Lebewesen geschieht durch die Vererbung von Merkmalen, die durch Gebrauch und Nichtgebrauch von Organen erworben wurden.
- [ ] Bestimmte Organe eines Individuums können im Laufe seines Lebens durch ihren Gebrauch kräftiger bzw. durch ihren Nichtgebrauch schwächer werden.

☐ Jedes Lebewesen besitzt eine in ihm liegende Tendenz zur Verbesserung seiner Anpassung.

☐ Umwelteinflüsse sind einer der Faktoren, die die Veränderung von Arten und Merkmalen bewirken können.

58 Ein Termitenvolk besteht aus unterschiedlichen Gruppen (Kasten).

- Die „Soldaten“ haben sehr kräftige Kiefer.
- Die „Arbeiter“ haben kräftige Beine.
- Der „König“ ist größer als Soldaten und Arbeiter. Er hat weniger kräftige Beine als die Arbeiter und nur kleine Kiefer.
- Die „Königin“ ist das größte Tier des Volkes und hat kleine Kiefer sowie schwache Beine.

Nur der König und die Königin können sich fortpflanzen. Die übrigen Individuen sind steril.
Erläutern Sie, warum die beschriebenen Verhältnisse bei den Termiten die Evolutionstheorie LAMARCKS widerlegen.

59 Kreuzen Sie die korrekte(n) Aussage(n) an.
DARWIN beschäftigt sich in seinem Hauptwerk „Die Entstehung der Arten“ vor allem mit …

☐ der Veränderung von Merkmalen und der Entstehung von Anpassungen bei Pflanzen und Tieren.

☐ den Ursachen für das Aussterben von Arten, die nur als Fossilien überliefert sind.

☐ den genetischen Grundlagen der Evolution.

☐ der Entstehung des Lebens auf der Erde.

☐ dem Ursprung des Menschen.

60 *„Von* einer *Pflanze, … lässt sich mit größerem Recht sagen, sie kämpfe ums Dasein mit jenen Pflanzen ihrer Art …, die bereits den Boden bedecken.“*

a Von welchem Evolutionstheoretiker könnte dieses Zitat stammen?
b Benennen Sie das Phänomen, um das es in dem Zitat geht.
c Erklären Sie, welchem Missverständnis der Autor mit der Wahl des Beispiels wahrscheinlich entgegentreten wollte.

61 Das folgende Zitat stammt von dem Evolutionstheoretiker A. R. WALLACE (Mitte des 19. Jh.):

„Die mächtigen einziehbaren Krallen der Falken- und Katzenstämme sind nicht durch das Wollen jener Tiere hervorgerufen oder vergrößert worden, sondern unter den verschiedenen Varietäten … überlebten stets die am häufigsten, die die größte Fähigkeit zur Ergreifung ihrer Beute besaßen."

a Entspricht die Ansicht von Wallace eher der LAMARCK'schen oder der DARWIN'schen Evolutionstheorie?

b Nennen Sie die Bereiche und Aspekte der LAMARCK'schen bzw. DARWIN'schen Theorie, mit denen sich Wallace auseinandersetzt.

62 Einige Fachleute nehmen an, dass die Federn der Dinosaurier ursprünglich Gebilde waren, die bei kleinen Tieren den Fang von Insekten erleichterten. Im Laufe der Stammesgeschichte sollen sie sich zu Vogelfedern entwickelt und die Bildung von Tragflächen ermöglicht haben. Im Folgenden ist diese Annahme in einem Text dargestellt, wie ihn LAMARCK geschrieben haben könnte:

„Eine kleine Saurierart ernährte sich von Insekten. Sie jagte ihre Beute in schnellem, zweibeinigem Lauf und fing sie mit den Armen. Ein Individuum bildete sehr kleine, federartige Schuppen an den Armen und konnte dadurch Insekten leichter erbeuten als seine Artgenossen. Diese kleinen Federn verstärkten sich durch den ständigen Gebrauch beim Beutefang ein wenig. Die etwas größere Form der ursprünglichen Federn vererbte dieses Tier an seine Nachkommen. Über viele Generationen hinweg kam es durch ständigen Gebrauch zur Bildung immer größerer Federn. Die größeren Federn ermöglichten Gleitflüge. Das brachte Vorteile bei der Fortbewegung, z. B. konnten die Tiere ihren Feinden leichter entkommen.

Der ständige Gebrauch der Arme als Tragflächen führte, wiederum über viele Generationen, zu einer immer perfekteren Ausbildung als Flugorgane. Am Ende standen Vögel, deren Arme sich für den aktiven Flug eigneten."

a Formulieren Sie den Text so um, dass er eine Erklärung aus darwinistischer Sicht gibt.

b Beschreiben Sie, wie LAMARCK die Flugunfähigkeit von Straußen, Emus, Kiwis und anderen Laufvögeln erklärt hätte.

3 Belege für die Evolution

Die Ergebnisse aller Forschungsgebiete der Biologie und der Geologie sprechen dafür, dass die **rezenten** (heute lebenden) Arten der Lebewesen aus gemeinsamen Vorfahren entstanden sind, dass sie also in verwandtschaftlichen Beziehungen zueinander stehen. Die **Evolution** der Arten, das heißt ihre Entstehung und ihr Wandel, geschieht in sehr langen Zeiträumen. Die Veränderung von Arten ist daher nur in sehr wenigen Fällen direkt beobachtbar (siehe Industriemelanismus, S. 129 f.). Im Folgenden sind einige Hinweise und Belege zusammengestellt, die deutlich machen, dass es zum einen eine stammesgeschichtliche Entwicklung aller Lebewesen (Phylogenese) gibt und dass zum anderen die **Arten** als Verwandtschaftsgruppen eine Evolution durchlaufen haben, also **nicht unveränderlich** sind.

3.1 Belege aus der Paläontologie

Die Paläontologie befasst sich mit den Überresten von Pflanzen und Tieren, die vor langer Zeit gelebt haben und als **Fossilien** erhalten geblieben sind. Fast immer handelt es sich dabei um ausgestorbene Arten. Organismen können z. B. Abdrücke im Gestein hinterlassen, als Ganzes versteinern oder aber auch in Bernstein eingeschlossen sein. Abdrücke von Lebewesen und Versteinerungen findet man vor allem in Ablagerungsgesteinen (Sedimentgesteinen). Je tiefer eine Gesteinsschicht liegt, desto älter sind in der Regel die in ihr enthaltenen Fossilien **(relative Altersbestimmung)**. Daneben kann man mit aufwendigen Methoden aber häufig auch das **absolute** Alter von Fossilien bestimmen.

Beispiel — Mit der Uran-Blei-Datierung kann man, ausgehend von der Dauer des radioaktiven Zerfalls von Uran hin zum Blei, das Alter einer Gesteinsprobe relativ exakt feststellen.

Wichtige Ergebnisse der paläontologischen Forschung, die für die Evolution der Organismen sprechen, sind beispielsweise:

- Fast alle Fossilien können heutigen (rezenten) Tier- und Pflanzengruppen zugeordnet werden, lassen sich also in das natürliche System einfügen.
- Je älter Fossilien sind, desto stärker unterscheiden sie sich in der Regel von rezenten Arten.
- In einigen Fossiliengruppen können Reihen aufgestellt werden, in denen sich Merkmale in kleinen Schritten entlang bestimmter Tendenzen verän-

dern, z. B. immer komplizierter werden oder aber sich zurückbilden (Progressionsreihen, siehe S. 75; Regressionsreihen, siehe Aufgabe 54, S. 79).

- Die systematischen Großgruppen, wie z. B. die Klassen der Wirbeltiere, tauchen in der Schichtenfolge nicht gleichzeitig, sondern nacheinander auf.
- Einige Fossilien weisen charakteristische Merkmale jeweils zweier unterschiedlicher systematischer Großgruppen auf (Brückenformen, siehe *Archaeopteryx*, S 92 f.).

Stammesgeschichtliche Reihen von Fossilien

In der Verwandtschaftsgruppe der **pferdeartigen Tiere** sind besonders viele, gut erhaltene Fossilien aus dem Tertiär gefunden worden. Folgende evolutionäre Trends lassen sich im Stammbaum der Pferde erkennen:

- Zunahme der Körpergröße.
- Vergrößerung der Backenzähne und Zunahme der scharfkantigen Leisten aus dem besonders harten Schmelz in ihren Kauflächen.
- Verringerung der Zehenzahl, die auf dem Boden auftritt (siehe Griffelbein, Rudimente, S. 99 f.).

Die Ergebnisse der paläontologischen Forschung zur Stammesgeschichte der **Pferde** lassen sich folgendermaßen zusammenfassen:

- Die im Stammbaum auftretenden Fossilien können problemlos in die Gruppe der **Unpaarhufer** eingeordnet werden, zu denen neben den heutigen pferdeähnlichen Tieren, wie den Wildpferden, Zebras und Eseln, auch die Tapire und Nashörner gehören.
- Je **älter** die Fossilien aus dem Stammbaum der pferdeartigen Tiere sind, desto **größer** sind die **Unterschiede** zu den heutigen Pferden.
- Die Merkmale der Fossilien des Pferdestammbaums ändern sich in kleinen Schritten.
- Es lassen sich folgende **Progressionsreihen** erkennen: kontinuierliche Zunahme der Körpergröße, ständige Zunahme der Kaufläche der Backenzähne und der Zahl der enthaltenen Schmelzfalten.
- Als **Regressionsreihe** ist die Rückbildung aller Finger- und Zehenknochen bis auf den mittleren Finger bzw. die mittlere Zehe zu nennen.

Verantwortlich für die Merkmalsänderungen in der Stammesgeschichte der Pferde ist ein **Wechsel des Lebensraums** vom Wald zum Grasland. Die veränderten Bedingungen des Lebensraums haben dazu geführt, dass die Tiere an die unterschiedlichen Umweltbedingungen angepasst wurden (siehe transformierende Selektion, S. 130 f.).

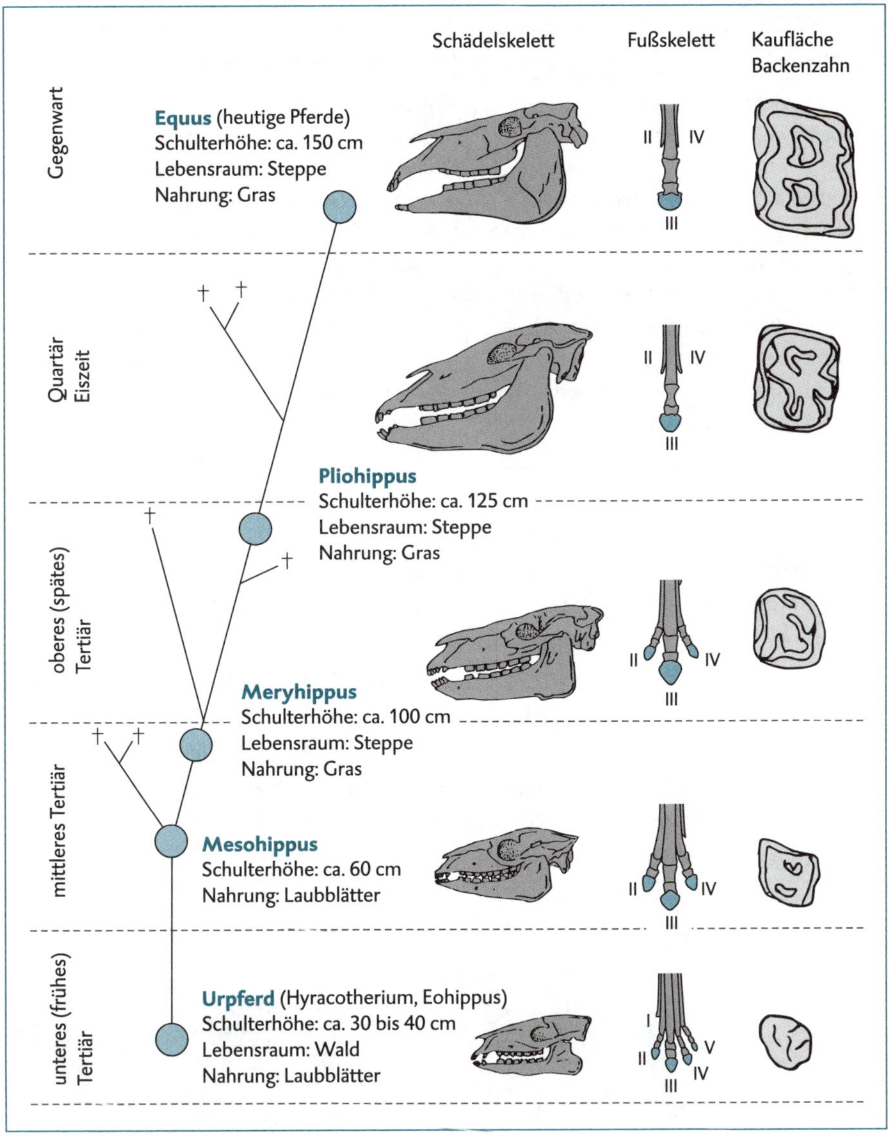

Abb. 30: Vereinfachter Stammbaum der pferdeartigen Tiere

Für Waldbewohner, z. B. Hyracotherium (Eohippus), vorteilhafte Merkmale	Für Steppenbewohner, z. B. Meryhippus, Pliohippus, Equus, günstige Merkmale
• geringe Körpergröße: erleichtert Fortbewegung im Unterholz	• größerer Körper mit längerem Hals und längeren Beinen: ermöglichen bessere Übersicht und schnellere Flucht im offenen Gelände
• Auftreten auf mehr als einer Zehe: verhindert Einsinken im feuchten, nachgiebigen Waldboden	• Auftreten mit nur einem Huf: führt auf harten Böden zu effektiverem Laufen
• kleine Zähne ohne Schmelzleisten in der Kaufläche: sind für Laubfresser ausreichend (Bäume, Sträucher, Kräuter); größere und leistungsfähigere Zähne sind nicht erforderlich	• große Zähne mit breiten Kronen und vielen Schmelzfalten: sind zum Zermahlen harter Gräser erforderlich (Gras ist sehr viel härter als Laubblätter; Übergang vom Laub- zum Grasfressergebiss)

Tab. 2: Anpassungen der pferdeartigen Tiere an den Lebensraum Wald (links) und Grasland (rechts)

Fossile und lebende Brückenformen

Brückenformen lassen die Entstehung einer Verwandtschaftsgruppe aus einer anderen erkennen. Solche Organismen tragen sowohl Merkmale der älteren, ursprünglicheren Gruppe als auch der sich neu bildenden.

Beispiel

Das bekannteste Beispiel für ein fossiles Brückentier ist der *Archaeopteryx.* Die Fossilien dieses **Urvogels** stammen aus einer Schicht des oberen Jura der Fränkischen Alb. *Archaeopteryx* trägt noch **Merkmale der Reptilien**, die auch in Schichten unterhalb des oberen Jura nachzuweisen sind, z. B.:

- Kiefer mit Zähnen, kein Hornschnabel
- Finger und Mittelhandknochen frei, nicht verwachsen
- lange Schwanzwirbelsäule
- Beckenknochen nicht miteinander verwachsen

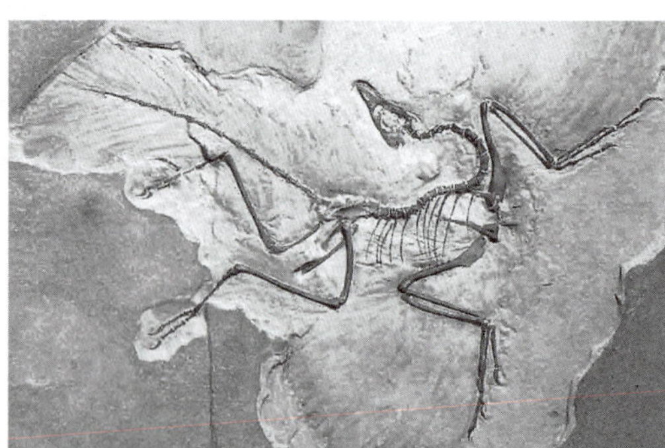

Abb. 31: *Archaeopteryx*: Rekonstruiertes Skelett mit Körperumriss und Fingerstrahlen (links) und versteinertes Skelett (rechts)

Folgende **Vogelmerkmale** sind bei ihm unter anderem schon zu finden:
- Vogelfedern
- erste Zehe nach hinten gerichtet, bildet mit den übrigen einen Greiffuß
- Schlüsselbeine der beiden Körperhälften zu einem Knochen verwachsen (Gabelbein = *Furcula*)

Fossilien echter Vögel findet man nur in Schichten oberhalb des oberen Jura.

Beispiele

Der **Quastenflosser (Latimeria)** als lebendes Brückentier:
- **Fischmerkmale:** Körper mit Schuppen bedeckt; Kiemenatmung
- Merkmale von **Amphibien:** Flossen mit ähnlichem Skelett wie in den Beinen von Amphibien („Gehflossen"); sackartige Ausstülpung in Darmnähe, die sich mit der Lunge der Landwirbeltiere homologisieren lässt.

Abb. 32: Komoren-Quastenflosser (*Latimeria chalumnae*)

Aufgrund der Tatsache, dass sich der Körperbau des Quastenflossers seit erdgeschichtlich langer Zeit kaum verändert hat, wird er auch als **lebendes Fossil** bezeichnet.

Das **Schnabeltier** als lebendes Brückentier:
- **Reptilienmerkmale:** legt große, dotterreiche Eier mit lederartiger Schale; hat nur eine Körperöffnung (Kloake) für Darmausgang, Ausgang der Harnwege und Ausführgang der Geschlechtsorgane.
- **Säugetiermerkmale:** Haut mit Haaren bedeckt (Fell); Weibchen mit Milchdrüsen (Ernährung der Jungtiere).

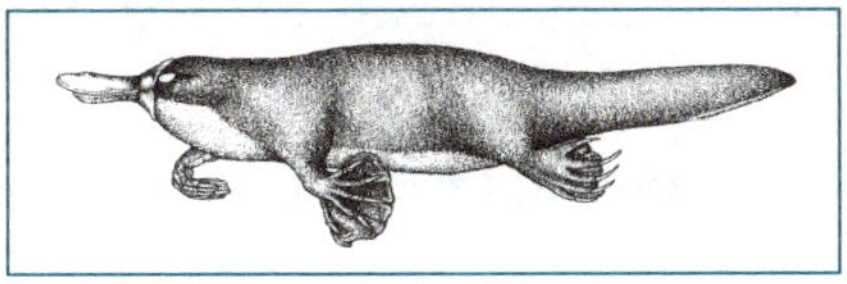

Abb. 33: Schnabeltier (*Ornithorhynchus anatinus*)

3.2 Belege aus der vergleichenden Anatomie

Weitere Hinweise darauf, dass Evolution stattgefunden hat, findet man in den Ähnlichkeiten der Anatomie rezenter Organismen. **Anatomische Vergleiche** sind zudem eine Methode, die Rückschlüsse auf Verwandtschaftsbeziehungen zulassen.

Homologie, Analogie, Konvergenz und Divergenz

Ein ähnlicher anatomischer Bau kann auf die Abstammung von gleichen Vorfahren zurückzuführen sein. In diesen Fällen spricht man von **Homologie**.
Zu Ähnlichkeiten kann es aber auch aufgrund gleicher Umweltbedingungen gekommen sein, die zu gleichgerichteten Veränderungen der Organismen geführt haben. Diese Fälle werden als **Analogien** bezeichnet.
Für die Verwandtschaftsanalyse und für den Nachweis von Abstammung und Veränderung der Arten sind nur solche anatomischen Strukturen geeignet, die auf **gleiche Vorfahren** zurückzuführen sind, also den gleichen Ursprung haben. Solche Merkmale bezeichnet man als **homolog**. Die Ähnlichkeit von homologen Merkmalen geht auf einen gemeinsamen Grundbauplan zurück, beruht also auf einer ähnlichen genetischen Information. Homologe Organe können dabei sehr unterschiedliche Aufgaben und Gestalt haben. So besteht die **Vorderextremität** bei allen Wirbeltieren aus den gleichen Knochen in gleicher Anordnung, unterscheiden sich aber zum Teil deutlich in ihrem Aussehen und ihrer Funktion (siehe Abb. 34, S. 97). Anhand dreier Kriterien können Homologien jedoch meist eindeutig bestimmt werden:

- Das **Homologiekriterium der Lage** besagt, dass Strukturen (z. B. Organe oder Körperteile) verschiedener Lebewesen dann homolog sind, wenn sie oder ihre Einzelbestandteile in einem vergleichbaren Gefügesystem die gleiche Lage einnehmen.

Beispiel

Vorderextremitäten der Wirbeltiere (siehe Abb. 34, S. 97): Bezieht man die Embryonalentwicklung mit ein, so lassen sich alle Knochen in Anordnung und Anzahl auf eine Extremität mit fünf „Fingern" (fünfstrahlige Extremität) zurückführen.

- Das **Homologiekriterium der Kontinuität (Stetigkeit)** besagt, dass Organe oder Körperteile dann homolog sind, wenn sie sich durch (z. B. embryonale oder fossile) Zwischenformen verbinden lassen. Die Zwischenformen ihrerseits müssen dabei untereinander mithilfe des Lagekriteriums homologisierbar sein.

Beispiel Die Schwimmblase der Knochenfische ist mit der Lunge der Landwirbeltiere zu homologisieren. Entsprechende Zwischenformen der Entwicklung können bei den Amphibien, Reptilien und Vögeln gefunden werden (siehe Abb. 28, S. 76).

- Beim **Homologiekriterium der spezifischen Qualität** geht man davon aus, dass komplex aufgebaute Strukturen unabhängig von ihrer Lage immer dann als homolog angesehen werden können, wenn sie in zahlreichen Einzelheiten ihres Baus übereinstimmen.

Beispiel Die Hautschuppen des Hais beispielsweise sind demnach homolog zu den Zähnen des Menschen. Ihr identischer Aufbau aus Zahnschmelz und darunter liegendem Dentin ist der anatomische Beleg dafür.

Wenn nicht-homologe Organe, also solche, die nicht auf den gleichen Grundbauplan zurückzuführen sind, Ähnlichkeit aufweisen, spricht man von **Analogie**. Zur Bildung von analogen Organen kann es kommen, wenn Organe verschiedenen Ursprungs die **gleiche Funktion** übernehmen.

Beispiel Das Grabbein der Maulwurfsgrille (Insekt) und die Grabhand des Maulwurfs (Säugetier) haben eine ähnliche Funktion und eine ähnliche Gestalt, gehen aber auf vollständig unterschiedliche Grundbaupläne zurück (siehe S. 98).

Analogien dürfen nicht zum Nachweis von Verwandtschaft benutzt werden, da die Ähnlichkeit analoger Organe nicht durch Abstammung von einem gemeinsamen Vorfahren zustande kam, also nicht durch ähnliche genetische Information.

Homologe Organe haben den **gleichen Ursprung**, können aber unterschiedliche Funktion haben. **Analoge** Organe haben verschiedenen Ursprung, aber **gleiche Funktion**.

Homologie kann man folglich als „Abstammungsähnlichkeit", Analogie als „Funktionsähnlichkeit" bezeichnen.
Die Veränderung von Organen, Organsystemen oder der Körpergestalt ganzer Organismen, die unabhängig voneinander verlaufen und zu ähnlichen Formen führen, nennt man **Konvergenz**. Verantwortlich für die gleichgerichtete Entwicklung sind ähnliche Funktion und ähnliche Umweltbedingungen. **Analoge Organe** entstehen immer konvergent. Aber auch bei **homologen Organen** kann es zu Konvergenz kommen.

Konvergenz ist die **gleichgerichtete**, aber **unabhängig** voneinander verlaufende Veränderung von Organen oder Organismen.

Beispiel

Ein Beispiel für die Konvergenz homologer Organe sind die **Flügelskelette** der Vögel und der Fledermäuse (siehe Abb. 34, S. 97). In beiden Fällen besteht das Flügelskelett aus den Vorderextremitäten, also aus homologen Organen der Wirbeltiere. Sowohl die Vorfahren der Vögel, eine bestimmte Reptiliengruppe, wie auch die der Fledermäuse, eine bestimmte Gruppe innerhalb der Säugetiere, hatten aber keine Flügel. Die Umbildung des Armskeletts zu Flügeln erfolgte also **unabhängig** voneinander, einmal bei den Vögeln und einmal innerhalb der Gruppe der Säugetiere in Anpassung an den gleichen Lebensraum.
Die **Tragflächen der Flügel** sind hingegen analoge Gebilde: Die der Fledermausflügel bestehen aus Haut (Flughaut), die der Vogelflügel dagegen werden von den Vogelfedern gebildet, die den Schuppen der Reptilien, nicht aber den Haaren der Säugetiere homolog sind.

Der Begriff **Divergenz** bezeichnet die **unterschiedliche Weiterentwicklung homologer Organe bzw. Merkmale** aus einer Ausgangsform, bedingt durch verschiedenartige Lebensbedingungen.
Divergenz liegt vor, wenn sich neue Arten aus einer Stammform heraus entwickeln. Die auseinanderlaufende Evolution bildet dann Schwesternarten, die sich in Bezug auf homologe Organe oder Merkmale unterschiedlich weiterentwickeln. Von divergenten Entwicklungen geht auch die Darstellung des Verlaufs der Stammesgeschichte in Form von Kladogrammen aus (siehe Abb. 27, S. 74). Kladogramme betrachten Arten mit homologen Merkmalen unter dem Aspekt, dass sich Nachfahren einer Stammart aufgrund unterschiedlicher Lebensbedingungen auseinanderentwickelt haben. Die neuen Arten divergieren, das heißt, sie gehen in ihrer Entwicklung (aus der Stammart heraus) auseinander.

Als **Divergenz** wird die **unterschiedliche Weiterentwicklung homologer Organe und Merkmale** aus einer Ausgangsform bezeichnet, die durch verschiedenartige Lebensbedingungen ausgelöst wird.

Sowohl **divergente und konvergente homologe Merkmale** als auch **(konvergente) analoge Merkmale** lassen sich durch zahlreiche Beispiele belegen. Dadurch wird der Einwand entkräftet, diese Phänomene seien durch Zufall zu erklären.

Beispiele

- **Divergente homologe Merkmale:**
  - Die **Mundwerkzeuge** der Insekten, z. B. die beißenden der Heuschrecken und die stechend-saugenden der Stechmücken, lassen sich trotz ihrer funktionsbedingten divergenten Entwicklung auf einen gemeinsamen Grundbauplan zurückführen. Sie sind folglich homolog.
  - Der gemeinsame Vorfahre von Amphibien, Reptilien, Vögeln und Säugetieren hatte **fünfstrahlige Extremitäten**. Auf diese Art gehen die durch lebensraumbedingte, divergente Abänderungen des Grundbauplans entstandenen heutigen Erscheinungsformen der Extremitäten der genannten Gruppen zurück (siehe Abb. 34).

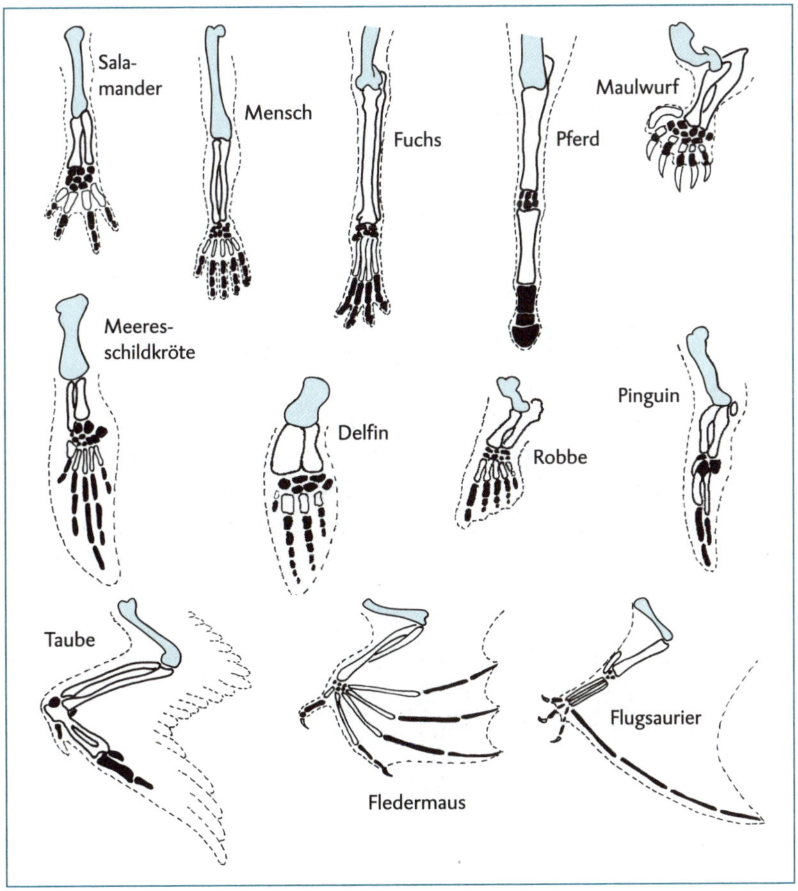

Abb. 34: Homologie (Divergenz und Konvergenz) des Armskeletts von Wirbeltieren; Oberarmknochen **farbig** hervorgehoben

Beispiele

- **Konvergente homologe Merkmale:**
  - Als Anpassung an den Lebensraum Luft haben sich bei verschiedenen Wirbeltiergruppen (Vögel, Fledermäuse und Flugsaurier) die Vorderextremitäten zu **Flügeln** entwickelt (siehe Abb. 34).
  - Infolge der Anpassung an den Lebensraum Wasser haben sich bei einigen Wirbeltiergruppen (z. B. Meeresschildkröten, Wale und Robben) die Vorderextremitäten zu **Flossen** ausgebildet (siehe Abb. 34).
  - Um schneller und energiesparender durch das Wasser schwimmen zu können, hat sich bei Vertretern zahlreicher Wirbeltiergruppen (z. B. Vögel, Fische und Säugetiere) eine **Stromlinienform** des Körpers herausgebildet (siehe Abb. 35).

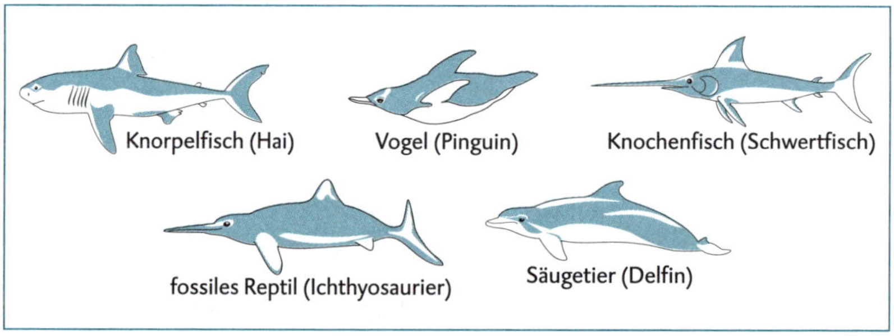

Abb. 35: Stromlinienform schnell schwimmender Wirbeltiere

Beispiele

- **(Konvergente) analoge Bildungen:**
  - Die **Vorderbeine** des Maulwurfs (Säugetier) und der Maulwurfsgrille (Insekt) haben trotz ihrer funktionsbedingt ähnlichen äußeren Gestalt einen unterschiedlichen Grundbauplan mit einem Innenskelett aus Knochen bzw. einem Außenskelett aus Chitin. Beide Arten haben unterschiedliche Vorfahren.

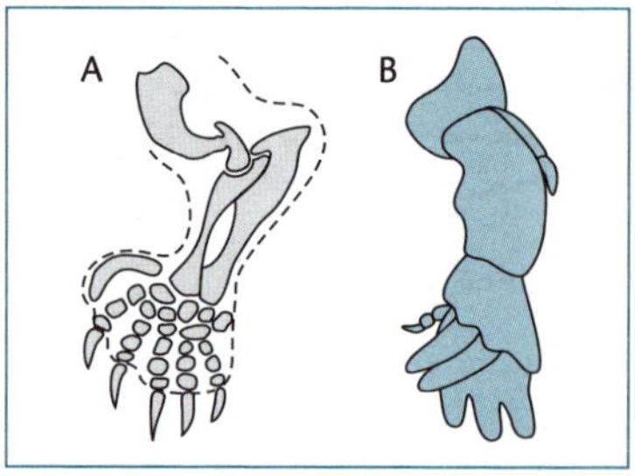

Abb. 36: Vorderbeine des Maulwurfs (A) und der Maulwurfsgrille (B)

- Die **Flügel** von Insekten und Wirbeltieren (Vogel, Fledermaus) sind infolge von Anpassungen an den gleichen Lebensraum entstanden, haben aber einen unterschiedlichen Grundbauplan. Die Flügel der Insekten entstehen als Ausstülpungen des Hautpanzers (Außenskelett aus Chitin), die der Wirbeltiere sind Vorderextremitäten (Innenskelett aus Knochen).
- **Speicherorgane** von Pflanzen können aus verschiedenen Teilen des Pflanzenkörpers bestehen. Die Knolle der Kartoffel entsteht aus einem unterirdischen Teil des Sprosses. Das Speicherorgan der Möhre ist die Wurzel. Die Zwiebel wird aus verdickten Blättern gebildet, die an einem extrem verkürzten, unterirdischen Teil des Sprosses entspringen.
- **Stammsukkulenz** tritt bei einigen nicht näher verwandten Pflanzengruppen auf, die an trockenen Standorten existieren. Hier wird Flüssigkeit im Spross der Pflanze gespeichert (siehe Abb. 37).

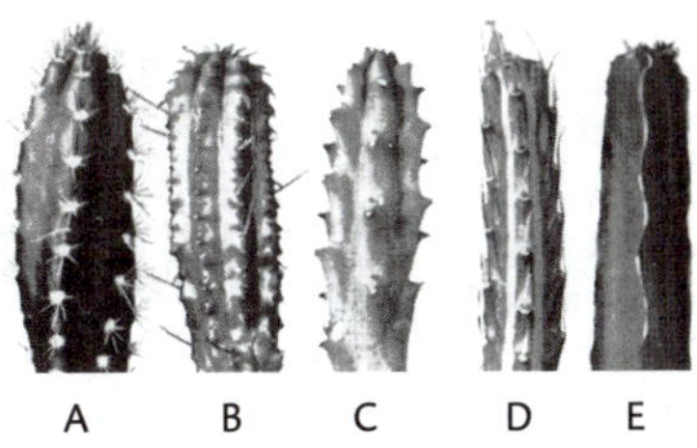

Abb. 37: Stammsukkulenz bei
A) Kaktus,
B) Wolfsmilch,
C) Schwalbenwurz,
D) Korbblütler und
E) *Cissus*

Rudimente

Bei einigen Organismen treten Rudimente auf. Dabei handelt es sich um unvollständig ausgebildete Organe oder Strukturen ohne erkennbare Funktion. Dieses Phänomen lässt sich erklären, wenn man annimmt, dass Evolution stattgefunden hat, in deren Verlauf sich ehemals voll funktionsfähige Organe weitgehend zurückgebildet haben.

Rudimente sind unvollständig ausgebildete Organe, die ihre ursprüngliche Funktion nicht mehr erfüllen.

Beispiele

- Beim **Menschen** finden sich einige Rudimente: Das **Steißbein** ist der Rest einer ehemals längeren Wirbelsäule (Schwanzwirbelsäule). Die **Behaarung**, die ursprünglich als Fell den ganzen Körper bedeckte, ist nur noch an wenigen Stellen erhalten geblieben, z. B. in den Achseln, in der

Schamregion, als Haupthaar sowie als Bart und Augenbrauen. Der **Wurmfortsatz** ist das Resultat der Rückbildung eines früher einmal viel größeren Blinddarms, der eine wichtige Verdauungsfunktion hatte.

- **Blindschleichen** haben keine Extremitäten. Reste eines **Schulter-** und eines **Beckengürtels**, das heißt der Teile des Skeletts, die die Verbindung zwischen den Extremitäten und der Wirbelsäule herstellen, weisen aber darauf hin, dass ihre Vorfahren vierbeinig laufende Tiere waren.
- Im Skelett der heutigen **Wale** lassen sich von außen nicht sichtbare Reste der **Hinterbeine** und des **Beckens** finden (siehe Abb. 38). Ihre Vorfahren waren an Land lebende Säugetiere, die auf vier gut ausgebildeten Beinen liefen.

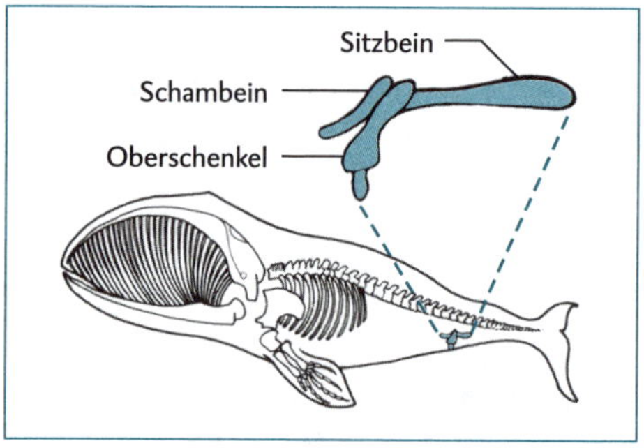

Abb. 38: Rudimente des Beckens und der Hinterbeine bei Walen

- Bei den heutigen **Pferden** sind die zweite und die vierte Zehe nur noch als dünne Knochenspangen, die sogenannten **Griffelbeine**, vorhanden. Ursprünglich handelte es sich dabei um vollständig ausgebildete Zehen bzw. Finger, wie sich mithilfe von Fossilien nachweisen lässt (siehe Abb. 30, S. 91).

Atavismen

Sehr selten treten bei einzelnen Individuen Merkmale auf, die im Laufe der Stammesgeschichte schon vor langer Zeit verschwunden waren. Diese Phänomene bezeichnet man als **Atavismen**. Atavismen unterstützen die Annahme, dass sich Merkmale und Organismen im Laufe einer Evolution entwickelt haben.

Offensichtlich sind die Gene, die die Informationen für die atavistischen Merkmale enthalten, noch vorhanden, werden aber normalerweise blockiert. Atavismen können auftreten, wenn eine Mutation die Blockade aufhebt und damit die Realisierung der Gene zulässt.

Ein **Atavismus** ist ein Merkmal, das bei Vorfahren voll entwickelt war, im Laufe der Stammesgeschichte aber weitgehend oder ganz zurückgebildet wurde und in sehr seltenen Fällen bei einzelnen Individuen wieder auftritt, zuweilen in nicht vollständiger Form.

Beispiele

- Bei **Pferden** treten Individuen auf, die einen Huf an einem ihrer Griffelbeine haben.
- Als Atavismen kommen beim **Menschen** beispielsweise überzählige Brustwarzen, eine fellartige Behaarung des gesamten Körpers und eine schwanzartige Verlängerung des Steißbeins vor.
- Beim **Löwenmäulchen**, einer Zierpflanze mit normalerweise bilateralsymmetrischen Blüten, treten in seltenen Fällen radiärsymmetrische Blüten auf. Löwenmäulchen stammen sehr wahrscheinlich von Vorfahren mit radiärsymmetrischen Blüten ab.
- Normalerweise ist das hintere Flügelpaar der **Fliegen** zu sehr kleinen, kolbenartigen Gebilden, den sogenannten Schwingkölbchen reduziert. Gelegentlich findet man aber Tiere mit vollständig ausgebildeten Hinterflügeln (siehe Abb. 39).

Abb. 39: Atavismus bei einer Fliege

3.3 Belege aus der vergleichenden Zytologie

Die Zellen aller rezenten Organismen sind nicht nur in vielen Strukturen, sondern auch in den meisten intrazellulären Vorgängen sehr ähnlich oder sogar völlig gleich. Daher ist eine evolutive Entwicklung aus gemeinsamen Vorfahren anzunehmen. Allerdings kann die Frage, wie aus prokaryotischen Vorläuferorganismen die eukaryotischen Zellen von Tieren und Pflanzen (siehe (1) S. 3 ff.) mit ihren typischen Organellen entstehen konnten, durch Fossilfunde nicht geklärt werden. Zelluläre Strukturen sind im Normalfall zu fragil, als dass sie in Fossilien erhalten bleiben könnten. Es gibt aber eine gut belegte Theorie, welche diesen Prozess erklären kann: die **Endosymbionten-Hypo-**

these (Endosymbionten-Theorie). Sie geht von der Überlegung aus, dass im Laufe der Evolution Prokaryoten durch Endozytose, das heißt als Nahrungsbestandteile, in die Eukaryoten-Vorläuferzelle aufgenommen wurden und dort als **Zellorganellen** weiterexistierten. Innerhalb dieser Zelle hatte sich durch eine Binnendifferenzierung bereits ein **Zellkern** gebildet. Die durch die Endozytose (Phagozytose) in einem Vesikel liegenden Prokaryoten blieben in der Eukaryotenzelle erhalten, das heißt, sie wurden nicht verdaut. Die Aufnahme von Zellen nach diesem Muster geschah mindestens zweimal im Lauf der Evolution:

- In einem ersten Vorgang nahm eine Zelle einen Prokaryoten auf, der in der Lage war, **Zellatmung** durchzuführen. Diese ehemaligen frei lebenden Prokaryoten bilden heute die **Mitochondrien**. Sie haben sich jedoch im Laufe der langen Zeit seit ihrer Aufnahme in die Zelle verändert. So sind sie z. B. heute nicht mehr in der Lage, außerhalb der eukaryotischen Zelle zu leben. Dies liegt vor allem daran, dass im Lauf der Zeit ein Transfer ihrer genetischen Information (mtDNA) aus den Mitochondrien in die DNA des Zellkerns (ncDNA) erfolgt ist. Damit werden heute essenzielle Proteine der Mitochondrien in der ncDNA codiert und im Zytoplasma synthetisiert.
- In einem zweiten, vermutlich späteren Vorgang kam durch Phagozytose ein Prokaryot in die eukaryotische Zelle, der **Fotosynthese** betreiben konnte. Er entwickelte sich zu den heutigen **Chloroplasten** und den übrigen Plastiden. Auch in diesem Fall sind im Laufe der Zeit essenzielle Gene in den Zellkern der Zelle gewandert.

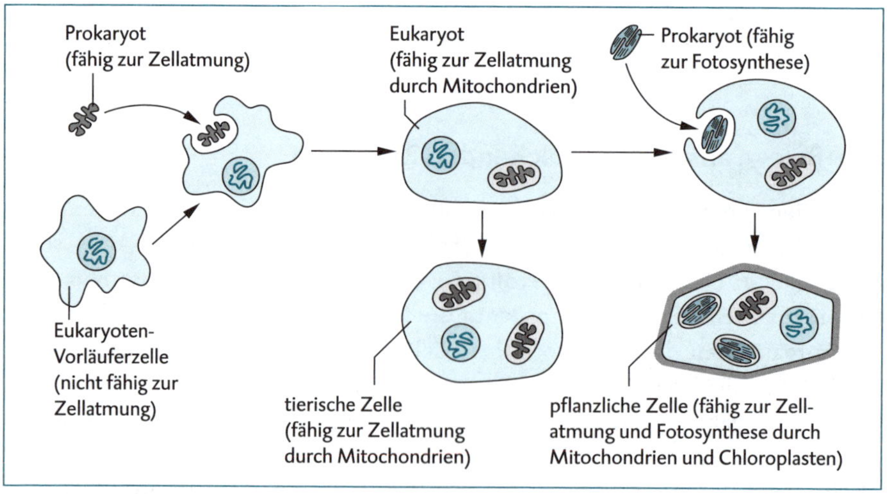

Abb. 40: Die Endosymbionten-Theorie

Unter anderem sprechen folgende Befunde für die **Richtigkeit** dieser Hypothesen:

- Mitochondrien und Chloroplasten (und die übrigen Plastiden) sind von **zwei Membranen** (Doppelmembran) umgeben. Die Innere ähnelt in ihrem Bau der Membran der Prokaryoten, entspricht also der ursprünglichen Zellhülle des aufgenommenen Lebewesens. Die äußere Membran dagegen ist chemisch wie eine Eukaryoten-Membran aufgebaut. Bei der Phagozytose könnte sie sich aus der Hüllmembran des Eukaryoten abgeschnürt und als Vesikel den aufgenommenen Prokaryoten umschlossen haben.
- Plastiden und Mitochondrien enthalten **ringförmig geschlossene DNA**, wie sie bei den Prokaryoten zu finden ist.
- Mitochondrien und Chloroplasten weisen Ribosomen, RNA und alle Enzyme auf, die für eine **eigene Proteinbiosynthese** erforderlich sind.
- Die beiden Organellen **vermehren** sich **selbstständig und unabhängig** von der eukaryotischen Zelle. Möglich ist dies unter anderem aufgrund ihrer eigenen DNA und ihres vollständigen Protein-Syntheseapparats.

Nach der **Endosymbionten-Theorie** sind die Mitochondrien und die Chloroplasten aus Prokaryoten entstanden, die in der frühen Stammesgeschichte durch einen **endozytose-ähnlichen** Vorgang in die Zelle aufgenommen wurden.

3.4 Belege aus der vergleichenden Molekularbiologie

Die Ähnlichkeit der Zellen aller Organismen reicht bis in den molekularen Bereich hinein. Folgende chemische Substanzen und Vorgänge sind in allen Zellen gleich oder sehr ähnlich:

- **DNA** dient zur Speicherung der genetischen Information.
- **RNA** dient zur Übertragung der genetischen Information während der Proteinbiosynthese.
- **ATP** ist der universelle Überträger und Speicher von Stoffwechselenergie.
- Alle Zellen verwenden dieselben **20 Aminosäuren** zum Aufbau der Proteine.
- Viele **Proteine**, vor allem Enzyme, die grundlegende Prozesse steuern, gleichen sich in den Molekülbereichen, die für ihre Funktion von Bedeutung sind (z. B. Enzyme der Zellatmung).
- Transkription und Translation **(Proteinbiosynthese)** laufen in allen Zellen nahezu gleich ab. Der genetische Code ist in fast allen Zellen identisch.

- Der **genetische Code** wird – mit ganz wenigen Ausnahmen – in allen Zellen einheitlich verwendet, obwohl verschiedene Codes denkbar und möglich wären.

Vor allem die Tatsache, dass bei unterschiedlichen Organismen gleiche oder **sehr ähnliche Proteine** auftreten, obwohl eine unvorstellbar große Zahl verschiedener Proteine möglich ist, liefert einen überzeugenden Hinweis für die Richtigkeit der Annahme, dass im Verlauf der Evolution eine Entwicklung aus gemeinsamen Vorfahren stattgefunden hat.

Die Ähnlichkeit sehr vieler chemischer Substanzen und Prozesse in den Zellen aller Organismen ist ein wichtiger Hinweis darauf, dass sämtliche Lebewesen einen **gemeinsamen Ursprung** haben und sich durch Evolution entwickelt haben.

Ähnlichkeiten bei DNA und Proteinen

Auch chemische Verbindungen können sich im Laufe der Evolution verändern. Die Zellen nahe verwandter Organismen haben in der Regel sehr ähnliche Inhaltsstoffe. Je entfernter die Verwandtschaft zwischen zwei Arten oder Gruppen ist, desto unterschiedlicher sind die Substanzen in ihren Zellen.
Diese je nach Enge der Verwandtschaft abgestufte Ähnlichkeit der chemischen Verbindungen stützt die Annahme, dass die Organismen auseinander hervorgegangen sind, also eine Evolution durchlaufen haben. Der Grad der Ähnlichkeit von DNA oder von Proteinen aus Zellen verschiedener Organismenarten lässt sich messen und für die **Verwandtschaftsanalyse** nutzen:
Proteine unterscheiden sich durch die Abfolge ihrer Aminosäuren (siehe S. (1) S. 47 ff.). Die Information über die Sequenz der Aminosäuren ist in der Basensequenz der DNA festgelegt. Durch die Analyse der Aminosäuresequenz erhält man daher indirekt Auskunft über die genetische Information.
Im Folgenden ist dargestellt, wie mit einer **Aminosäuresequenzanalyse** und ähnlichen Verfahren Rückschlüsse auf Verwandtschaftsbeziehungen gezogen werden können.

Vergleich der Aminosäuresequenz des Insulins einiger Huftiere

Insulin ist ein Hormon der Bauchspeicheldrüse, das für die Aufnahme von Glucose in die Zellen erforderlich ist. Es ist somit wesentlich an der Regelung des Blutzuckerspiegels beteiligt. Die Insulinmoleküle von Rindern, Schweinen und Schafen unterscheiden sich leicht voneinander. Abweichungen in ihrer Aminosäuresequenz sind in der folgenden Tabelle dargestellt:

	Position 6	Position 7	Position 8	Position 9	Position 10	Position 11
Rind	Cys –	Cys –	Ala –	Ser –	Val –	Cys
Schwein	Cys –	Cys –	Thr –	Ser –	Ile –	Cys
Schaf	Cys –	Cys –	Ala –	Cys –	Val –	Cys

Tab. 3: Ausschnitt aus der A-Kette des Insulins dreier Huftiere (die Ziffern geben die Positionen in der Aminosäurekette an)

Der Vergleich ergibt, dass sich Schaf und Rind in einer Aminosäure an der Position 9 unterscheiden. Rind und Schwein haben an zwei (8 und 10), Schwein und Schaf an drei Positionen (8, 9 und 10) unterschiedliche Aminosäuren. Die betrachteten Bereiche der Aminosäurekette des Insulins ist für die Funktion des Hormons nur wenig relevant. Dadurch können sich hier Mutationen anhäufen, ohne dass es zu einem Funktionsverlust kommt.

Der Auswertung der Ergebnisse der Aminosäuresequenzanalyse liegt folgender Gedanke zugrunde: Die Änderung der Primärstruktur eines Proteins ist die Folge einer **Genmutation**, also der Änderung der Basensequenz der DNA. Die Zahl der auftretenden Mutationen ist zeitabhängig. Je kürzer die Zeit ist, die seit der Entstehung von zwei Arten aus einem gemeinsamen Vorfahren verstrichen ist, desto weniger Mutationen haben sich ereignet und desto geringer sind daher die Unterschiede in der Aminosäuresequenz ihrer Proteine. Auf dieser Grundlage ergeben sich folgende Schlussfolgerungen auf die Verwandtschaftsbeziehungen: Schaf und Rind sind näher miteinander verwandt als jede dieser beiden Arten mit dem Schwein. Dieses Ergebnis deckt sich mit dem, was man durch die Analyse anatomischer Merkmale herausgefunden hat. Der Zeitpunkt, an dem Schaf und Rind aus einem gemeinsamen Vorfahren entstanden, liegt noch nicht so lange Zeit zurück wie die Trennung der Linie des Schweins von der Linie des gemeinsamen Vorfahren von Schaf und Rind (siehe Abb. 41).

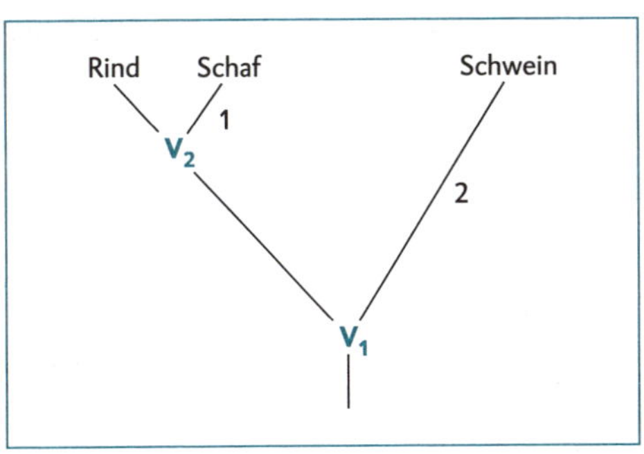

Abb. 41: Verwandtschaftsbeziehungen zwischen Rind, Schaf und Schwein. Die Ziffern geben die Zahl der ausgetauschten Aminosäuren an.

In der vorangegangenen Abbildung sind die Verwandtschaftsverhältnisse zwischen den Gruppen in Form eines Stammbaums dargestellt. Im Zeitraum „V_2 bis Schaf“ (V = Vorfahre) änderte sich die Aminosäure an Position 9, bedingt durch eine Mutation des entsprechenden Gens. Im Zeitraum „V_1 bis Schwein“ änderten sich die Aminosäuren an den Positionen 8 und 10.

Den Änderungen der Aminosäuresequenz liegen **Genmutationen** zugrunde. Die Zahl der Mutationen ist **zeitabhängig**. In kürzerer Zeit treten weniger Mutationen auf als in längerer. Die Zahl der unterschiedlichen Aminosäuren ist daher umso geringer, je später sich Arten in der Stammesgeschichte getrennt haben.

Vergleich der Aminosäuresequenz des Cytochrom c

Cytochrom c ist ein wichtiges Enzym der Zellatmung. Es kommt bei allen atmenden Lebewesen vor. Die Zellatmung versorgt die Zelle mit Energie in Form von ATP. **Mehr als ein Drittel** der Aminosäurekette des Cytochrom c ist bei allen Organismen identisch. Die Zahl der unterschiedlichen Aminosäuren erlaubt auch hier, wie für Insulin besprochen, die Nähe der Verwandtschaft zu erschließen und in einem Stammbaum darzustellen. Auch in diesem Fall wird ein Bereich des Enzyms betrachtet, der für dessen Funktion nicht von entscheidender Wichtigkeit ist.

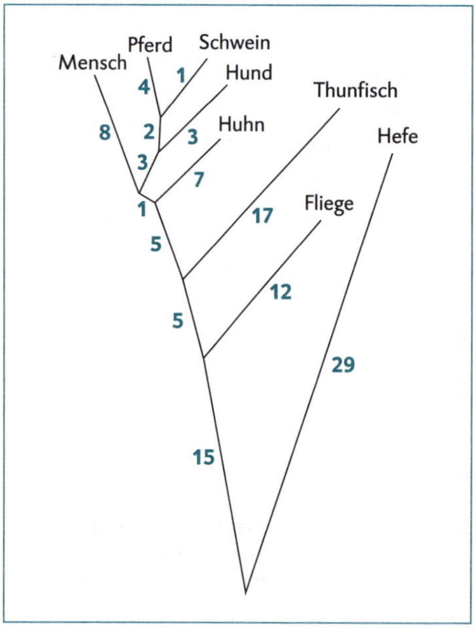

Abb. 42: Ausschnitt aus einem Stammbaum, der auf Unterschieden in der Aminosäuresequenz des Cytochroms c beruht. Die Ziffern geben die Zahl der ausgetauschten Aminosäuren an.

Präzipitintest (Serodiagnostik)

Antikörper wirken spezifisch gegen die Antigene, gegen die sie gebildet wurden. Dieses Phänomen lässt sich nutzen, um die Ähnlichkeit von Proteinen zu bestimmen. Verwendet werden dabei beispielsweise die im Blutserum gelösten Eiweiße (Serumproteine). Je ähnlicher die Serumproteine eines Test-Tieres denjenigen sind, gegen die die Antikörper gebildet wurden, desto stärker ist die Ausfällung **(Präzipitation)**.

Ein sogenannter **Präzipitintest** läuft z. B. folgendermaßen ab:

- Das Serum z. B. eines Menschen, also die Blutflüssigkeit ohne Blutzellen und Gerinnungssubstanzen, wird einem Tier injiziert, meist einem Kaninchen.
- Das Immunsystem des Kaninchens bildet Antikörper, die spezifisch gegen die Serumproteine des Menschen wirken.
- Das Serum des Kaninchens, das die „Anti-Mensch-Antikörper" enthält, wird mit dem Serum der Tiere vermischt, die getestet werden sollen.
- Je ähnlicher die tierischen Serumproteine den menschlichen sind, desto stärker werden sie von den durch das Kaninchen gebildeten Antikörpern ausgefällt (präzipitiert). Als Bezugsgröße dient die Ausfällung von menschlichen Serumproteinen (= 100 %).

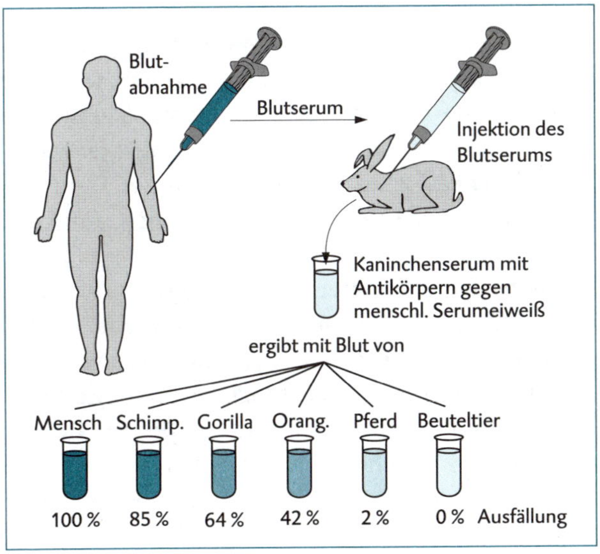

Abb. 43: Präzipitintest zur Feststellung der Ähnlichkeit menschlicher Serumproteine mit denen verschiedener Tiere; Schimp. = Schimpanse Orang. = Orang-Utan

Nach den Ergebnissen von Präzipitintests ist der **Schimpanse** näher mit dem Menschen verwandt als Gorilla und Orang-Utan.

Alle bisher aufgeführten Methoden der Verwandtschaftsnachweise vergleichen Merkmale, also Einzelheiten des Phänotyps. Da alle Merkmale, sofern sie nicht durch die Umwelt hervorgerufen werden (Modifikationen) **Genprodukte** sind, lässt sich aber auch der **Genotyp**, das heißt die DNA-Informationen, die den Merkmalen zugrunde liegen, direkt vergleichen.

Messung der Ähnlichkeit der DNA

Um zu prüfen, wie nahe unterschiedliche Arten oder Gruppen miteinander verwandt sind, kann man sich der DNA-Analyse bedienen. Entsprechende Verfahren gehen davon aus, dass die auf Mutationen beruhenden Unterschiede im Erbgut verschiedener Organismen umso größer sind, je länger ihre Entwicklungslinien bereits getrennt verlaufen.
Für den Vergleich der DNA stehen zwei Verfahren zur Verfügung:

- **Direkter Vergleich der Basensequenz der DNA:** In der Regel werden dabei zunächst die zu testenden DNA-Abschnitte durch die Polymerase-Kettenreaktion (PCR, siehe S. 12 ff.) vermehrt, um ausreichende Mengen an DNA für die anschließende Sequenzierung zur Verfügung zu haben. Die **DNA-Sequenzierung** ist heute ein Routineverfahren, das in Sequenzierungsautomaten abläuft.
- **DNA-Hybridisierung:** Bei diesem Verfahren wird gemessen, wie gut DNA-Einzelstränge verschiedener Organismenarten zusammenpassen, wie viele Abschnitte sich also zu einem **DNA-Doppelstrang** zusammenlagern können. Je näher verwandt zwei Arten sind, desto stärker stimmt ihre Basenfolge überein, da in der verhältnismäßig kurzen Zeit, die seit der Trennung der Entwicklungswege vergangen ist, nur wenige Mutationen auftreten konnten, die die Basenfolge verändert haben. Als Maß dafür, wie genau zwei Einzelstränge zusammenpassen, wie viele Basen eines Strangs also komplementär zu jenen des anderen Strangs sind, dient die **Temperatur**, die erforderlich ist, um beide Stränge nach einer Zusammenlagerung wieder zu trennen: Je mehr komplementäre Basen zwei Einzelstränge haben, desto mehr Wasserstoffbrücken bilden sich und desto höher ist die Temperatur, die zur Trennung der Stränge erforderlich ist (siehe Bau der DNA, (1) S. 14 ff.). Je höher also die Schmelztemperatur, desto näher sind die Arten miteinander verwandt.

Eine DNA-Hybridisierung läuft gewöhnlich in folgenden Schritten ab:

- Isolierung der DNA, deren Verwandtschaftsnähe festgestellt werden soll.
- Mischung der DNA der verschiedenen Organismen.
- Trennung der DNA in Einzelstränge durch Erhitzen.
- Abkühlen, dadurch Verbindung der Einzelstränge zu Doppelsträngen durch Bildung von H-Brücken zwischen komplementären Nukleotiden. Dabei paaren sich auch Einzelstränge der verschiedenen Organismenarten (Hybridisierung). Solche hybriden DNA-Doppelstränge sind durch eine radioaktive Markierung von den übrigen (nicht-hybriden) DNA-Molekülen unterscheidbar.
- Erwärmung der DNA-Doppelstränge.
- Feststellung der Temperatur, bei der sich die hybriden Doppelstränge der DNA wieder in Einzelstränge trennen. Eine hohe Schmelztemperatur lässt auf eine große Zahl an DNA-Abschnitten mit komplementärer Basensequenz und damit identischer genetischer Information schließen. Je mehr DNA-Abschnitte mit identischer genetischer Information vorhanden sind, desto näher verwandt sind die Organismen.

Die folgende Tabelle zeigt das Ergebnis der DNA-Hybridisierung zwischen dem Menschen und verschiedenen Affenarten.

DNA-Hybriden	Mensch x Mensch	Mensch x Schimpanse	Mensch x Gorilla	Mensch x Orang-Utan	Mensch x Gibbon	Mensch x Meerkatze
Schmelztemperatur	88,2 °C	86,4 °C	85,8 °C	84,6 °C	83 °C	80,5 °C

Tab. 4: Ergebnisse von DNA-Hybridisierungsexperimenten

Kombination molekulargenetischer Analysen mit klassischen Datierungsmethoden

Verwandtschaftsbeziehungen sind auch immer zeitliche Beziehungen. Um dies zu untersuchen, können klassische Datierungsmethoden, wie beispielsweise klassisch-morphologische Vergleiche der zu untersuchenden Proben mit Funden bekannten Alters, mit molekulargenetischen Ansätzen kombiniert werden. Der wissenschaftliche Ansatz ist hierbei, dass sich molekulargenetische Daten und Angaben aus klassischen Datierungsmethoden gegenseitig ergänzen und stützen können, wenn es darum geht, die Verwandtschaftsbeziehungen von Lebewesen aufzuzeigen.

Beispiele

Die Skelettfunde des **Denisova–Menschen** und die zeitliche Einordnung seiner Existenz verdeutlichen dies: Zahn- und Knochenfunde (Finger und Zehen) im Südsibirischen Altai-Gebirge konnten klassisch-morphologisch untersucht und im Vergleich mit anderen Knochenfunden eingeordnet werden. Dabei ermittelten die Wissenschaftler ein Alter von mehr als 780 000 Jahren. Parallel hierzu gelang es, mtDNA und ncDNA aus einem Fingerknochen zu gewinnen und zu sequenzieren. Die ermittelte mtDNA-Sequenz wurde anschließend mit der bereits bekannten Sequenz der mtDNA des Neandertalers und des heute lebenden Menschen verglichen. Hierbei stellte sich heraus, dass die Anzahl der im Vergleich zum heute lebenden Menschen **unterschiedlichen Nukleotidpositionen** beim Denisova-Menschen **fast doppelt so hoch** ist, wie beim Neandertaler. Aus Untersuchungen von Neandertaler-DNA und DNA des heute lebenden Menschen ist bekannt, dass sich die Entwicklungslinien von *Homo neanderthalensis* und *Homo sapiens* vor **ca. 440 000 Jahren** aufzuspalten begannen. Aus diesen Resultaten konnte die Schlussfolgerung gezogen werden, dass sich die Entwicklungslinie des Denisova–Menschen von derjenigen des *Homo neanderthalensis* und des *Homo sapiens* von etwas weniger als 800 000 Jahren getrennt hat. Beide Datierungsmethoden, die molekulargenetische und die auf klassisch-morphologische Untersuchungen gestützte, kamen somit annähernd zum gleichen Ergebnis.

Zusammenfassung

- In vielen Teilbereichen der Biologie lassen sich Belege dafür finden, dass alle heute auf der Erde lebenden Organismen miteinander verwandt sind, also einen gemeinsamen Ursprung haben.
- Bei der Analyse von Fossilien lassen sich Ähnlichkeiten zu rezenten Organismen und in einigen Fällen auch Entwicklungsreihen und Übergangsformen finden.
- Brückenformen vereinen Merkmale stammesgeschichtlich älterer und jüngerer Gruppen in sich. Ein fossiles Beispiel dafür stellt der *Archaeopteryx* dar. Rezente Brückenformen sind z. B. das Schnabeltier und *Latimeria*.
- Homologe und analoge Organe sowie die Phänomene der Konvergenz und der Divergenz lassen sich am einfachsten erklären, wenn man die Evolution der Organismen annimmt. Weitere Hinweise aus der Anatomie der Pflanzen und Tiere liefern Rudimente und Atavismen.

- Die außerordentlich starke Ähnlichkeit des Baus der Zellen aller Organismen und der in ihnen ablaufenden Vorgänge lässt sich außer durch eine Entwicklung aus gemeinsamen Vorfahren naturwissenschaftlich kaum erklären.
- Nach der Endosymbionten-Hypothese sind Mitochondrien und Chloroplasten ehemals frei lebende, prokaryotische Organismen, die in die Eukaryoten-Vorläuferzelle aufgenommen wurden.
- Die Speicherung und die Expression der genetischen Information verlaufen in allen heute lebenden Organismen in gleicher Weise. Dies und weitere molekularbiologische Ähnlichkeiten stützen die Annahme, dass alle heute auf der Erde lebenden Organismen miteinander verwandt sind, also gemeinsame Vorfahren haben.
- Neben der anatomischen Analyse können auch der Präzipitintest, die Aminosäuresequenzanalyse oder die DNA-Hybridisierung verwendet werden, um den Verwandtschaftsgrad zwischen verschiedenen Organismengruppen festzustellen.
- Unterschiedliche Analyseansätze (molekulargenetische und klassische) können einander bei der Datierung von Fossilfunden und dem Offenlegen von Verwandtschaftsbeziehungen ergänzen.

Aufgaben

63 Welche der folgenden Forschungsergebnisse der Paläontologie können als Argumente dafür gewertet werden, dass sich Lebewesen im Laufe der Erdgeschichte geändert haben, dass also Evolution stattgefunden hat? Kreuzen Sie die korrekten Aussagen an.

- ☐ Reste von Lebewesen können als Versteinerungen über viele Millionen Jahre hinweg erhalten bleiben.
- ☐ Die systematischen Großgruppen der Wirbeltiere unterscheiden sich in ihrem Alter (= erstes Auftreten in der Erdgeschichte) erheblich.
- ☐ Nahezu alle Fossilien lassen sich den systematischen Großgruppen heutiger Lebewesen zuordnen.
- ☐ Vor etwa 65 Millionen Jahren verschwand innerhalb kurzer Zeit ein sehr großer Teil der Reptilienarten auf der Erde. Verantwortlich dafür war vermutlich unter anderem der Einschlag eines großen Meteoriten.
- ☐ Fossilien kommen fast ausschließlich in Ablagerungsgestein vor.
- ☐ Je älter Fossilien sind, desto stärker unterscheiden sie sich in der Regel von rezenten Organismen.

- [ ] Einige besondere Fossilien vereinen Merkmale in sich, die heute bei unterschiedlichen Großgruppen vorkommen (Brückenformen).
- [ ] In einigen wenigen Fällen, in denen man viele Fossilien einer Gruppe in aufeinanderfolgenden Schichten findet, kann man die allmähliche Veränderung von Merkmalen feststellen.
- [ ] Organismen können in Bernstein eingeschlossen sehr lange Zeit erhalten bleiben.

64 Sowohl fossile als auch rezente Pferde liefern Hinweise auf die Richtigkeit der Annahme, dass die Organismen eine Evolution durchlaufen haben. Erläutern Sie diese Aussage.

65 Beschreiben Sie knapp Evolutionstendenzen im Stammbaum der Pferde.

66 Der Vergleich der fossil überlieferten Vertreter des Pferdestammbaums untereinander und mit den heutigen Pferden kann allgemeingültige Argumente liefern, die für die Evolution der Organismen sprechen.
Beschreiben Sie drei solcher Argumente am Beispiel der Erkenntnisse, die man aus den Untersuchungen an fossilen Pferden gewonnen hat.

67 Die Evolutionstendenzen innerhalb des Pferdestammbaums lassen sich durch eine Veränderung der Umwelt erklären. Vergleichen Sie die Lebensbedingungen früher und später Vertreter des Pferdestammbaums miteinander und geben Sie in Stichworten an, welche Vorteile die Veränderung bestimmter Merkmale mit sich brachte.

68 Erläutern Sie, warum die Fossilien des *Archaeopteryx* als wichtige Stütze der Annahme gelten, dass die heutigen Organismen aus andersartigen Vorfahren entstanden sind.
Beschreiben Sie dazu beispielhaft einige Merkmale von *Archaeopteryx*.

69 In China wurde vor einigen Jahren das Fossil des Vogels *Sinornis santensis* gefunden. Einige seiner Merkmale sind im Folgenden aufgeführt:

- Kiefer mit Zähnen
- Schwanzwirbelsäule stark verkürzt (Schwanz nicht durch die Wirbelsäule gestützt)
- Mittelhandknochen nicht miteinander verwachsen

a Welche der angeführten Merkmale sind in gleicher oder ähnlicher Form auch bei *Archaeopteryx* vorhanden?

b Halten Sie *Sinornis santensis* für jünger oder älter als *Archaeopteryx*? Begründen Sie Ihre Antwort.

70 Welche Aussagen sind richtig? Kreuzen Sie an.
Homologe Organe …

- ☐ bilden sich durch Umwandlung aus analogen Organen.
- ☐ beruhen auf sehr ähnlicher genetischer Information.
- ☐ treten nur unter Nachkommen derselben Eltern auf.
- ☐ beruhen auf gemeinsamer Abstammung.
- ☐ entstehen durch Konvergenz.
- ☐ können sich nicht konvergent entwickeln.
- ☐ sind in ihrer äußeren Form immer sehr ähnlich.
- ☐ kommen nur bei rezenten (heute lebenden) Arten vor.
- ☐ sind nur bei Tieren, nicht jedoch bei Pflanzen zu finden.

71 Nennen Sie in Stichworten jeweils ein Beispiel für …

a homologe Organe.
b analoge Organe.
c ein Rudiment.
d einen Atavismus.

72 Erläutern Sie begründet, warum es sich bei divergenten Entwicklungen immer auch um Homologien handelt.

73 Beschreiben Sie die folgenden Fälle mit dem jeweils passenden Begriff aus der Evolutionsbiologie.

a Die Staubblätter von Tulpen bestehen aus einem gelben, schlanken Stiel, der in einer kolbenförmigen, bräunlichen Anschwellung endet, in dem die Pollenzellen liegen. In sehr seltenen Fällen findet man Tulpenblüten, deren Staubblätter grün sind und an Laubblätter erinnern.

b In der ausgereiften Blüte von Braunwurzgewächsen findet man neben den normalen Staubblättern, die in der Lage sind, Pollen zu bilden, immer auch solche, die unvollständig ausgebildet und funktionslos sind.

c Bei heutigen Pferden werden sehr selten Fohlen geboren, deren Vorderbeine mehrzehig sind.

d Unter Pottwalen findet man gelegentlich Individuen, die äußerlich sichtbare Hinterextremitäten tragen.

e Der Grottenolm, ein Molch, lebt in einigen Höhlen Kroatiens. Er ist blind, besitzt jedoch noch funktionslose Reste von Augen.

f Kiwis, die Nationalvögel Neuseelands, können nicht fliegen. Sie sind etwa so groß wie ein Haushuhn, aber ihre Flügel sind sehr klein (nur ca. 5 cm lang).

74 Erläutern Sie, warum sich nur Homologien, nicht aber Analogien dazu eignen, Verwandtschaft zu erschließen.

75 In welchen der unten dargestellten Fälle handelt es sich um Analogien und in welchen um Konvergenzen homologer Strukturen bzw. Organe? Begründen Sie die Zuordnung in Stichworten.

A Wirbeltiere, die sich von Ameisen und Termiten ernähren, haben häufig eine sehr lange, sehr bewegliche, peitschenartige Zunge. Beispiele für solche Tiere aus drei systematischen Untergruppen der Säugetiere sind:
- Der Ameisenigel, ein Kloakentier, das Eier legt und in die gleiche Gruppe der Säugetiere gestellt wird wie das Schnabeltier.
- Der Ameisenbeutler, ein Beuteltier.
- Der Ameisenbär, ein Plazentatier, bei dem die Entwicklung und Geburt der Jungen wie bei den meisten heutigen Säugetieren z. B. beim Menschen abläuft.

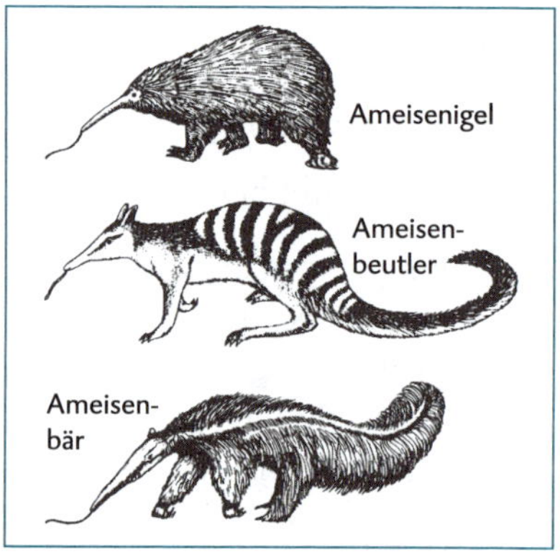

Ameisenfresser aus drei Unterklassen der Säugetiere

B Die Vorderextremitäten sind zu Flossen umgewandelt bei:
- Robben (nächste Verwandte sind landlebende Raubtiere)
- Walen (nächste Verwandte sind vermutlich landlebende Paar- oder Unpaarhufer)
- Seekühe (nächste Verwandte sind die Elefanten)
- Pinguine (nächste Verwandte in einer anderen Vogelgruppe)

C Ranken werden gebildet:
- bei der Erbse aus den oberen Fiederblättchen der Laubblätter
- beim Wilden Wein aus Teilen der Sprossachse
- bei der Vanille aus den Wurzeln

D Schwänze, mit denen sich Tiere im Geäst festhalten können (Klammerschwänze, Greifschwänze), kommen bei den Säugetieren u. a. vor beim:
- Wickelbär (gehört zur Gruppe der Kleinbären)
- Baumstachler (gehört zur Gruppe der Nagetiere)
- Kleinen Ameisenbär (gehört zu einer besonderen Gruppe südamerikanischer Säugetiere)
- Klammeraffen (gehört zu einer besonderen südamerikanischen Gruppe von Affen)

E Die Kiemen der Fische (Wirbeltiere) liegen im Kopfbereich an den Kiemenbögen, die der Krebse (wirbellose Tiere) sind als Anhänge der Beine entstanden.

F
- Die Dornen der Schlehe bestehen aus umgewandelten Sprossabschnitten.
- Bei der Opuntie (Kaktee) haben die Blätter die Gestalt von Dornen.
- Bei einigen Palmenarten sind Teile der Wurzeln zu Dornen umgestaltet.

76 Geben Sie an, bei welchen der unten aufgeführten Strukturen und Organe es sich um Atavismen handelt und bei welchen um Rudimente.
Erläutern Sie, warum man Rudimente und Atavismen als Hinweise auf die Evolution der Organismen betrachten darf.

A Steißbein des Menschen
B überzähliger Huf am Griffelbein eines Pferdes
C Reste der Laubblätter (schuppenförmige, braune Gebilde) beim Fichtenspargel (parasitisch lebende Pflanze)
D kleines, schwanzähnliches Gebilde am Steißbein eines Menschen
E Reste des Beckengürtels bei Walen
F voll ausgebildete Hinterflügel bei einer Taufliege (Drosophila)
G Löwenmäulchen-Pflanze mit radiärsymmetrischen Blüten, statt der normalen, für die Art typischen bilateralsymmetrischen
H überzählige Brustwarzen eines Menschen

77 In Höhlen lebende Tiere haben häufig keine oder nur kleine, wenig leistungsfähige Augen. Beispiele dafür finden sich bei höhlenbewohnenden Käfern, Schnecken, Fischen und Amphibien.

a Nennen Sie den allgemeinen Fachbegriff für solche und ähnliche Organe.

b Nennen Sie den allgemeinen Fachbegriff für das Phänomen, dass die verkümmerten Augen bei Tieren vorkommen, die zu verschiedenen, nicht näher miteinander verwandten systematischen Gruppen gehören.

78 Nennen Sie drei Befunde, die für die Richtigkeit der Endosymbionten-Theorie sprechen.

79 In der pharmazeutischen Industrie ist es immer noch üblich, Medikamente vor der Freigabe für den medizinischen Gebrauch an Tieren zu testen, vor allem an Mäusen, Ratten, Meerschweinchen und anderen Säugetieren.
Welcher Schluss lässt sich aus der Tatsache ziehen, dass solche Tests brauchbare, auf den Menschen übertragbare Ergebnisse liefern?

80 Nennen Sie drei Molekülarten, die in den Zellen aller heute lebenden Organismen eine gleiche oder ähnliche Funktion ausüben. Nennen Sie in Stichpunkten auch die jeweilige Funktion.

81 Geben Sie Befunde aus der Molekulargenetik an, die auf die Verwandtschaft aller heute lebenden Organismen und damit auf die einmalige Entstehung des Lebens auf der Erde hinweisen.

82 Die Analyse der Aminosäuresequenz eines Proteins ermöglicht Rückschlüsse auf die genetische Information.
Welche der folgenden Phänomene bilden die Grundlage dafür, dass man aus dem Vergleich der Aminosäuresequenz ähnlicher Proteine auf den Verwandtschaftsgrad verschiedener Organismen schließen kann?
Kreuzen Sie an:

- ☐ Für die Änderung der Primärstruktur eines Proteins sind Genmutationen verantwortlich.
- ☐ Der genetische Code ist degeneriert.
- ☐ Der genetische Code wird ohne Kommata (Pausenzeichen) abgelesen.
- ☐ Die Zahl der in der Stammesgeschichte einer Art aufgetretenen Mutationen ist zeitabhängig.
- ☐ Je später in der Stammesgeschichte sich eine Art in zwei aufgespalten hat, desto geringer sind die Unterschiede in der Proteinstruktur der beiden entstandenen Arten in der heutigen Zeit.
- ☐ Die meisten Proteinarten der Zelle arbeiten als Enzyme.

83 Kreuzen Sie diejenigen der folgenden Aussagen an, die korrekt sind.

- ☐ Bei Präzipitintests (Serodiagnose) werden Versuchstieren Antikörper gespritzt, die gegen bestimmte Antigene wirken.
- ☐ Mithilfe von Präzipitintests kann der Grad der Ähnlichkeit von Proteinen verschiedener Organismen festgestellt werden.

- [ ] Der Grad der Ähnlichkeit vergleichbarer Proteine verschiedener Tierarten lässt sich über Präzipitintests feststellen, weil Antikörper ihre volle Wirkung nur gegenüber dem Protein entfalten, gegen das sie gebildet wurden.
- [ ] In Präzipitintests lässt sich messen, ob zwei Tierarten das gleiche Immunsystem besitzen.
- [ ] Je ähnlicher zwei Proteinmoleküle sind, desto geringer ist ihre Ausfällung im Präzipitintest.
- [ ] Bei naher Verwandtschaft zwischen zwei Tierarten ist die Ausfällung ihrer Proteine im Präzipitintest hoch.
- [ ] Für einen Präzipitintest benutzt man in der Regel die Proteine von Leberzellen.
- [ ] Präzipitintests sind geeignet, um die Abfolge der Aminosäuren eines Proteins festzustellen.
- [ ] Die Ausfällung des Eiweißes im Präzipitintest beruht auf einer Antigen-Antikörper-Reaktion.

84 Cytochrom c ist ein Enzym der Zellatmung. Es kommt bei fast allen Organismen vor. Das Cytochrom c des Menschen stimmt in der Abfolge von etwa der Hälfte der rund 110 Aminosäuren mit dem der Hefe (einzelliger Pilz) überein.
Begründen Sie, weshalb diese Tatsache als Argument für die Richtigkeit der Annahme verwendet werden darf, dass die heute auf der Erde lebenden Organismen das Ergebnis einer Evolution sind.

85 Welche der folgenden Aussagen sind richtig? Kreuzen Sie an.

- [ ] Bei der DNA-Hybridisierung werden DNA-Einzelstränge verschiedener Organismenarten dazu gebracht, sich zu Polynukleotid-Doppelsträngen zu paaren.
- [ ] Um eine DNA-Hybridisierung durchführen zu können, benötigt man die DNA von Artbastarden (Mischlinge, die aus der Kreuzung zwischen zwei Arten hervorgehen).
- [ ] Als Maß für die Ähnlichkeit der DNA gilt bei der DNA-Hybridisierung die Temperatur, die erforderlich ist, um einen hybriden DNA-Doppelstrang zu trennen.

- [ ] Je ähnlicher sich zwei DNA-Einzelstränge verschiedener Arten sind, die in der DNA-Hybridisierung dazu gebracht wurden, sich zu einem Doppelstrang zu paaren, desto geringer ist die Temperatur, die erforderlich ist, um diesen Doppelstrang zu trennen.
- [ ] Bei der Trennungstemperatur (Schmelztemperatur) lösen sich bei der DNA-Hybridisierung die H-Brücken zwischen den Polynukleotid-Einzelsträngen der DNA.
- [ ] Bei der Schmelztemperatur lösen sich im Verfahren der DNA-Hybridisierung die Bindungen zwischen den Nukleotiden eines DNA-Einzelstrangs.
- [ ] Die DNA-Hybridisierung ist ein Verfahren, mit dem man im Labor heterozygote Individuen erzeugen kann.
- [ ] Zur DNA-Hybridisierung werden Chromosomen verschiedener Organismenarten durch künstliche Befruchtung neu kombiniert.

86 In der folgenden Grafik ist das Ergebnis der Hybridisierung von DNA dreier verschiedener *Drosophila*-Arten (Fruchtfliegen) zu sehen. Dabei wurde die DNA von *D. melanogaster* mit der von *D. simulans* bzw. mit der von *D. funebris* hybridisiert.

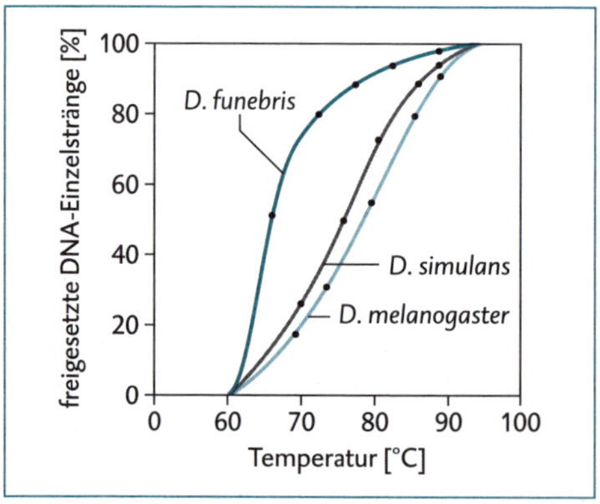

Trennung von DNA-Hybridsträngen in Abhängigkeit von der Temperatur. Dargestellt sind die Ergebnisse für DNA-Hybridstränge zwischen *D. melanogaster* und *D. simulans* bzw. *D. funebris*. Zum Vergleich sind auch die Messergebnisse bei nicht-hybrider DNA von *D. melanogaster* angegeben.

Mit welcher der beiden Arten ist *Drosophila melanogaster* näher verwandt? Begründen Sie Ihre Antwort.

87 Durch den Vergleich des Körperbaus, des Verhaltens und der Sekrete einer bestimmten Drüse erkannte man, dass die Neuweltgeier (z. B. der Kondor) mit den Störchen näher verwandt sind als mit den Altweltgeiern (z. B. Gänsegeier).

a Beschreiben Sie den Ablauf und das Ergebnis eines Präzipitintests (serologischer Test), der diese Verwandtschaftsverhältnisse bestätigen kann.

b Stellen Sie eine Vermutung darüber auf und erläutern Sie, wie es zu dem Irrtum kommen konnte, durch den die Neuwelt- und die Altweltgeier früher in die gleiche systematische Gruppe gestellt wurden. Verwenden Sie geeignete Fachbegriffe.

Körperform von Storch, Kondor und Gänsegeier (nicht maßstabsgetreu)

88 1990 gelang es, DNA-Stücke aus fossilen Magnolienblättern zu isolieren, die in 17 Millionen Jahre alten Schichten in Idaho (USA) gefunden wurden. Allerdings konnte man nur eine sehr kleine Menge an DNA extrahieren. Erläutern Sie, welche Verfahren erforderlich oder möglich sind, wenn die fossile DNA mit der rezenter Magnolienarten verglichen werden soll.

4 Synthetische Theorie der Evolution

Mit der Einbeziehung der Erkenntnisse aller Forschungsbereiche der Biologie, vor allem jener der Genetik und der Ökologie, in die Erklärung der Artentstehung entwickelte sich die **Synthetische Theorie der Evolution**. Sie gilt heute als die am sichersten begründete Evolutionstheorie.

4.1 Populationsgenetische Grundlagen

Evolution läuft nur ab, wenn die auftretenden Merkmalsänderungen erblich sind. Entscheidend ist daher die Veränderung des **Genotyps**. Wenn sich die Information eines Gens verändert, wenn ein Gen also mutiert, entsteht ein **neues Allel** – eine neue Zustandsform – dieses Gens. Das Gen „Blütenfarbe" z. B. liegt bei der Erbse entweder als **dominantes Allel** „rot" (= R) oder als **rezessives Allel** „weiß" (= r) vor. Dominant ist ein Allel, wenn es im **heterozygoten** Genotyp Rr die Ausprägung des rezessiven Allels verhindert. Im Fall der Blütenfarbe der Erbse überdeckt das Allel R das Allel r. Erbsen mit dem Genotyp Rr haben folglich rote Blüten.

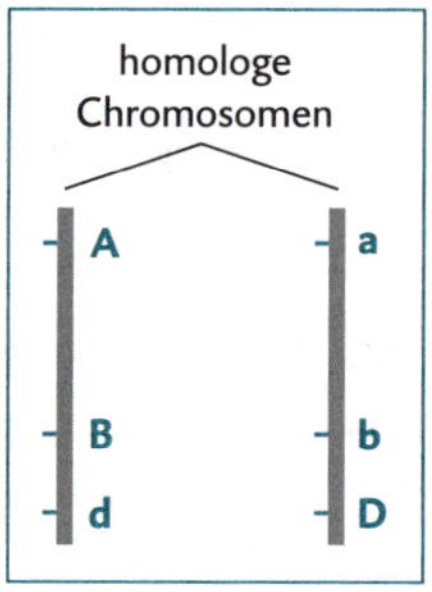

Abb. 44: Dominante und rezessive Allele dreier Gene auf zwei homologen Chromosomen (schematische Darstellung)

Um die Veränderung einer Art erklären zu können, muss man zunächst die Allele der Art erfassen. Dabei darf man nicht von Individuen ausgehen, wie DARWIN es tat, sondern muss **die Gesamtheit der Allele** der Art oder zumindest einer Population betrachten, denn ein einzelnes Individuum trägt in seinem Genotyp immer nur einen Teil der Allele der jeweiligen Art.

Beispiel Menschen mit der Blutgruppe 0 haben keine Allele für die Blutgruppen A oder B.

Population und Genpool

Grundlage der Synthetischen Theorie der Evolution ist die Gesamtheit aller Allele einer **Population**. Eine Population besteht aus einer Gruppe von Individuen, die zur gleichen Art gehören, zur gleichen Zeit im gleichen Raum leben und die sich untereinander fruchtbar fortpflanzen können. Im einfachsten Fall besteht eine Art aus nur einer Population.

Eine Population ist eine Fortpflanzungsgemeinschaft.

Die Genotypen aller Individuen einer Population bilden zusammengenommen den **Genpool**. Er umfasst alle Allele, die zu einer bestimmten Zeit in der jeweiligen Population vorkommen.

Als Genpool bezeichnet man die Gesamtheit aller Allele einer Population.

Beispiele

Die Gämsen der Alpen und die der Pyrenäen bilden je eine eigene Population, ebenso die Karpfen in zwei voneinander getrennten Teichen. Die **Menschheit** stellt heute eine einzige Population dar.

Zustandsbeschreibung des Genpools: Das HARDY-WEINBERG-Gleichgewicht

Wie häufig ein Allel eines Gens innerhalb einer Population vorkommt und wie sich diese **Allelhäufigkeit** im Lauf der aufeinanderfolgenden Generationen verändern kann, kann anhand des HARDY-WEINBERG-Gleichgewichts (auch: HARDY-WEINBERG-Gesetz) bestimmt werden. In einer ausreichend großen Population *sollten* sich Vorkommen und Anzahl der Allele eines Gens – so die Grundüberlegung – über mehrere Generationen hinweg nicht verändern.
Die Grundannahme ist dabei, dass es sich bei derartigen Populationen um **ideale Populationen** handelt. Diese weisen gegenüber natürlichen Populationen unter anderem einige gravierende Einschränkungen auf, die eine Evolution der Lebensgemeinschaften unmöglich machen.
In idealen Populationen …

- herrscht zweigeschlechtliche (bisexuelle) Fortpflanzung mit Fremdbefruchtung.
- spielen zufällig Ereignisse (z. B. der Tod eines Individuums, der die Häufigkeit eines Allels verändern könnte) aufgrund der Populationsgröße keine Rolle.
- gibt es weder eine Zuwanderung noch eine Abwanderung von Individuen.
- finden keine Mutationen statt.
- herrscht **Panmixie**, das heißt, jedes Mitglied der Population hat die gleichen Chancen auf eine erfolgreiche Paarung.
- haben alle Allele eines Gens die gleichen Chancen auf eine Weitergabe. Kein Genzustand wird bevorzugt, da keine Selektion (siehe S. 126 ff.) stattfindet.

Bei der idealen Population handelt es sich um eine theoretische Annahme, die unter realen (natürlichen) Umweltbedingungen nicht gegeben ist.

Sind diese (idealen) Bedingungen erfüllt, so kann die relative Allelhäufigkeit mit der **HARDY-WEINBERG-Formel** berechnet werden. Aber auch unter realen Bedingungen, besonders bei sehr großen Populationen, kann die Formel hilfreiche Aussagen machen.

Bei der Berechnung wird von diploiden Individuen ausgegangen, bei denen ein Gen in zwei Allelen A und a vorkommt. Dabei wird die Allelhäufigkeit von Allel A als „p" und diejenige von Allel a als „q" definiert. Da keine anderen Allele des Gens auftreten, ist deren Summe 1:

$p + q = 1$

Beispiel

$p = 0{,}9 \Rightarrow$ 90 % aller Gameten enthalten das Allel A.
$q = 0{,}1 \Rightarrow$ 10 % aller Gameten enthalten das Allel a.
$p + q = 1 \Rightarrow$ 100 % der Gameten enthalten entweder Allel A oder Allel a.

Bei Panmixie, das heißt bei der zufälligen Kreuzung der Individuen einer Population untereinander, kommen, wenn man die Zahlen aus dem Beispiel zugrunde legt, innerhalb der Population folgende Individuen vor:

Beispiel

- Individuen mit AA mit der Wahrscheinlichkeit von $0{,}9 \cdot 0{,}9 = 0{,}81$
- Individuen mit Aa mit der Wahrscheinlichkeit von $0{,}9 \cdot 0{,}1$ ⎫ $= 0{,}18$
- Individuen mit aA mit der Wahrscheinlichkeit von $0{,}1 \cdot 0{,}9$ ⎭
- Individuen mit aa mit der Wahrscheinlichkeit von $0{,}1 \cdot 0{,}1 = 0{,}01$

(Summe aller Wahrscheinlichkeiten = 1,00)

Damit können die Wahrscheinlichkeiten für die genetisch unterschiedlichen Individuen wie folgt beschrieben werden:

- Wahrscheinlichkeit für Individuum mit AA: p^2
- Wahrscheinlichkeit für Individuum mit Aa + aA: $2pq$
- Wahrscheinlichkeit für Individuum mit aa: q^2

Für die Gameten dieser Individuen ergeben sich die folgenden Wahrscheinlichkeiten:

Beispiel

- Individuen mit AA (= 81 %) bilden Gameten nur mit A (81 %)
- Individuen mit Aa (= 18 %) bilden Gameten mit A (9 %) und a (9 %)
- Individuen mit aa (= 1 %) bilden Gameten nur mit a (1 %)

$\Rightarrow$ Gesamtpopulation: 90 % Gameten des Typ A
10 % Gameten des Typ a

Aus diesen Überlegungen können folgende Rückschlüsse gezogen werden: Da 90 % der Gameten dem Typ A angehören und 10 % dem Typ a, sind in der nachfolgenden Generation unter den gegebenen Ausgangsbedingungen die Genotypen AA, Aa und aa in der gleichen Häufigkeit vertreten wie in der Ausgangspopulation. Damit steht die Mischung der drei Individuen-Möglichkeiten in einem mathematischen Gleichgewicht:

$$AA + Aa + aA + aa = 1 \Rightarrow \mathbf{p^2 + 2pq + q^2 = 1}$$

Beispiel

Anwendungsbeispiel

Die Krankheit Phenylketonurie beruht auf einem Gendefekt. Das Erbleiden zeigt sich, wenn die Veränderung in homozygoter Form vorliegt. Etwa jedes 10 000. neugeborene Baby ist davon betroffen.

Berechnen Sie, wie viele Menschen das defekte Allel in heterozygoter Form besitzen.

gegeben: $q^2 = \frac{1}{10000}$

$$q = \sqrt{\frac{1}{10\,000}} = 0{,}01$$

$$p + q = 1 \;\Rightarrow\; p = 1 - q = 1 - 0{,}01 = 0{,}99 \;\Rightarrow\; 2pq = 2 \cdot 0{,}99 \cdot 0{,}01 = 0{,}0198$$

Antwort: 1,98 % der Menschen besitzen das Allel in heterozygoter Form.

Das **Hardy-Weinberg-Gleichgewicht** geht von idealen Populationen aus. Mithilfe der Hardy-Weinberg-Formel ist es möglich, die Häufigkeiten unterschiedlicher Genotypen in einer Population mathematisch zu bestimmen.

Veränderungen des Genpools: Die Evolutionsfaktoren

Eine Art kann sich nur dann verändern, wenn sich ihre Gene und damit zugleich auch ihr Genpool verändern. Die einzelnen Einflüsse, welche auf die Zusammensetzung eines Genpools einwirken, werden unter dem Begriff **Evolutionsfaktoren** zusammengefasst. Diese Evolutionsfaktoren sind:

- **Mutation,**
- **Rekombination,**
- **Selektion,**
- **Gendrift und**
- **Isolation**

Unter dem Einfluss von **Evolutionsfaktoren** kann sich die **Zusammensetzung des Genpools** ändern. Verändern sich die **Allelhäufigkeiten** im Genpool einer Population, kommt es zu evolutiven Veränderungen. Dies kann zur Entstehung neuer Arten führen.

4.2 Mutation als Evolutionsfaktor

Mutationen sind spontane, ungerichtete und vererbbare qualitative oder quantitative Veränderungen des genetischen Materials. Sie können in allen Zellen auftreten. Für die Evolution sind aber nur die Mutationen in den **Keimzellen** von Bedeutung, weil nur durch diese Nachkommen entstehen können, die die mutierten Gene in den Genpool einbringen.

Mutationsformen

Mutationen treten in verschiedenen Formen auf (siehe (1) S. 62 ff.):

- **Genmutationen:** Änderungen der Basenfolge der DNA.
- **Chromosomenmutationen:** Änderungen der Chromosomenstruktur (z. B. Verlust oder Verdoppelung von Chromosomenstücken).
- **Genommutationen:** Änderungen der Zahl der Chromosomen durch zusätzliche komplette Chromosomensätze (Polyploidie) oder durch überzählige oder verloren gegangene einzelne Chromosomen (Aneuploidie). Ursache sind Verteilungsfehler bei der Meiose.

Als **häufigste** Form hat die **Genmutation** die größte Bedeutung für die Evolution. Genmutationen zeigen die folgenden charakteristischen Eigenschaften:

- Sie treten **zufällig und ungerichtet** auf. Umweltfaktoren können keine gezielten Änderungen eines bestimmten Gens hervorrufen.
- Dominante Mutationen, z. B. von „a“ zu „A“, können sich sofort im Phänotyp, dem Erscheinungsbild eines Individuums, auswirken.
- Rezessive Mutationen, z. B. von „A“ zu „a“, kommen in der Regel erst zur Ausprägung, wenn sie homozygot (aa) vorliegen.
- Die meisten Mutationen führen zur Entstehung **rezessiver Allele**.
- Meist wirken sich Mutationen ungünstig aus, häufig sind sie **tödlich**. Das liegt daran, dass sie die äußerst komplexen und fein abgestimmten Stoffwechselvorgänge beeinflussen, und das führt mit größerer Wahrscheinlichkeit zu einer **Störung** als zu einer Verbesserung.

Durch das Wirken der Selektion (siehe S. 126 ff.) sind im Genpool in der Regel vor allem positiv wirkende Allele vorhanden. Eine Mutation verändert daher fast immer die günstige Zustandsform eines Gens und die Folge ist meist ein

Allel mit weniger günstigen Eigenschaften. Dass dies nicht immer der Fall sein muss, zeigt sich daran, dass alle existierenden allelen Zustandsformen durch Genmutation entstanden sind. Ändern sich beispielsweise die Umweltbedingungen, so können sich Mutationen als vorteilhaft erweisen, die unter den ursprünglichen Bedingungen einen negativen Effekt gehabt hätten.

Mutationsrate

Die **Rate** für Genmutationen liegt bei ca. 10^{-4}–10^{-6} pro Gen und Generation, das heißt, man kann damit rechnen, dass in jeder Keimzelle des Menschen etwa ein Gen mutiert ist.
Mutagen wirkende Umweltbedingungen wie z. B. radioaktive Strahlung und bestimmte Chemikalien (siehe (1) S. 60 f.) **erhöhen** die Mutationsrate. Man kann aber nicht voraussagen, **wann sich welches Gen in welche Richtung** ändert. Die Mutationsrate des Menschen ist durch verschiedene mutagen wirkende Zivilisationsfaktoren erhöht. Vermutlich ist das einer der Gründe für die Zunahme der **Krebserkrankungen** in den Industrieländern.
Mutationsraten sind schwer zu berechnen. Das liegt u. a. daran, dass …

- **Rückmutationen** möglich sind, also Mutationen, die zum ursprünglichen Zustand zurückführen und die sich folglich kaum erfassen lassen.
- Mutationen **ohne Auswirkung** bleiben können, wenn z. B. die Änderung der Basensequenz wegen des degenerierten Codes keine Änderung der Aminosäuresequenz zur Folge hat oder wenn die Änderung der Aminosäuresequenz ohne Folgen für die Funktion des Proteins bleibt. Dies kann beispielsweise der Fall sein, wenn die veränderte Aminosäure nicht im aktiven Zentrum oder in einem anderen wichtigen Bereich eines Enzyms liegt.
- rezessive Mutationen im heterozygoten Zustand (Aa) **nicht zur Ausprägung** kommen und deshalb schwer erfassbar sind.
- diejenigen Mutationen schwer zu erkennen sind, die Veränderungen von Merkmalen hervorrufen, die von ihrem Erscheinungsbild her auch **Modifikationen** sein könnten, wenn es sich also um Mutationen innerhalb der Reaktionsnorm (siehe S. 81) eines Gens handelt.

4.3 Rekombination als Evolutionsfaktor

Wenn sich Individuen sexuell, also **durch Keimzellen** fortpflanzen, besitzen ihre Nachkommen mit sehr hoher Wahrscheinlichkeit eine andere Kombination von Allelen, das heißt einen anderen Genotyp, als die Eltern. Verantwortlich dafür ist die **Meiose** (siehe auch S. 48 ff.). Folgende Vorgänge können zu einer **Neukombination (Rekombination)** der Allele führen:

- Die Verteilung der homologen Chromosomen in der **Anaphase der 1. Reifeteilung** der Meiose erfolgt zufällig. Homologe Chromosomen können unterschiedliche genetische Informationen tragen. Bei jedem homologen Chromosomenpaar bleibt es dem Zufall überlassen, ob das väterliche oder das mütterliche Chromosom in eine der Keimzellen gelangt.
- Ebenfalls während der **1. Reifeteilung der Meiose** kann es zum zufälligen Austausch von Chromosomenstücken zwischen homologen Chromosomen kommen, zum **Crossing-over**.
- Auch welche Eizelle von welchem Spermium bzw. welcher Pollenzelle **befruchtet** wird, ist ein vom Zufall bestimmter Prozess. Von Bedeutung ist das, weil die Keimzellen eines Individuums mit sehr hoher Wahrscheinlichkeit unterschiedliche genetische Informationen tragen. Dafür haben die Anaphase der 1. Reifeteilung der Meiose und eventuell auch Crossing-over-Ereignisse gesorgt.

Die **Rekombination** von Allelen ist wie die Mutation ein **zufälliges** Ereignis. Sie lässt eine außerordentlich große Zahl möglicher Genotypen entstehen. Damit ist sie die **Hauptursache für** die **Variabilität der Individuen** einer Art. Die zweite Ursache, die Mutation, tritt sehr viel seltener auf.

Bedeutung der Sexualität für die Evolution

Wegen der enormen Vielfalt der möglichen Genotypen, die durch die Meiose erzeugt werden kann, ist die **sexuelle** Fortpflanzung in der Natur sehr viel häufiger als die ungeschlechtliche (vegetative), bei der Nachkommen ohne Meiose, also nur durch Mitosen, entstehen. Bei der **vegetativen** Vermehrung sind die Nachkommen genetisch identisch mit ihren Eltern. Zu genetischen Unterschieden kann es hier nur kommen, wenn Mutationen auftreten, Rekombination ist nicht möglich.

Sexualität ist für die Evolution von großer Bedeutung, da sie Rekombination und damit hohe **genetische Variabilität** ermöglicht.

4.4 Selektion als Evolutionsfaktor

Die **Selektion** ist die natürliche Auslese unter den Varianten, die durch Mutation und Rekombination entstanden sind (Mutanten und Rekombinanten).

Wirkungsweise der Selektion

Selektion spielt sich nur innerhalb der Mitglieder **einer Population** ab. Sie bevorzugt die an die aktuellen Umweltbedingungen **besser angepassten** Individuen.

Beispiel

In einer trockenen Umgebung haben diejenigen Pflanzen einer Population einen **Selektionsvorteil**, die Merkmale besitzen, durch die sie beispielsweise die Verdunstung stärker herabsetzen können als ihre Artgenossen.

Durch Selektion **verändert sich der Genpool** gezielt in eine **bestimmte Richtung**. Varianten, die von der Selektion bevorzugt werden, können ihre Gene **häufiger** in den Genpool der nächsten Generation einbringen. Die Selektion setzt allerdings immer **am Phänotyp** an, also am Erscheinungsbild bzw. an den Merkmalen eines Individuums. Bei Heterozygotie (Aa) erfasst die Selektion daher nur das Allel A, weil nur A sich ausprägt. Das rezessive Allel a ist bei heterozygoten Individuen vor Selektion geschützt, da es zu keinem Merkmal im Phänotyp führt. Im Falle der Homozygotie eines rezessiven Merkmals (aa) kann die Selektion aber auch einen bestimmten **Genotyp** bevorzugen oder benachteiligen.

Selektion ist ein **statistischer Prozess**. Besser angepasste Varianten sind leistungsfähiger und können mehr Nachkommen erzeugen. Dadurch bringen sie ihre Allele häufiger in den Genpool der nächsten Generation ein als ihre weniger gut angepassten Artgenossen. Über mehrere Generationen hinweg werden die Allele der besser angepassten Varianten im Genpool daher häufiger, die der schlechter angepassten seltener.

Über die **Selektion** bewirken Umwelteinflüsse eine gerichtete, nicht zufällige Veränderung der Zusammensetzung des Genpools. Für das Leben in der jeweiligen Umwelt günstige Allele werden häufiger, ungünstige werden seltener.

Beispiele

- **Körpergröße von Maulwürfen:** Der extrem strenge Winter 1946/47 führte in Mitteleuropa zu einer starken Abnahme der Menge an bodenbewohnenden wirbellosen Tieren, die Maulwürfen als Nahrung dienen. In Abbildung 45 sind die Häufigkeiten der Schädellängen von Maulwürfen in den Jahren vor und nach dem strengen Winter dargestellt. Die Schädellänge dient als Maß für die Größe des gesamten Körpers. Kleinere Maulwürfe hatten 1946/47 einen Selektionsvorteil, da sie weniger Nahrung benötigen als ihre größeren Artgenossen. Dadurch konnten sie den

Nahrungsmangel häufiger überleben und sich stärker fortpflanzen. Nach 1946/47 wurden folglich die Allele im Genpool häufiger, die eine geringe Körpergröße bewirken. Anhand des Beispiels wird klar, dass die Selektion am Phänotyp ansetzt. Welcher Genotyp der geringen Körpergröße zugrunde liegt, ist für die Selektion ohne Bedeutung. Entscheidend war im Winter 1946/47 alleine, dass ein Maulwurf klein war.

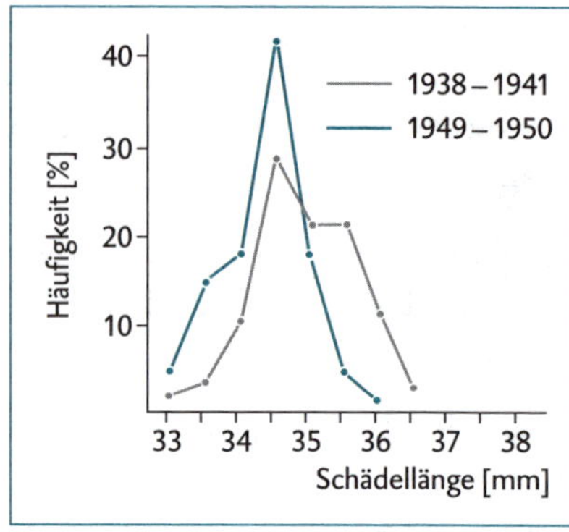

Abb. 45: Häufigkeiten unterschiedlich großer Maulwürfe vor und nach dem Winter 46/47

- **Sichelzellenanämie:** Die Sichelzellenanämie ist eine Blutkrankheit, die auf einer Mutation eines der Hämoglobingene beruht (siehe (1) S. 65). Homozygote Träger des rezessiven „Sichelzellengens" sterben in der Regel schon im Kindesalter. Bei Heterozygoten prägt sich die Krankheit weniger stark aus. Sie sind in ihrer körperlichen Leistungsfähigkeit eingeschränkt, aber ihre Lebenserwartung ist gegenüber der homozygot Gesunder nur wenig vermindert. Gleichzeitig sind Menschen mit einem heterozygoten Genotyp vor einer Infektion mit Malariaerregern geschützt.

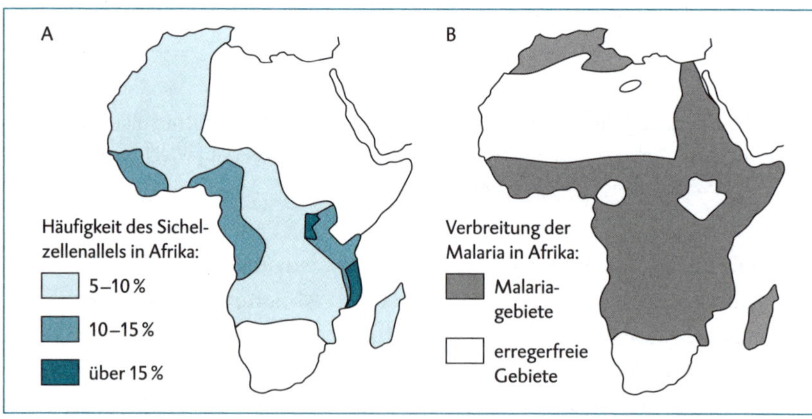

Abb. 46: Häufigkeit des Sichelzellenallels (A) und Verbreitung der Malaria in Afrika (B)

In Malariagebieten verschafft diese Malariaresistenz den heterozygoten „Sichlern" einen Selektionsvorteil gegenüber homozygot Gesunden; infolgedessen ist das Sichelzellengen dort sehr viel häufiger als in malaria-

freien Regionen (siehe Abb. 46). In malariafreien Gebieten haben homozygot Gesunde einen Selektionsvorteil gegenüber den Heterozygoten mit ihrer verminderten körperlichen Leistungsfähigkeit.
Das Beispiel zeigt, dass es von den jeweiligen Umweltbedingungen abhängt, ob ein Allel einen höheren Selektionswert bringt. Bei Änderungen der Umwelt können bisher neutrale oder nachteilige Allele vorteilhaft werden, oder umgekehrt.

- **Industriemelanismus:** Der Birkenspanner, ein Nachtschmetterling, ruht tagsüber bewegungslos an Baumstämmen, die von Flechten bewachsen sind. Mit seinen hellen, unregelmäßig gefleckten Flügeln hebt er sich kaum von einem solchen Untergrund ab. Neben dieser Form tritt auch eine Mutante auf, die dunkel gefärbt ist (melanistische Form, altgr. *melanos* = schwarz). In Experimenten konnte nachgewiesen werden, dass getarnte Falter tatsächlich seltener von Vögeln gefressen werden.
In England starben durch die starke Zunahme der Luftverschmutzung Anfang des 20. Jahrhunderts in Gebieten mit vielen Industriebetrieben die Flechten ab. Außerdem färbten sich die Baumstämme durch Rußteilchen in der Luft dunkel. 1850, also vor der starken Zunahme der Luftverschmutzung, waren nur etwa 1 % der Birkenspanner in England dunkel gefärbt. Wie helle und dunkle Formen 1960 verteilt waren und wie häufig sie in verschiedenen Gegenden Englands vorkamen, ist in der folgenden Karte dargestellt:

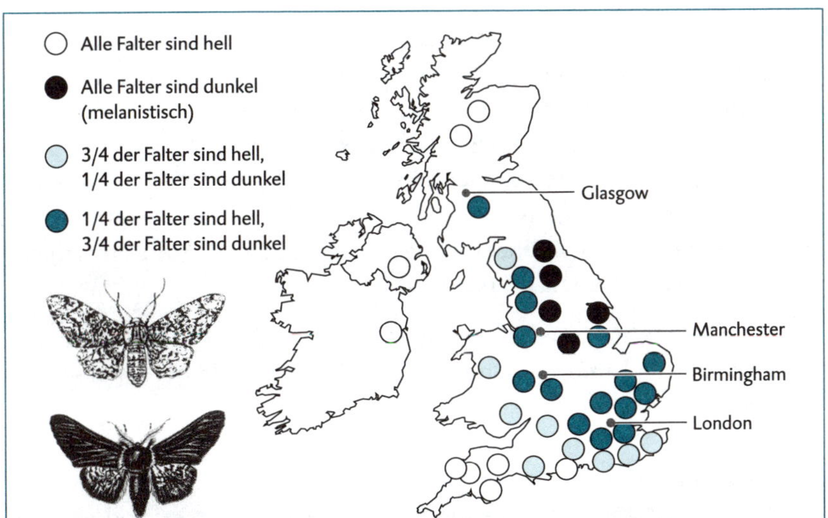

Abb. 47: Verbreitung von hellen und dunklen Formen des Birkenspanners im Jahr 1960

1850 wirkten **helle** Flügel als Tarnung, da die Bäume mit Flechten besetzt und nicht verrußt waren. 1960 dagegen waren in vielen Gebieten nur Tiere mit dunklen Flügeln getarnt, da die Flechten aufgrund der Luftschadstoffe abgestorben und die Baumstämme geschwärzt waren. Mit den Veränderungen der Umweltbedingungen erhielten **dunkle** Schmetterlinge einen Selektionsvorteil. Sie waren besser getarnt und wurden daher seltener gefressen als ihre hellen Artgenossen. Infolgedessen konnten die dunklen Varianten ihre Allele häufiger in den Genpool einbringen als die hellen. Der Anteil der Allele, die dunkle Flügel bewirken, stieg. Ob das Merkmal „dunkle Flügel" einen Selektionsvorteil (oder Nachteil) darstellt, hängt also von den jeweiligen Umweltbedingungen ab.
Das Beispiel macht deutlich, wie es im Laufe der Evolution zu gerichteten Veränderungen kommt: Die schwarzen Varianten entstanden zufällig durch Mutation und/oder Rekombination. Ihr Auftreten kann keine Folge der Luftverschmutzung sein, da sie schon in der Zeit vor der zunehmenden Industrialisierung vorhanden waren. Erst die Selektion sorgte dafür, dass sie in Gebieten mit entsprechender Luftverschmutzung häufiger wurden.

Mutanten und Rekombinanten treten zufällig und ungerichtet auf. Erst die **Selektion** führt zu **gerichteten**, nicht zufälligen **Veränderungen** des **Genpools**.

Transformierende Selektion

Wenn sich die Umwelt einer Population ändert, z. B. durch Klimawandel, oder wenn eine Gruppe einen neuen Lebensraum besiedelt, der sich von ihrem angestammten unterscheidet, bevorzugt die Selektion in der Regel Varianten, deren Merkmale vom Durchschnitt abweichen. Die Selektion wirkt in eine bestimmte Richtung (**einseitiger Selektionsdruck**). In der Folge verschiebt sich der Genpool der betroffenen Population in Richtung der besseren Angepasstheit an die neuen Umweltbedingungen. Man bezeichnet die so wirkende Selektion als **transformierend** (siehe Abb. 48, S. 132).

Beispiele

Beispiele für eine transformierende Selektion sind der Industriemelanismus (siehe S. 129 f.) und die Abnahme der Körpergröße bei Maulwürfen nach einem strengen Winter (siehe S. 127 f.).

Stabilisierende Selektion

Wenn eine Population an ihre Umwelt **gut angepasst** ist und sich die Umweltbedingungen nicht dauerhaft ändern, haben neu auftretende Varianten mit stark vom Durchschnitt abweichenden Merkmalen in der Regel einen **Selektionsnachteil**. Durch die Selektion werden deren Allele wieder aus dem Genpool entfernt. Die Selektion bevorzugt in einem solchen Fall durchschnittliche Individuen einer Population. In der Generationenfolge ändern sich die Merkmale folglich nicht oder die Variationsbreite der Merkmale verringert sich sogar. Daher hat man für diese Vorgänge den Begriff **stabilisierende Selektion** gewählt (siehe Abb. 48, S. 132). Durch diese Form der Selektion wird die Population auf dem häufig „optimalen" Niveau der erreichten Anpassung an die gegebenen Umweltbedingungen gehalten.

Beispiel

Bei Messungen der Körperproportionen von Sperlingen, die in einem heftigen Sturm ums Leben kamen, fand man einen deutlich erhöhten Anteil von Tieren, die im Vergleich zum Durchschnitt der Population extrem lange oder extrem kurze Flügel hatten.

Aufspaltende Selektion

Eine weitere Möglichkeit für die Veränderung des Genpools einer Population besteht darin, dass sich unter bestimmten Umweltbedingungen **extreme Merkmalsausprägungen als Selektionsvorteil** herausstellen. Ist dies der Fall, kann es bei der Merkmalsausprägung zu einer **aufspaltenden Selektion** kommen (siehe Abb. 48, S. 132).

Beispiel

In West- und Zentralafrika liegt das Verbreitungsgebiet der Purpurastrilds, eine Finkenart, in deren Populationen zwei unterschiedlich große Schnabelformen vorkommen. Die Vögel haben entweder kleine oder große Schnäbel. Individuen mit mittelgroßen Schnäbeln sind nicht vertreten. Die Nahrungsgrundlage der kleinschnabligen Tiere bilden vor allem weiche Sämereien, während die großschnabligen Tiere harte Samen als Nahrung nutzen können. Individuen, die mittelgroße Schnabelausprägungen hätten, könnten weder die eine noch die andere Sorte von Samen effizient nutzen. Ihre Fitness (siehe S. 173) wäre gegenüber den „Extremausprägungen" deutlich reduziert.

- Die **transformierende** Selektion führt zu einer Verschiebung der Merkmalsausprägung in Richtung der besseren Angepasstheit.
- Die **stabilisierende** Selektion hat keine Merkmalsänderung zur Folge oder führt zu einer Verringerung der Variationsbreite.
- Bei der **aufspaltenden** Selektion werden die Extreme einer Merkmalsausprägung bevorzugt.

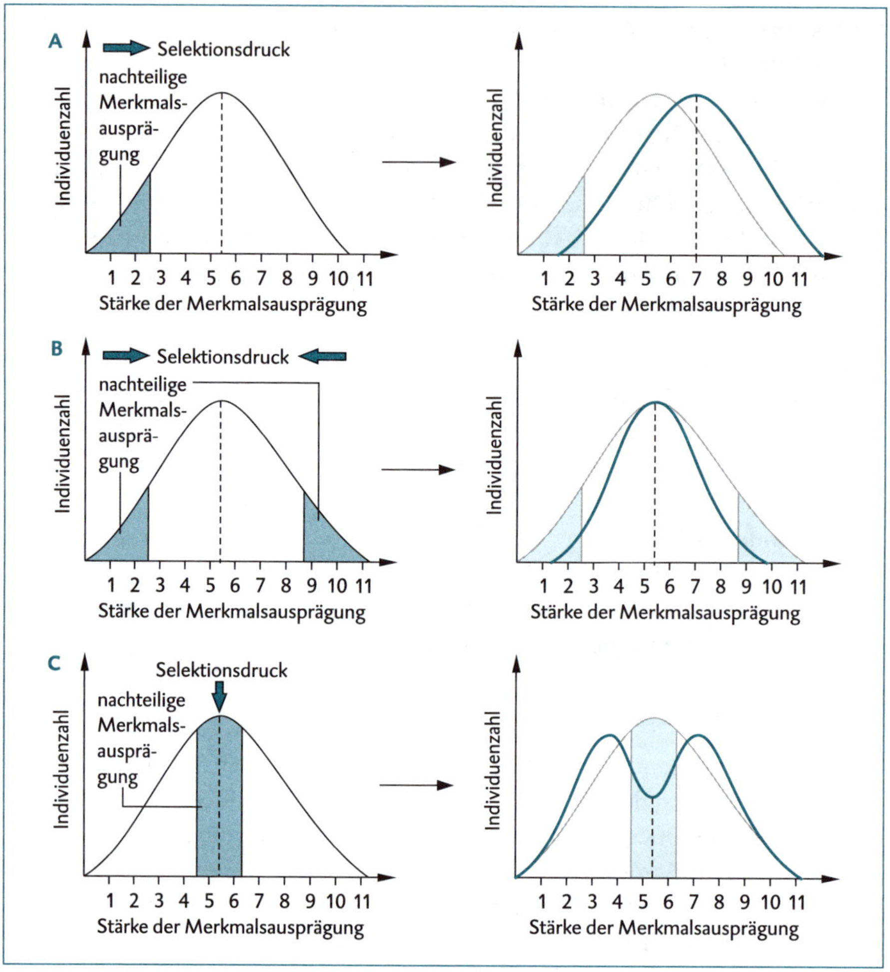

Abb. 48: Wirkung der transformierenden (A), der stabilisierenden (B) und der aufspaltenden Selektion (C)

Entstehung von Resistenzen bei Bakterien und Eukaryoten

Bei der Entstehung eines Bakterienstamms, der gegen ein bestimmtes **Antibiotikum** resistent ist, finden folgende Vorgänge statt: Im Bakterienstamm befinden sich häufig einige wenige Bakterienzellen, die durch eine Mutation die Resistenz gegen ein bestimmtes Antibiotikum erhalten haben. Die Chance, dass eine solche Mutation auftritt, ist trotz der niedrigen Mutationsrate nicht besonders gering, da die **Zahl** von Bakterienzellen in einem Stamm **sehr groß** sein kann. Wird der Stamm mit dem betreffenden Antibiotikum behandelt, so tötet dieses alle Bakterien mit Ausnahme der resistenten Zellen, es findet also eine Selektion durch den Umweltfaktor „Antibiotikum“ statt. Nur die wenigen resistenten Zellen der Population können sich vermehren und bilden einen neuen, gegen das verwendete Antibiotikum resistenten Stamm. Zusätzlich erhalten die resistenten Bakterienzellen noch den Vorteil, dass das Antibiotikum alle ehemaligen Konkurrenten, die nicht-resistenten Zellen, ausgeschaltet hat. Diese Vorgänge können sich bei mehrmaliger Behandlung mit verschiedenen Antibiotika wiederholen, sodass sich Bakterienstämme ausbreiten können, die gegen mehrere Antibiotika resistent sind, sogenannte **multiresistente Stämme**.

Durch Behandlung mit Antibiotika werden zufällig in der Population vorhandene Mutanten, die Resistenzgene enthalten, durch **Selektion** bevorzugt, sodass sich **antibiotikaresistente** Stämme ausbreiten können.

Die Mutation, durch die das Resistenzgen entsteht, läuft ohne Einwirkung des Antibiotikums ab. Mutierte Zellen sind also schon vor der Behandlung mit dem Wirkstoff in der Population vorhanden. Die Zugabe des Antibiotikums führt lediglich zu einer Änderung der Selektionsrichtung. Das vorher neutrale Gen „Resistenz gegen Antibiotikum XY“ erhält dadurch einen positiven Selektionswert. In der Folge steigt die Zahl der resistenten Bakterienzellen in der Population.

Mit jeder Antibiotikabehandlung, die in vielen Fällen auch unnötigerweise oder prophylaktisch erfolgen (z. B. bei viralen Erkrankungen), ist also immer auch die Gefahr verbunden, **resistente Bakterienstämme** heranzuzüchten. Diese müssen dann wieder mit einem neu entwickelten, speziell gegen sie gerichteten Antibiotika bekämpft werden. Da aber neue Antibiotika-Wirkstoffe nicht beliebig schnell entwickelt werden können, wird die Medizin vor enorme Herausforderungen gestellt und „das Schwert der Antibiotika“ droht zunehmend stumpf zu werden.

Resistenzen, die durch Mutationen hervorgerufen werden, findet man auch bei **eukaryotischen** Organismen.

Beispiele

- Bei Insekten können beispielsweise Resistenzen gegen Schädlingsbekämpfungsmittel entstehen.
- Pflanzen können Resistenzen gegen Unkrautvernichtungsmittel oder gegen Schwermetalle und andere Gifte im Boden entwickeln.

Präadaptation und Bedeutung der genetischen Vielfalt in Populationen

Die Mutation, die ein Gen zum Resistenzgen macht, tritt zufällig in einer Bakterienpopulation auf und kann sich im Genpool halten, da sie keine Nachteile mit sich bringt. Von der Selektion bevorzugt wird die Mutation aber erst dann, wenn sich die Umwelt durch das Einwirken des betreffenden Antibiotikums ändert. Die mutierte Zelle ist also bereits an eine Umwelt angepasst, die noch gar nicht besteht. Dieses Phänomen wird als **Präadaptation** bezeichnet.

> **Präadaptation** liegt vor, wenn Mutationen in einem Genpool vorhanden sind, die von der Selektion nicht erfasst werden, die aber durch **Veränderung der Umweltbedingungen** einen **positiven Selektionswert** erhalten.

Eine präadaptierte Population kann **schnell** auf Änderungen von Umweltbedingungen reagieren, da die für die neue Umwelt günstigen Mutanten oder Rekombinanten bereits im Genpool vorhanden sind. So kann im Fall der Antibiotikaresistenz nur der Bakterienstamm überleben, der bereits vor der Behandlung mit dem Antibiotikum wenigstens ein Individuum mit dem entsprechenden Resistenzgen enthielt. Populationen sind daher in der Regel umso weniger empfindlich gegen Umweltveränderungen, je **größer** sie sind; denn je größer eine Population ist, desto höher ist in der Regel die Vielfalt der Genotypen (genetische Variabilität) und desto höher ist die Chance, dass sie Mutanten und Rekombinanten enthält, die für neue, zukünftige Umweltbedingungen günstig sind. Im **Artenschutz** reicht es daher in den meisten Fällen nicht, nur wenige Individuen einer Art am Leben zu erhalten. Nur individuenreiche Populationen bieten eine genügend große genetische Variabilität, um die Art vor dem Aussterben zu schützen.

> Die **genetische Variabilität** der Individuen ist entscheidend für das **Überleben** einer Art.

Selektionsfaktoren

Selektion kommt immer durch Einflüsse der Umwelt zustande. Eine **Umweltbedingung**, die dafür sorgt, dass bestimmte Varianten mehr bzw. weniger Nachkommen haben, also mehr oder weniger Allele in den Genpool der nächsten Generation einbringen, nennt man **Selektionsfaktor**.

> Ein **Selektionsfaktor** sorgt dafür, dass verschiedene **genetische Varianten** unterschiedliche **Fortpflanzungserfolge** haben.

Abiotische Selektionsfaktoren, also Einflüsse aus der unbelebten Umwelt, können z. B. sein:

Beispiele

- **Temperatur:** Wirkt sich z. B. auf die Körpergröße von Maulwürfen aus (siehe S. 127 f.).
- **Wind:** Führt z. B. zu flugunfähigen Insekten auf windumtosten Inseln (siehe Abb. 49).
- **Feuchtigkeit:** Schwankende Wasserversorgung führt z. B. zu Pflanzen mit Wasserspeicherorganen (Stammsukkulenz, z. B. bei Kakteen und Wolfsmilchgewächsen (siehe S. 99)).
- Stärke und Dauer der **Belichtung**, **Salzgehalt** des Wassers oder des Bodens, **Gifte**.

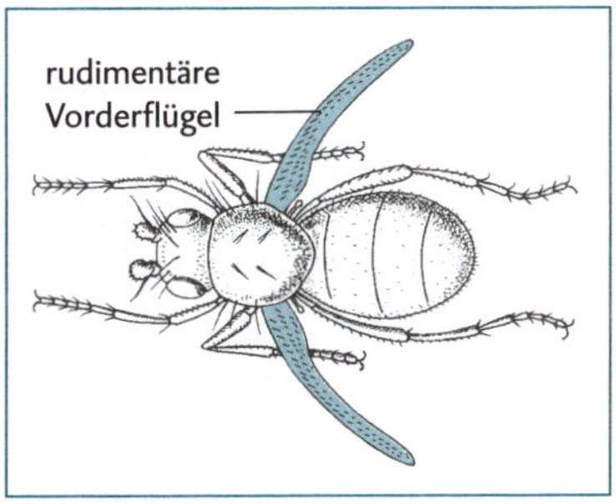

Abb. 49: Flugunfähiges Insekt einer windumtosten Insel im Atlantik

Biotische Selektionsfaktoren, also Einflüsse der belebten Umwelt, können z. B. sein:

Beispiele

- **Innerartliche (intraspezifische) Konkurrenz** (siehe auch (1) S. 242): Dabei handelt es sich um die Konkurrenz der Individuen einer Population um begrenzte Ressourcen wie z. B. Nahrung, Aufenthaltsorte und Geschlechtspartner. Der Fall des Wettbewerbs um Geschlechtspartner wird im folgenden Punkt (Geschlechtliche Zuchtwahl) näher erläutert.

- **Geschlechtliche Zuchtwahl (sexuelle Selektion):** Darunter versteht man die Bevorzugung solcher Partner bei der Paarung, die bestimmte Merkmale tragen. Beispiele sind die ungewöhnlich großen, auffällig gefärbten Schwanzfedern beim Pfau und einigen anderen Vögeln, die Geweihe von Hirschen, besonders die des ausgestorbenen Riesenhirschs, oder die riesigen Scheren bei den Männchen der Winkerkrabben, die der Anlockung von Weibchen dienen (siehe Abb. 50, S. 136).
  Die geschlechtliche Zuchtwahl kann zu Organen führen, die das Tier behindern und für deren Bildung und Unterhalt ein hoher Aufwand an Material und Energie erforderlich ist. Diesem Nachteil steht in einer Art „Kosten-Nutzen-Abwägung" ein wichtiger Vorteil gegenüber: In der Regel sind die auffälligen Merkmale **nur bei Männchen** vorhanden und sichern diesen eine Überlegenheit bei der Konkurrenz um Weibchen. Je auffälliger, stärker und prächtiger ein Merkmal ausgeprägt ist, desto wahrscheinlicher ist es, dass sein Träger besonders gesund und leistungs-

fähig ist. Mit großer Wahrscheinlichkeit trägt er also günstige Allele in seinem Genotyp. Diejenigen Weibchen, die solche Männchen bei der Paarung bevorzugen, haben daher mit höherer Wahrscheinlichkeit besonders leistungsfähige Nachkommen als die Weibchen, die weniger Wert auf die zur Schau gestellten Merkmale legen.

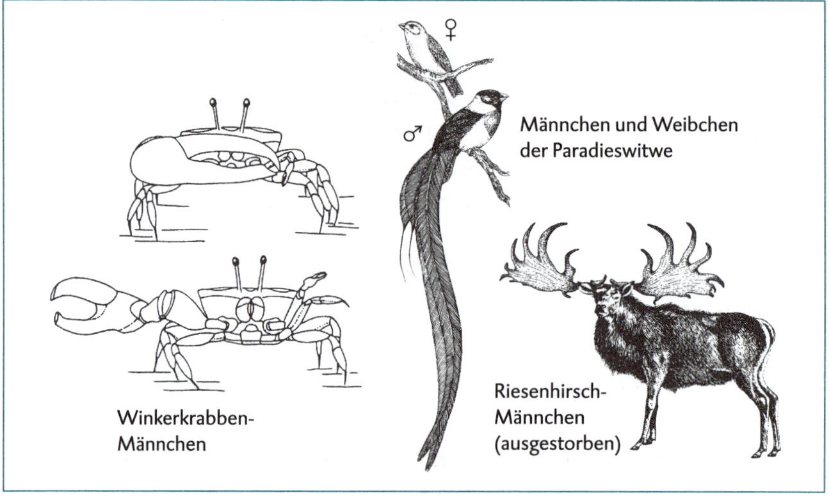

Abb. 50: Durch geschlechtliche Zuchtwahl entstandene Organe

- **Zwischenartliche (interspezifische) Konkurrenz** (siehe auch (1) S. 242 f.): Darunter versteht man den Wettbewerb von Individuen verschiedener Arten um begrenzte Ressourcen.
- **Fressfeinde:** Sie können bei den Beutetieren die Entstehung von Merkmalen auslösen, die ihnen zu mehr Schutz verhelfen.

Durch **Mimese**, das heißt durch Nachahmung von Teilen der belebten wie der unbelebten Natur, können Merkmale entstehen, die der **Tarnung** dienen, wie beim Birkenspanner (siehe S. 129 f.), bei Polartieren (Schneehase, Schneehuhn u. a.) oder bei Stabheuschrecken. Fressfeinde können auch eine Ursache für die Entwicklung von Organen zur **Verteidigung** sein, wie z. B. im Fall der Hörner von Rindern oder der Stacheln und Dornen vieler Pflanzen. In einigen Fällen ist eine auffällige Färbung entstanden, die zur **Warnung** vor Giften, schlechtem Geschmack etc. dient. Das setzt allerdings voraus, dass die Fressfeinde lernfähig sind oder ein angeborenes Vermeidungsverhalten aufweisen. Beispiele dafür sind die auffällig gefärbten Marienkäfer mit ihrem schlechten Geschmack, Wespen und Hornissen mit schwarz-gelber Streifung als Warnsignal vor ihrem Giftstachel und der Feuersalamander mit seiner schwarz-gelben Zeichnung, die vor giftigem Hautsekret warnt. Man findet auch Organismen, die sich durch **Mimikry** vor Fressfeinden schützen. Bei diesen Organismen handelt es sich um harmlose Arten, die solche Tier- oder Pflanzenarten nachahmen, die durch Gifte, schlechten Geschmack und Ähnliches geschützt sind. Die Feinde lernen das Vermeidungsverhalten allerdings nur, wenn die Nachgeahmten häufiger sind als die Nachahmer. Beispiele aus der heimischen Fauna sind einige Schwebfliegenarten mit schwarz-gelber Streifung des Hinterleibs, ähnlich der der Wespen, oder der **Hornissenschwärmer**, ein Schmetterling, der zwar aussieht wie eine Hornisse, aber keinen Giftstachel hat:

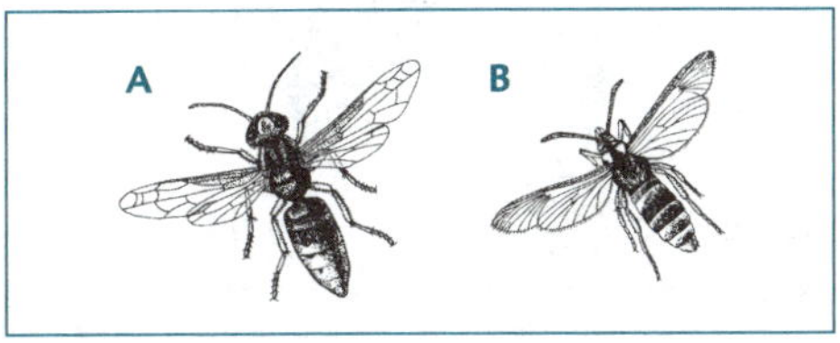

Abb. 51: Beispiel für Mimikry: Hornisse (A) und Hornissenschwärmer (B)

- **Parasiten und Krankheitserreger:** z. B. die Erreger der Malaria (Malariaresistenz bei Sichelzellenanämie, siehe S. 128 f.).

4.5 Gendrift als Evolutionsfaktor

Der Zufall kann bei der Änderung der Allelhäufigkeiten (Allelfrequenzen) im Genpool eine wichtige Rolle spielen. Von besonderer Bedeutung ist dies bei kleinen Populationen mit einem in der Regel kleinen Genpool. Ereignisse, die die plötzliche, sehr starke Verkleinerung einer Population zur Folge haben, können zu einer zufälligen Auswahl von Allelen führen und den Genpool wesentlich verändern. Für diesen Vorgang wird der Begriff **Gendrift** (auch: **Allelendrift**) verwendet.

Als **Gendrift** wird die zufällige oft plötzliche Veränderung der Häufigkeit von Allelen im Genpool vor allem kleiner Populationen bezeichnet. Die durch die Gendrift hervorgerufenen Veränderungen sind ungerichtet und haben eine Verringerung der genetischen Variabilität zur Folge.

Eine Gendrift liegt auch dem **Gründereffekt** zugrunde. In diesem Fall werden neue Lebensräume durch wenige, zufällig ausgewählte Individuen besiedelt.

Der Genpool der neuen, kleinen Gründerpopulation enthält dabei nur einen zufällig ausgewählten, kleinen Teil der Allele der Ursprungspopulation, seine genetische Variabilität ist also gering.

Beispiele

- Vögel, Pflanzensamen oder Fluginsekten können durch einen Sturm auf landferne Inseln abgetrieben werden.
- Säugetiere, Reptilien, Spinnen etc. können auf Treibholz Regionen erreichen, die bisher von den entsprechenden Arten nicht besiedelt waren.
- Kleine wasserlebende Tiere und Pflanzen können im Gefieder von Vögeln von einem Gewässer in ein anderes gelangen.

Zufällig aus einer ehemals großen Population ausgewählte Individuen können eine neue kleine Population mit einem Genpool mit verringerter Variabilität bilden, wenn z. B. bei Katastrophen nur wenige Individuen überleben. Bei den Katastrophenereignissen kann es sich beispielsweise um Waldbrände oder Überschwemmungen handeln, die unterschiedslos alle Individuen treffen, ohne Rücksicht darauf, ob diese besser oder schlechter angepasst sind. Dieser Fall der Gendrift wird als **Flaschenhalseffekt** bezeichnet.

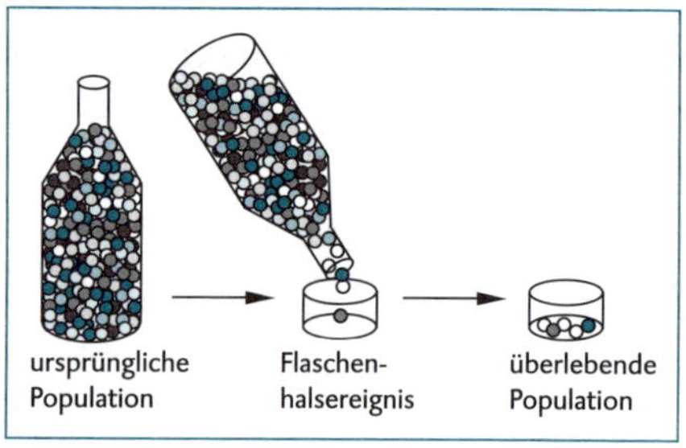

Abb. 52: Modellhafte Darstellung des Flaschenhalseffektes

Beispiel

Ende des 19. Jahrhunderts schrumpfte die Population des Nördlichen Seeelefanten, eines großen Verwandten des Seelöwen, durch starke Bejagung bis auf 20 Tiere. Sie erholte sich aber wieder und zählt heute über 100 000 Individuen. In der heutigen Population ist die Zahl der unterschiedlichen Allele viel geringer als im Genpool des nahe verwandten Südlichen Seeelefanten, dessen Population immer groß blieb. Es ist anzunehmen, dass infolge der geringen Größe der Population am Ende des 19. Jahrhunderts einige Allele durch Gendrift aus dem Genpool verschwanden. Bei der Zunahme der Individuenzahl vermehrten sich zwar die vorhandenen Allele, neue, zusätzliche Alleltypen konnten jedoch nur durch Mutation auftreten. Mutationen sind aber seltene Ereignisse, sodass sich in der kurzen Zeit die Zahl der verschiedenen Allele nicht wesentlich erhöhen konnte.

In manchen Fällen führt die nach einer Gendrift vorliegende verringerte genetische Vielfalt dazu, dass die betroffenen Populationen aufgrund von reduzierter Fitness ihrer Individuen aussterben. Dies ist vor allem dann der Fall, wenn per Zufall ungünstige Allele häufiger und günstige seltener werden. Im Extremfall verschwinden günstige Allele sogar vollständig aus dem Genpool. Besonders problematisch kann sich für solche Populationen eine auftretende starke Veränderung der Umwelt auswirken, da die verringerte genetische Variabilität die Reaktionsbreite der betroffenen Gruppe stark einschränkt (siehe Präadaptation, S. 134).

4.6 Isolation als Evolutionsfaktor

Werden die Mitglieder einer Population zufällig durch unüberwindliche Hindernisse getrennt, kann zwischen den Organismen der entstandenen **Teilpopulationen** keine Paarung und damit auch kein Austausch von Erbinformationen mehr stattfinden. Man spricht davon, dass der **Genfluss** gestört ist. Zu einer solchen Trennung kann es z. B. durch Naturereignisse bzw. Naturkatastrophen wie Erdbeben, Vulkanausbrüche, Waldbrände und Überschwemmungen kommen, aber auch durch andere Phänomene (siehe S. 157 ff.).
Besteht die Trennung über längere Zeit, ist es möglich, dass die Unterschiede zwischen den Teilpopulationen so groß werden, dass eine fruchtbare Paarung zwischen Angehörigen der verschiedenen Gruppen nicht mehr möglich ist. Folglich haben sich aus den durch die Isolation entstandenen Teilpopulationen neue Arten entwickelt.

Durch **Isolationsprozesse** wird der Genfluss zwischen Teilpopulationen einer Art verhindert, was zur Entstehung neuer Arten führen kann.

Näheres zu den verschiedenen Formen der Isolation und zum Zusammenwirken der Evolutionsfaktoren finden Sie im Kapitel 5 (Artentstehung durch Zusammenwirken der Evolutionsfaktoren, S. 151).

4.7 Die Gegenposition: nicht naturwissenschaftliche Positionen zur Entstehung von Artenvielfalt

Seit der ersten Veröffentlichung der „Entstehung der Arten“ im Jahre 1859 sind die Theorien von Charles DARWIN vielfach angegriffen worden. Auch die heute gültigen Überlegungen zur Synthetischen Theorie der Evolution werden immer noch – vor allem aus nicht naturwissenschaftlichen Kreisen – zum Teil äußerst heftig kritisiert. Hauptgegner sind dabei zum einen die sogenannten Kreationisten und zum anderen die Anhänger eines „Intelligent Designs“.

- **Kreationisten** nehmen die in der Bibel gemachten Aussagen wörtlich. Die göttliche Schöpfungsgeschichte mit ihren einzelnen, zielgerichteten Schöpfungsakten in sechs Tagen ist vor allem bei den evangelikalen Christen in den Vereinigten Staaten von Amerika als absolutes Credo verbreitet. Nach einer Umfrage des Gallup-Instituts aus dem Jahr 2012 glaubt fast die Hälfte der US-Amerikaner an den Kreationismus – in Deutschland sind es mehr als 10 Prozent der Bundesbürger.
  Als eine *Glaubens*angelegenheit vertritt der Kreationismus keine (natur)wissenschaftliche Position. In seinen Ansätzen ist der Kreationismus dogmatisch wissenschaftsfeindlich, da er biologische, chemische und geologisch-physikalische Erkenntnisse zur Erd- und Lebensentstehung sowie zur Entwicklung der Lebewesen nicht anerkennt. Für Kreationisten liefert die Bibel mit ihren Aussagen die Grundlage für alle Wissenschaften. Es wird versucht, eine eigene „Pseudo-Wissenschaft" aufzubauen, mit deren Hilfe die Argumente der modernen Evolutionsforschung entkräftet werden sollen.

- Eine weitere Spielart der nicht wissenschaftlichen Position, die die Artenvielfalt auf der Erde erklären will, ist das **„Intelligent Design"** (ID). Seine Anhänger gehen von einem intelligenten Schöpfer (in der Regel der christliche Gott) aus, da die Erde und alles, was auf ihr lebt, ihrer Ansicht nach zu komplex ist, als dass es selektionsgesteuert durch reinen Zufall entstanden sein könnte. Für sie ist das „Intelligent Design" eine wissenschaftliche Theorie: ID-Anhänger gehen von einer stammesgeschichtlichen Entwicklung aus. Aber diese **biologische Schöpfung** ist **zielgerichtet** abgelaufen, gesteuert direkt vom Schöpfer.
  Von „intelligenter Umsetzung" kann an vielen Stellen der stammesgeschichtlichen Entwicklung aber nicht die Rede sein. Man muss bei der biologischen Evolution oft eher von einem selektionsbedingten „Kompromiss" im Evolutionsgeschehen sprechen – wie z. B. das inverse Wirbeltierauge (siehe (1) S. 160 ff.) verdeutlicht:

Beispiel

Die Sehzellen sind nach innen und nicht nach außen gerichtet. Die Nervenzellen, welche die Informationen zum Gehirn weiterleiten, sind der Netzhaut aufgelagert und müssen sich durch die Netzhaut einen Weg aus dem Augapfel heraus bahnen (Blinder Fleck).

Kreationismus und **„Intelligent Design"** sind **nicht naturwissenschaftliche Vorstellungen**, mit deren Hilfe die Entstehung der Artenvielfalt erklärt werden soll. Ihre Deutungsansätze werden von **Naturwissenschaftlern** in der Regel **abgelehnt**.

Zusammenfassung

- Evolution tritt auf, wenn sich die Allelfrequenzen eines Genpools ändern.
- Mithilfe der von idealen Populationen ausgehenden Hardy-Weinberg-Formel ist es möglich, die Häufigkeiten unterschiedlicher Genotypen in einer Population mathematisch zu bestimmen.
- Evolutionsfaktoren sind Mutation, Rekombination, Selektion, Gendrift und Isolation.
- Die Vielfalt der Geno- und Phänotypen einer Population entsteht vor allem durch die Rekombination.
- Die Selektion führt zur gerichteten, vom Zufall unabhängigen Veränderung der Allelhäufigkeiten innerhalb des Genpools. Welchen Selektionswert ein Merkmal hat, hängt von den jeweiligen Umweltbedingungen ab.
- Transformierende Selektion führt zu einer Merkmalsänderung und aufspaltende Selektion zu einer Merkmalsaufspaltung in zwei Extreme. Stabilisierende Selektion hat über die Generationen hinweg keine Änderung der durchschnittlichen Merkmalsausprägung zur Folge.
- Präadaptation erhöht die Anpassungsfähigkeit einer Population, wenn sich die Umweltbedingungen ändern. Sie kann die Entstehung resistenter Bakterienstämme durch Behandlung mit einem Antibiotikum erklären.
- Die zufällige Änderung der Allelfrequenzen durch Gendrift in kleinen Populationen kann dazu führen, dass Allele unabhängig von ihrem Selektionswert in der Population häufiger oder seltener werden.
- In kleinen Populationen verläuft die Evolution in der Regel schneller als in großen.
- Durch Isolation wird der Genfluss zwischen Teilpopulationen einer Art verhindert. Dadurch kann es zur Entstehung neuer Arten kommen.
- Als nicht naturwissenschaftliche Glaubensmodelle versuchen Kreationismus und „Intelligent Design", die biologische Entwicklung zu erklären.

Aufgaben

89 Erklären Sie, warum man in der Synthetischen Theorie der Evolution nicht den Genotyp eines Individuums, sondern die Gesamtheit der Allele einer Population betrachtet.

90 Kreuzen Sie die richtigen Aussagen an.
Ein Genpool besteht aus …

- ☐ allen Allelen einer Population, die der Selektion unterliegen.
- ☐ der Gesamtheit der Allele einer Population.
- ☐ allen Keimzellen einer Population.
- ☐ allen Allelen eines Individuums.

- [ ] den Allelen der aktuellen und aller früheren Generationen einer Art.
- [ ] allen Allelen einer bestimmten Keimzelle.
- [ ] den Allelen aller Arten in einem bestimmten Gebiet.

91 Welche der folgenden Aussagen treffen zu für ...

- Mutationen?
- Modifikationen?
- weder für Mutationen noch für Modifikationen?

Ordnen Sie richtig zu.

a Treten unabhängig davon auf, ob sie die Anpassung eines Individuums verstärken oder verringern.

b Werden im Genpool durch Selektion verhindert.

c Kommen nur bei Pflanzen vor.

d Entstehen als Anpassungen jedes Individuums an die jeweilige Umwelt innerhalb bestimmter genetisch festgelegter Grenzen.

e Sind neu auftretende Kombinationen von Allelen.

f Sind nicht vererbbar.

g Sind Änderungen, die an die Nachkommen weitergegeben werden können, wenn sie Keimzellen betreffen.

h Kommen beim heutigen Menschen nicht vor.

i Sind in der Regel sehr seltene Ereignisse.

92 Kreuzen Sie die korrekten Aussagen an.

- [ ] Durch Verwendung geeigneter radioaktiver Substanzen lassen sich bestimmte ausgewählte Gene zur Mutation anregen.
- [ ] Genmutationen erfolgen zufällig.
- [ ] Auch beim Einsatz mutagener Agenzien lässt sich nicht voraussagen, wann sich welches Gen in welche Richtung ändert.
- [ ] Die meisten Genmutationen haben ungünstige Folgen für die Zelle.
- [ ] Mutationen treten nur in Keimzellen auf.
- [ ] Die Wahrscheinlichkeit, dass in einer der vielen Spermazellen eines Mannes eine Mutation irgendeines Gens vorliegt, ist sehr gering.
- [ ] Die Mutationsrate von 10^{-4} bis 10^{-6} bezieht sich auf ein Gen und eine Generation.

93 Beschreiben Sie drei Gründe dafür, dass sich die Häufigkeit von Genmutationen nur sehr ungenau berechnen lässt.

94 Die Molekülstruktur von Cytochrom c, einem Enzym der Zellatmung, ist bei den heute auf der Erde vorkommenden Organismenarten leicht unterschiedlich. Aus der Verschiedenheit lässt sich errechnen, dass sich im Laufe der Evolution im Durchschnitt alle 18 bis 22 Millionen Jahre eine Aminosäure verändert hat.
Begründen Sie, warum man annehmen kann, dass die Mutationsrate des Gens, das die Information des Cytochrom c trägt, höher ist, als die angegebenen Zahlen vermuten lassen.

95 **a** Nennen Sie die allgemeine Eigenschaft von Mutationen, die sich durch den in der folgenden Abbildung schematisch dargestellten Versuch bestätigen lässt. Begründen Sie Ihre Antwort. Beachten Sie dabei besonders, dass auf den antibiotikumhaltigen Nährböden unterschiedlich viele Bakterienkolonien entstanden sind.

b Erläutern Sie, warum der Nachweis, der mit diesem Experiment gelang, eher die Auffassung DARWINS unterstützt als die LAMARCKS.

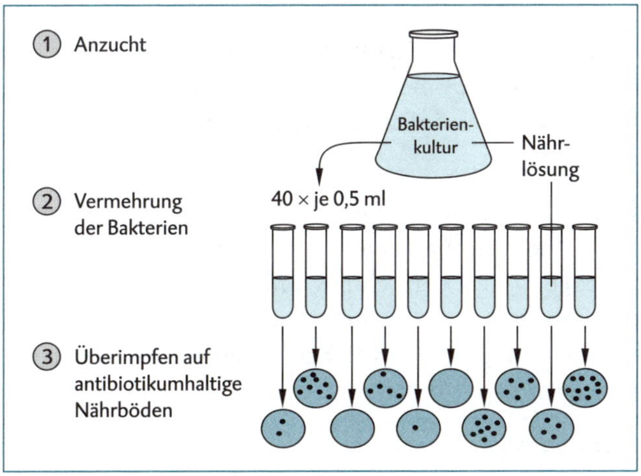

Fluktuationstest

96 Welche der folgenden Aussagen sind richtig? Kreuzen Sie an.
Rekombination von Allelen …

- ☐ geschieht in der Mitose.
- ☐ ist die Hauptursache für die große Verschiedenheit der Genotypen in einer Population.
- ☐ beschreibt die Möglichkeit der Rückmutation eines Gens.
- ☐ beschreibt die Vorgänge bei der ersten Teilung der befruchteten Eizelle.

- [ ] ist dafür verantwortlich, dass jeder Mensch (bis auf eineiige Zwillinge) einen einzigartigen Genotyp besitzt.

97 Erläutern Sie, warum die Rekombination von Allelen nur bei sexueller Fortpflanzung möglich ist.

98 Kreuzen Sie die richtige(n) Aussage(n) an.
Die Sexualität ist für die Evolution von sehr großer Bedeutung, weil …

- [ ] sie zwei verschiedene Formen von Individuen, weibliche und männliche, voraussetzt.
- [ ] ohne sie keine Fortpflanzung möglich wäre.
- [ ] sie eine hohe genetische Variabilität der Individuen einer Population zur Folge hat.
- [ ] sie haploide Zellen entstehen lässt, in denen alle rezessiven Allele zur Ausprägung kommen.
- [ ] ohne sie keine Differenzierung von Zellen möglich wäre.

99 Fachleute behaupten, ohne Sexualität wäre die Evolution sehr viel langsamer verlaufen, und die auf der Erde lebenden Organismen wären sehr viel einfacher gebaut. Sehr wahrscheinlich gäbe es z. B. keine Menschen.
Begründen Sie diese Ansicht.

100 Einige Landschnecken können die Spermien verschiedener Paarungspartner speichern. In ihren Gelegen findet man daher Eier, die vom Sperma mehrerer verschiedener Tiere befruchtet wurden.
Erklären Sie, welchen Vorteil einem Individuum die Fähigkeit bringt, sich mit mehreren Partnern in einer Fortpflanzungsperiode zu paaren und die Spermien zu speichern.

101 Welche der folgenden Aussagen treffen zu? Kreuzen Sie an.
Selektion …

- [ ] wirkt nur auf die Individuen derselben Art (intraspezifisch).
- [ ] ist ein Prozess, an dem immer mindestens zwei Arten (z. B. Räuber und Beute) beteiligt sind.
- [ ] beschreibt die zufällige Verteilung der homologen Chromosomen in der Anaphase der ersten Reifungsteilung der Meiose.
- [ ] ruft Mutationen hervor.
- [ ] setzt immer am Phänotyp an.

- [ ] führt zu einer gerichteten Veränderung des Genpools.
- [ ] kann dazu führen, dass sich die Merkmale einer Organismenart ändern.
- [ ] kann bei einer Änderung der Umwelt eine andere Richtung (andersartige Wirkung) erhalten.

102 Nennen und beschreiben Sie in Stichpunkten je ein Beispiel für …
- eine stabilisierende Selektion.
- eine transformierende Selektion.
- eine aufspaltende Selektion.

103 Beschreiben Sie, wie es dazu kommen kann, dass ungünstige Allele in einem Genpool erhalten bleiben, also nicht von der Selektion beseitigt werden.

104 Nennen Sie je drei Beispiele für Selektionsfaktoren der belebten und der unbelebten Umwelt.

105 Nennen Sie drei möglichst verschiedene, körperliche Veränderungen, deren Entstehung durch den Selektionsfaktor „Fressfeinde" erklärbar ist. Geben Sie jeweils ein konkretes Beispiel an.

106 Flöhe können mit ihren muskulösen Hinterbeinen in Relation zu ihrer Körpergröße sehr weit springen. Einige Arten erreichen Sprungweiten von 60 cm. Mit solchen Sprüngen können sie leicht Feinden entgehen.
Überraschenderweise springen aber nicht alle Floharten. Mehrere Spezies, die auf Vögeln parasitieren, bewegen sich nur kriechend voran. Auch Eichhörnchen-Flöhe springen nicht. Fachleute nehmen an, dass ursprünglich alle Floharten springen konnten und dass die genannten Arten im Laufe der Evolution ihr Sprungvermögen verloren haben.
Erklären Sie den Verlust des Sprungvermögens bei Flöhen, die auf Vögeln oder Eichhörnchen parasitieren.

107 Beschreiben Sie, welchen evolutiven Wert Merkmale haben, die durch sexuelle Selektion (geschlechtliche Zuchtwahl) entstanden sind.

108 In der Regel stellen auffällige Farben bei Tieren einen Selektionsnachteil dar. Dennoch gibt es grell und bunt gefärbte Tiere.
Erläutern Sie deren Entstehung am Beispiel …

a der gelb-schwarzen Färbung von Wespen.

b des auffällig bunten Gefieders von Fasanenhähnen.

109 Welche Aussagen sind richtig? Kreuzen Sie an.
Die Ergebnisse der Untersuchungen des Industriemelanismus am Beispiel des Birkenspanners bestätigen, dass …

- ☐ Selektion bestimmte Mutationen und Rekombinationen hervorrufen kann.
- ☐ Varianten (Mutanten und Rekombinanten) zufällig und ohne Bezug zur jeweiligen Umwelt auftreten.
- ☐ die Richtung der Selektion von der jeweiligen Umwelt abhängt.
- ☐ die Selektion die Merkmale einer Organismenart verändern kann.
- ☐ die Selektion in kleinen Populationen ohne Wirkung ist.
- ☐ die Selektion die Häufigkeit der Allele eines Genpools in eine bestimmte Richtung verschieben kann.

110 Ein Gemisch aus elf Unterarten der Gerste (elf Gerstensorten), die zu gleichen Teilen im Saatgut vorhanden waren, wurde in unterschiedlichen Klimagebieten der USA ausgesät. Die Nachkommen säte man in den jeweils geernteten Mischungsverhältnissen mehrere Jahre nacheinander auf denselben Feldern aus.
Der Anteil der Sorten in den verschiedenen Anbaugebieten nach mehrjährigem Anbau ist in der folgenden Tabelle abzulesen.

Staat / Sorten	Virginia	New York	Minnesota	Montana	Oregon	Kalifornien
Coast & Trebi	89,2	11,4	16,6	17,4	1,2	72,4
Hannchen	0,8	6,8	61,0	3,8	0,8	6,8
White Smyrna	0,8	0	0,8	48,2	97,8	13,0
Manchuria	0,2	68,6	0,4	4,2	0	0
Gatami	2,6	1,8	3,2	11,6	0	0,2
Meloy	0,8	0	0	0,8	0	5,2
verschiedene andere Sorten	5,6	11,4	18,0	14,0	0,2	2,4

Veränderungen eines Gerstensorten-Gemisches nach langjährigem Anbau (Angaben in %)

a Erklären Sie, wie es dazu kommen konnte, dass sich in einem bestimmten Anbaugebiet die ursprünglich gleichen Anteile der Sorten in dem Gemisch änderten.

b Erklären Sie, warum sich die Mischungsverhältnisse je nach Anbaugebiet unterschiedlich verändert haben.

111 Kreuzen Sie die richtigen Aussagen an.
Durch den Einsatz eines Antibiotikums in der Medizin ...

- ☐ kann ein Bakterienstamm entstehen, der gegen das verwendete Antibiotikum resistent ist.
- ☐ kann eine Mutation ausgelöst werden, die eine Resistenz gegen das verwendete Antibiotikum bewirkt.
- ☐ können die Zellen des menschlichen Immunsystems angeregt werden, vermehrt Antikörper zu bilden.
- ☐ können bereits in einer Bakterienpopulation vorhandene Mutanten, die eine Resistenz gegen das verwendete Antibiotikum aufweisen, einen Selektionsvorteil erhalten.
- ☐ kann es zu Evolutionsprozessen kommen, die den Genpool der Bakterien, gegen die das Antibiotikum eingesetzt wird, verändern.
- ☐ können sexuelle Vorgänge in den Bakterien ausgelöst werden, durch die sich die Gene so neu kombinieren, dass einige wenige Zellen die Fähigkeit zur Resistenz gegen das verwendete Antibiotikum erhalten.

112 Erläutern Sie begründet die Aussage, dass „das Schwert der Antibiotika zunehmend stumpf zu werden droht“.

113 Erläutern Sie, warum aus evolutionsbiologischen Gründen der häufige Einsatz von Insektiziden (Gifte, die gegen Insekten wirken) ungünstig ist.

114 Welche Aussagen sind richtig? Kreuzen Sie an.
Eine Gendrift kann in der Evolution auftreten, wenn ...

- ☐ ein neuer Lebensraum durch Gründerindividuen besiedelt wird.
- ☐ zufällig ungewöhnlich viele heterozygote Individuen in einer Population auftreten.
- ☐ Tiere regelmäßig enge Geländeabschnitte durchwandern.
- ☐ bei einer Katastrophe (z. B. einem Waldbrand) nur wenige Individuen einer Population überleben.

- [ ] homozygot rezessive Individuen von der Selektion bevorzugt werden.
- [ ] der Anteil eines Allels im Genpool extrem gering ist.

115 Welche Aussagen sind richtig? Kreuzen Sie an.

- [ ] Gendrift beschreibt den Genaustausch zwischen Populationen.
- [ ] Als Gendrift bezeichnet man die Weitergabe der Allele in einer Population von Generation zu Generation.
- [ ] Gendrift hat nur in kleinen Populationen Bedeutung für die Evolution.
- [ ] Gendrift tritt auf, wenn sich Allelhäufigkeiten innerhalb eines Genpools durch Zufallsereignisse verschieben.
- [ ] Naturkatastrophen können Gendrift zur Folge haben.
- [ ] Gendrift beschreibt das Phänomen, dass rezessive Allele in heterozygoten Genotypen vor Selektion geschützt sind.
- [ ] Der Zufall, der die Keimzellen auswählt, die zur Befruchtung kommen, kann eine Ursache für die Gendrift sein.

116 Welche Aussagen sind richtig? Kreuzen Sie an.
In kleinen Populationen …

- [ ] läuft in der Regel die Veränderung von Merkmalen schneller ab als in großen Populationen.
- [ ] ist die genetische Vielfalt meistens höher als in großen Populationen.
- [ ] spielt der Zufall bei der Veränderung der Allelhäufigkeiten im Genpool eine größere Rolle als in großen Populationen.
- [ ] können auch ungünstige Allele durch Zufallsereignisse in ihrer Häufigkeit zunehmen.
- [ ] hat die Selektion keine Wirkung.
- [ ] spielt der Zufall nur eine Rolle, wenn es um die Häufigkeit ungünstiger Allele geht.

117 Welche Aussagen sind richtig? Kreuzen Sie an.
Eine geringe genetische Variabilität in großen Populationen …

- [ ] kann die Folge einer besonders starken Rekombination sein.

- ☐ kann die Folge sein, wenn die Population in nicht zu ferner Vergangenheit einen Flaschenhalseffekt erfahren hat.
- ☐ erhöht die Fähigkeit der Population, drastische Änderungen ihrer Umwelt zu überstehen.
- ☐ weist darauf hin, dass die Population aus mehreren früher voneinander getrennten Teilpopulationen verschmolzen ist.
- ☐ lässt darauf schließen, dass die Mutationsrate über viele Generationen hinweg konstant geblieben ist.
- ☐ kann auftreten, wenn die Population vor relativ kurzer Zeit aus nur wenigen Gründerindividuen entstanden ist.

118 Erläutern Sie, warum große, individuenreiche Populationen bei einer Verschlechterung der Lebensbedingungen besser vor dem Aussterben geschützt sind als kleine.

119 Feldsperlinge bilden in Europa sehr große Populationen. 1870 wurden in St. Louis (USA) 20 europäische Feldsperlinge freigelassen. Sie vermehrten sich rasch auf ca. 150 000 Tiere, die auf etwa 20 000 km^2 lebten. Ähnliches geschah 1863 mit ca. 30 bis 40 Feldsperlingen in Australien. Fachleute untersuchten, wie stark sich die Proteinzusammensetzung der heutigen Populationen von Feldsperlingen Europas, Nordamerikas und Australiens unterscheidet.

a Nennen Sie zwei Methoden, mit denen man die Ähnlichkeit von Proteinen ermitteln kann.

b In welcher der untersuchten Populationen ist die Zahl der verschiedenen Proteine am größten? Begründen Sie Ihre Antwort.

120 Zoologische Gärten tauschen untereinander regelmäßig ihre Zuchttiere aus. Erklären Sie, aus welchen evolutionsbiologischen Gründen das günstig ist.

121 Die Kanadische Wasserpest ist eine Wasserpflanze Nordamerikas. Männliche und weibliche Blüten sind auf verschiedene Pflanzen verteilt (zweihäusige Pflanze). Ein einziges weibliches Exemplar kam 1817 aus Nordamerika nach Irland. Von dort aus verbreitete sie sich ausschließlich durch vegetative Vermehrung über ganz Europa.

a Wie sind eventuelle genetische Unterschiede zwischen den Individuen der in Europa lebenden Wasserpest zu erklären? Begründen Sie Ihre Antwort.

b Für welche der unten genannten Gruppen der Wasserpest trifft die Bezeichnung „Klon“ zu? Kreuzen Sie an.
Einen Klon bilden alle Wasserpestpflanzen …

☐ auf der Erde.
☐ in Irland.
☐ in einem See.
☐ in Europa.

Begründen Sie Ihre Antwort.

c Erläutern Sie den Einfluss des Fehlens männlicher Pflanzen auf die Evolution der Wasserpest in Europa.

122 Auf Bergwerkshalden, die aus schwermetallhaltigem Gestein bestehen, wachsen in der Regel keine Pflanzen.
Bei einigen wenigen Pflanzenarten kommen jedoch Populationen vor, die solche Halden trotz der Schwermetalle besiedeln konnten.

a Erläutern Sie kurz die molekularbiologischen Ursachen dafür, dass die meisten Pflanzen auf schwermetallhaltigen Böden nicht gedeihen können.

b Erklären Sie, warum nur bei einigen wenigen Pflanzenarten Populationen vorkommen, die schwermetallhaltige Halden besiedeln können.

5 Artentstehung durch Zusammenwirken von Evolutionsfaktoren

Biodiversität

Der Begriff Biodiversität bedeutet übersetzt so viel wie **Vielfalt des Lebens**. Seit 1992 gibt es eine UN-Konvention zur Biodiversität, die **Convention on Biological Diversity**. Nach dieser Vereinbarung bedeutet biologische Vielfalt „die Variabilität unter lebenden Organismen jeglicher Herkunft, darunter unter anderem Land-, Meeres- und sonstige aquatische Ökosysteme und die ökologischen Komplexe, zu denen sie gehören; dies umfasst die Vielfalt innerhalb der Arten und zwischen den Arten und die Vielfalt der Ökosysteme". Das Jahr 2010 wurde von der Generalversammlung der Vereinten Nationen zum „Internationalen Jahr der Biodiversität" erklärt.

Genetische Variabilität, d. h., die durch das Erbgut bedingte, auf Mutation und Rekombination beruhende Veränderlichkeit von Lebewesen in Populationen, ist eine Grundvoraussetzung für die Entstehung von Artenvielfalt. Darüber hinaus fördert die (noch) bestehende **Vielfalt der Ökosysteme** eine Zunahme der Biodiversität, da die unterschiedlichen Lebensräume den entsprechend adaptierten Organismen viele potenzielle ökologische Nischen bieten.

Die heute auf der Erde zu beobachtende Artenvielfalt entstand im Lauf der Evolution, das heißt bedingt durch eine Veränderung der Lebewesen durch die Mechanismen, die heute in der Synthetischen Theorie der Evolution beschrieben werden (siehe S. 120 ff.). Die Grundlage für alle Ausprägungen der existierenden Biodiversität bildeten einige ursprüngliche Arten, die den Ausgangspunkt für die Bildung neuer Arten, die Artentstehung, lieferten.

Die Vielfalt des Lebens auf der Erde wird mit dem Begriff **Biodiversität** beschrieben. Er beinhaltet die Vielfalt auf der Ebene der Ökosysteme, auf der genetischen Ebene und auf der Ebene der Artenvielfalt.

Neben der Biodiversität, die auf der Existenz unterschiedlicher Arten beruht, kann es auch durch eine (nicht erbliche) modifikatorische Variabilität zu einem unterschiedlichen Aussehen und einer Vielfalt – allerdings innerhalb einer Art – kommen. Unterschiedliche Bedingungen in der Umwelt von Lebewesen einer Art (bei Pflanzen z. B. die Zusammensetzung des Bodens und dessen Nährstoffangebot) können zu unterschiedlichen Ausprägungen bei gleicher genetischer Ausstattung führen (z. B. üppiger Wuchs einer Pflanze im Flachland und kümmerlicher Wuchs im Hochgebirge).

Populationsgenetischer Artbegriff

Neue Arten gehen immer aus bereits existierenden Arten hervor. Eine Art besteht aus einer oder mehreren Populationen, deren Individuen sich unter natürlichen Bedingungen fruchtbar miteinander fortpflanzen können (biologische Artdefinition). Dadurch hat jedes Allel eines Individuums jeder Population theoretisch die Chance, in den Genpool jeder anderen Population zu gelangen. Man bezeichnet diese Weitergabe von Allelen als **Genfluss**. Der **populationsgenetische Artbegriff** ist also wie folgt definiert:

> Eine Art setzt sich aus einer oder mehreren Populationen zusammen, zwischen denen **Genfluss** besteht oder theoretisch bestehen kann.

Aus einer Art sind zwei entstanden, wenn die Unterschiede zwischen zwei Populationen so groß geworden sind, dass sich ihre Individuen nicht mehr fruchtbar miteinander fortpflanzen können. Wenn keine Fortpflanzung mehr möglich ist, können keine Allele mehr in den Genpool der jeweils anderen Population gelangen, es ist also kein Genfluss (kein Austausch von Allelen) mehr möglich. Man spricht dann von fortpflanzungsmäßig oder **reproduktiv isolierten** Populationen. Wichtig für die Erklärung der Artentstehung ist also die Frage, wie es zur Entstehung von Unterschieden kommen kann, die als Fortpflanzungsbarrieren wirken, die also den Genfluss zwischen den Populationen verhindern.

Beispiel

In einzelnen Fällen ist es möglich, einen **aktuellen evolutionären Wandel** von Organismen **direkt** zu **beobachten**. Neben dem Beispiel des sogenannten „Industriemelanismus" (siehe S. 129 f.) ist in Nord- und Mittelamerika gerade die Aufspaltung der nordamerikanischen Art des Leopardfroschs *Rana pipiens* zu beobachten. Untersuchungen der letzten Jahrzehnte haben gezeigt, dass eine Besamung der Eier von *Rana-pipiens*-Weibchen aus der Gegend um Vermont mit dem Sperma von Männchen dieser Art von Vermont bis Panama zu unterschiedlichen Ergebnissen führen: Je weiter die Männchen entlang der Atlantikküste von Vermont entfernt beheimatet sind, desto eher erfolgt in der Entwicklung der Embryonen ein Stillstand. Der **Genfluss** zwischen den einzelnen Verbreitungsgebieten von *Rana pipiens* ist damit zunächst **vermindert**, mit zunehmender Entfernung dann **verhindert** und schließlich ganz **unterbunden**. Hier ist folglich die Entstehung neuer Unterarten und Arten aus einer Ursprungsart heraus zu beobachten. Mit gentechnischen Sequenzanalysen ist es möglich, diesen Prozess zu dokumentieren.

5.1 Allopatrie – Artentstehung durch geografische Isolation

Zu einer Unterbrechung des Genflusses kann es kommen, wenn eine Population geografisch in zwei Teilpopulationen getrennt wird. Man spricht hier von **Separation** bzw. von **geografischer Isolation**. Die beiden geografisch isolierten Populationen gelten aber in einem solchen Fall zunächst immer noch als zur gleichen Art gehörig, da theoretisch weiterhin Genfluss möglich wäre, wenn sich die Individuen der beiden Populationen treffen könnten.
Die Formulierung **„Unterbrechung des Genflusses"** kann zwei Bedeutungen haben: Sie besagt einerseits, dass kein Genfluss mehr stattfinden kann, weil **geografische Barrieren** ihn verhindern. Er wäre aber weiterhin noch möglich, wenn sich die Individuen der beiden getrennten Populationen treffen könnten. Andererseits spricht man auch von „Unterbrechung", wenn der Genfluss unmöglich geworden ist, weil die Individuen zweier Populationen so unterschiedliche Merkmale entwickelt haben, dass sie sich miteinander nicht mehr fruchtbar fortpflanzen können und folglich eine **reproduktive Isolation** vorliegt. Ist diese genetische Isolation Folge einer räumlichen Isolation von Populationen und entstehen dadurch neue Arten, so spricht man von **allopatrischer Artbildung**.

Möglichkeiten der geografischen Isolation

Eine Trennung von Populationen kann sich z. B. ergeben, wenn sich das Klima ändert und es zu Versteppung, Versumpfung, Vereisung oder Erhöhung bzw. Senkung des Meeresspiegels kommt. Ursachen können aber auch geologische Ereignisse sein, wie die Auffaltung von Gebirgen, die Bildung von Tälern, die Kontinentalverschiebung oder die Bildung von Landbrücken, durch die sich Meeresgebiete voneinander trennen. Neue, getrennte, kleine Teilpopulationen können außerdem bei der Besiedlung schwer zugänglicher Gebiete durch Gründerindividuen (siehe S. 137 f.) entstehen. Dabei kann es sich um landferne Inseln, Oasen oder Regionen handeln, die durch Wüsten, Gebirge oder große Flüsse getrennt sind.

Entstehung von Unterarten und Arten in Teilpopulationen

In zwei geografisch voneinander getrennten Teilpopulationen verläuft die Evolution mit großer Wahrscheinlichkeit in verschiedene Richtungen, sodass ihre Individuen unterschiedliche Merkmale entwickeln. Durch die Trennung der Population kann der ursprüngliche Genpool ungleich auf die Teilpopulationen verteilt sein. Im Extremfall, wenn nur wenige Individuen eine zweite Population bilden, sind einige Allele im neuen Genpool gar nicht mehr vorhanden

(Gendrift, siehe S. 137 ff.). Mit sehr hoher Wahrscheinlichkeit treten in jeder der beiden Teilpopulationen außerdem andere Rekombinationen und Mutationen auf. Schließlich sind beide Teilpopulationen in der Regel unterschiedlichen Umweltbedingungen ausgesetzt, und deshalb wirken die Selektionsfaktoren unterschiedlich.

Durch **Separation (geografische Isolation)** wird der Genfluss zwischen zwei Populationen verhindert. Dadurch treten mit der Dauer der geografischen Trennung zunehmende Merkmalsunterschiede zwischen den Individuen der beiden Populationen auf, die im Laufe der Zeit zu neuen Arten führen können. Man spricht von **allopatrischer Artbildung** oder **Allopatrie**.

Wenn die Trennung lange Zeit besteht, können die Merkmalsunterschiede so groß werden, dass sich die Individuen der einen Population mit denen der anderen nicht mehr fruchtbar fortpflanzen können. Die unterschiedlichen Merkmale bilden **Fortpflanzungsbarrieren**, die den Genfluss auch dann verhindern, wenn die geografische Trennung wieder aufgehoben wird.

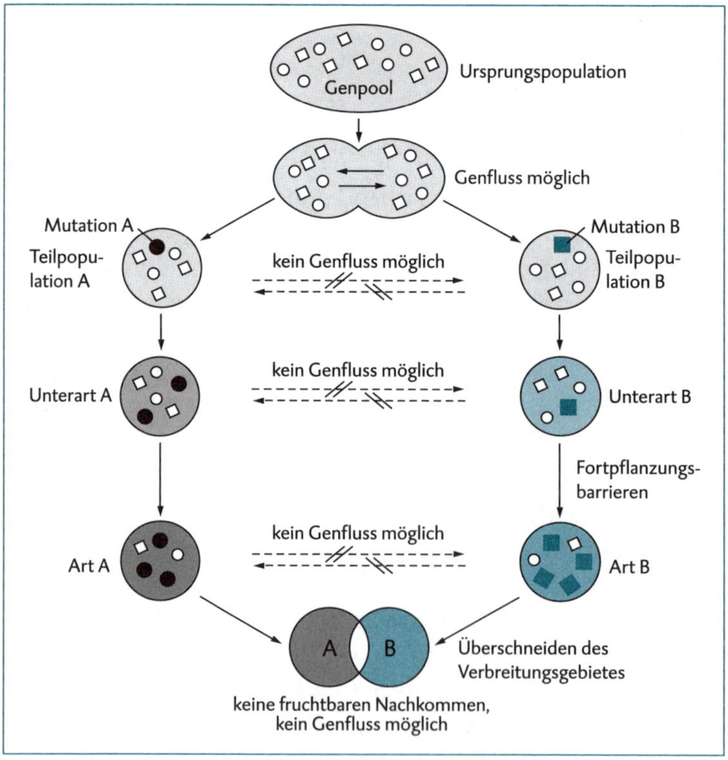

Abb. 53: Entstehung von Unterarten und Arten durch Separation

Geografische Isolation kann also zu reproduktiver Isolation führen. In einem solchen Fall sind dann aus den beiden Teilpopulationen, die ja ursprünglich zu einer Art gehörten, zwei **Arten** entstanden.
Wenn zwar deutliche Merkmalsunterschiede bestehen, sich die Individuen der beiden Teilpopulationen aber dennoch miteinander noch fruchtbar fortpflanzen können, spricht man von zwei **Unterarten** (in diesem Zusammenhang veraltet: Rassen).

Durch Separation entstehen verschiedene …
- **Unterarten**, wenn zwar deutlich verschiedene Merkmale entstehen, diese aber keine Fortpflanzungsbarrieren darstellen, sodass weiterhin Genfluss zwischen den Populationen möglich ist.
- **Arten**, wenn unterschiedliche Evolution in den Teilpopulationen Merkmale entstehen lässt, die als Fortpflanzungsbarrieren wirken.

Geschwisterarten

Zuweilen entstehen Arten, die zwar reproduktiv isoliert sind, sich aber in den körperlichen Merkmalen nur wenig unterscheiden. Man spricht in diesem Zusammenhang von **Geschwisterarten**.

Eine Möglichkeit ist, dass sie aus Populationen entstehen, die so lange getrennt waren, dass sich unterschiedliche Merkmale bilden konnten, die eine erfolgreiche Fortpflanzung verhinderten. Die Trennung dauerte aber nicht lange genug, um in den Teilpopulationen auch einen deutlich unterschiedlichen Körperbau entstehen zu lassen. Eine weitere Möglichkeit ist, dass sich die Umweltbedingungen, denen die Teilpopulationen ausgesetzt waren bzw. sind, relativ stark ähneln und sich daher keine deutlichen Unterschiede im Körperbau ergeben haben.
Geschwisterarten findet man z. B. unter den heimischen Vögeln. Einige Vogelarten sehen sehr ähnlich aus, paaren sich aber nicht miteinander, da ihre Balzgesänge unterschiedlich sind.

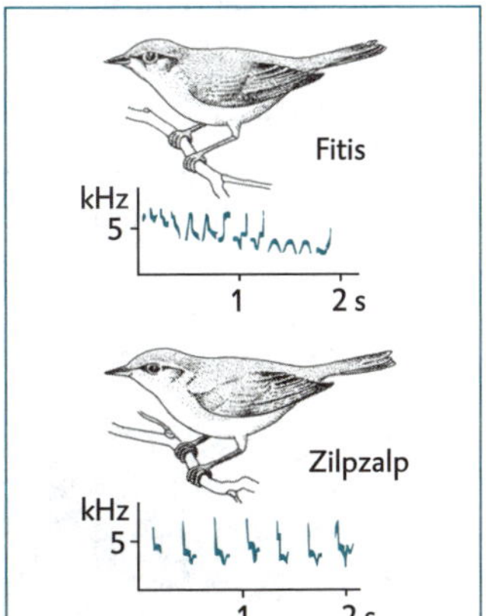

Abb. 54: Fitis und Zilpzalp mit den Klangspektrogrammen ihrer Gesänge

Beispiele Geschwisterarten sind …

- die kleinen Singvogelarten Fitis und Zilpzalp, die in Gärten und Parks leben.
- Sommergoldhähnchen und Wintergoldhähnchen, sehr kleine, in Nadelbäumen lebende Singvögel.
- Waldbaumläufer und Gartenbaumläufer, kleine Vögel, die sich vorwiegend von Insekten auf der Rinde von Baumstämmen ernähren.
- Sprosser und Nachtigall.
- Grauspecht und Grünspecht.

Weitere Belege für die Entstehung von Unterarten und Arten durch Separation

Beispiele

- Raben- und Nebelkrähe sind zwei Unterarten der Art „Aaskrähe". Die ursprüngliche **Krähenpopulation** wurde durch den großen Festlandgletscher, der während der Eiszeit von Skandinavien her nach Mitteleuropa vordrang, in eine westliche und eine östliche Teilpopulation getrennt. In den Teilpopulationen verlief die Evolution unterschiedlich, es entstanden zwei verschiedene Formen von Krähen, die **Raben- und die Nebelkrähe** mit unterschiedlicher Gefiederfärbung. Nachdem das Eis abgeschmolzen war, kam es zu einer Überschneidung des Verbreitungsgebietes der beiden Krähenpopulationen. Die Individuen beider Populationen können sich heute im Überschneidungsgebiet fruchtbar miteinander fortpflanzen. Es entstehen fruchtbare **„Bastarde"** (Hybride). Die Bastardierungszone liegt etwa im Gebiet der Elbe. Raben- und Nebelkrähen sind folglich trotz ihrer deutlich verschiedenen Gefiederfärbung nur zwei Unterarten derselben Art.

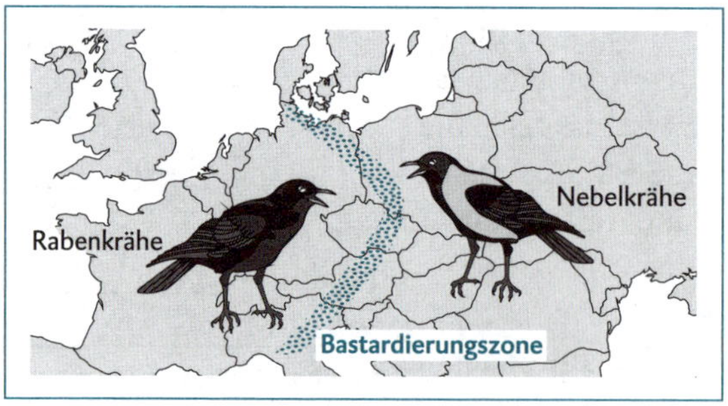

Abb. 55: Bastardierung zwischen den Unterarten der Aaskrähe

- Die **Kohlmeise** tritt in drei Unterarten auf: eine westliche, eine chinesische und eine südasiatische. Alle Meisenunterarten gehören zur selben Art, obwohl sich die chinesische und die westliche Unterart nicht miteinander paaren können, also nicht in der Lage sind, fruchtbare Bastarde zu bilden. Die westliche und die chinesische Unterart können aber über die südasiatische, die mit beiden bastardiert, Allele austauschen. Würde die südasiatische Unterart aussterben, könnte man die chinesische und die westliche Unterart als zwei Arten betrachten.

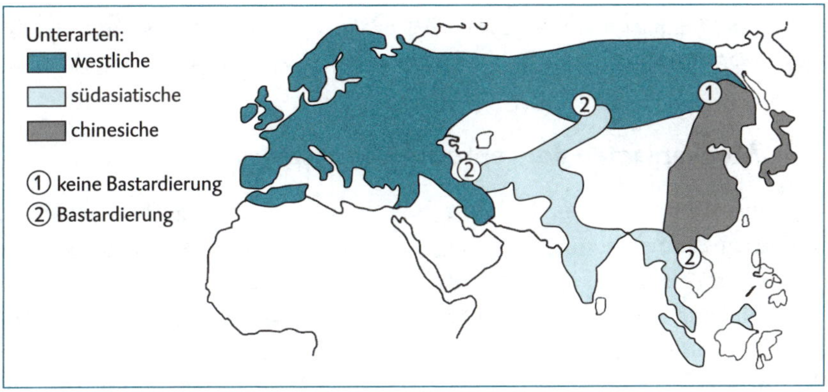

Abb. 56: Verbreitungsgebiete und Bastardierung der Kohlmeisenunterarten

5.2 Sympatrie – Artentstehung ohne geografische Trennung

Ob sich Arten auch **ohne** geografische Trennung (Separation) in Teilpopulationen bilden können, ist umstritten. Sicher ist nur die Artentstehung durch **Polyploidisierung** (siehe (1) S. 62). Diese Form der Genommutation kommt fast nur bei Pflanzen vor. Wenn in einer Population diploider Pflanzen (2n) ein Individuum durch eine Genommutation tetraploid (4n) wird, kann es keine fruchtbaren Nachkommen mit den übrigen Pflanzen der Population erzeugen, da Nachkommen aus einer Kreuzung von diploiden und tetraploiden Pflanzen (2n × 4n) triploid (3n) sind. Triploide Genotypen aber sind steril, da die ungerade Zahl der Chromosomen eine erfolgreiche Meiose (siehe S. 48 ff.) verhindert. Folglich können keine Keimzellen (Ei- oder Pollenzellen) entstehen, wodurch die Fortpflanzung auf sexuellem Wege ausgeschlossen ist.
Durch eine einzige Genommutation können also bei Pflanzen Individuen auftreten, die reproduktiv isoliert sind. Eine tetraploide Pflanze kann sich aber durch Selbstbestäubung oder auf ungeschlechtlichem (vegetativem) Wege über Ableger o. Ä. vermehren und so eine eigene, **neue Population** von untereinander fruchtbar fortpflanzungsfähigen Individuen bilden. In den durch Polyploidisierung getrennten 2n- und 4n-Populationen kann die Evolution dann durch unterschiedliche Wirkung der Evolutionsfaktoren in verschiedene Richtungen laufen und somit zu unterschiedlichen Merkmalen führen.

Liegt die Ursache einer Isolation von Individuen nicht in einer geografischen Trennung (geografische Isolation, Separation), und entstehen durch diese Isolation neue Arten, spricht man von einer **sympatrischen Artbildung**.

Liegt eine Trennung von Teilpopulationen vor, deren Grund nicht geografisch bedingt ist, so spricht man von **sympatrischer Artbildung** oder **Sympatrie**.

5.3 Mechanismen der reproduktiven Isolation

Zu einer reproduktiven Isolation, das heißt zu einer genetischen Trennung zweier aus einer Ursprungsart entstandenen Arten, kann es sowohl auf allopatrischem als auch auf sympatrischem Wege kommen. In der Natur sind viele verschiedene Mechanismen zu finden, die zwei Arten fortpflanzungsmäßig gegeneinander isolieren können, die also den Genfluss sogar dann verhindern, wenn zwei Arten (wieder) im selben Gebiet leben. Solche **Isolationsmechanismen** können sein:

- **Zeitliche Isolation**

  Beispiele

  Einige einheimische Frosch- und Krötenarten könnten sich zwar fruchtbar untereinander fortpflanzen, paaren sich aber zu verschiedenen Zeiten im Jahr, sodass es unter natürlichen Bedingungen nicht zu einem Genaustausch kommen kann.

  Roter und Schwarzer Holunder blühen in unterschiedlichen Monaten. Pollen der einen Art kann also nicht in die Blüte der anderen gelangen.

- **Räumliche Isolation**

  Beispiel

  Menschen- und Schweinespulwurm sind zwar von ihrem Körperbau her identisch, aber streng wirtsspezifisch, sodass sie sich nicht paaren können.

- **Biochemische Isolation**

  Beispiel

  Aufgrund einer chemischen Unverträglichkeit erfolgt kein Wachstum eines Pollenschlauchs der einen Pflanzenart auf der Narbe einer anderen Spezies.

- **Ethologische (Verhaltensbiologische) Isolation**

  Beispiel

  Fitis und Zilpzalp sowie andere Geschwisterarten haben ein unterschiedliches Balz- und Paarungsverhalten. Ähnliches gilt für viele Heuschrecken.

- **Anatomische und physiologische Isolation**

  Beispiel

  Viele Insektenarten unterscheiden sich durch komplizierte Kopulationsorgane, die wie „Schlüssel und Schloss“ zusammenpassen. Kleinste Änderungen machen die Paarung unmöglich.

- **Isolation durch Sterilität oder Polyploidie**

Beispiele

Aus der Paarung von Pferd und Esel gehen zwar Maultier und Maulesel hervor, diese sind aber nicht fortpflanzungsfähig.
Bei Pflanzen kann eine Polyploidisierung die fruchtbare Kreuzung unmöglich machen.

Isolationsmechanismen sind Faktoren, die den Genfluss zwischen Populationen auch dann verhindern, wenn diese (wieder) im **gleichen Gebiet** leben.

5.4 Artumwandlung

Wenn sich Umweltbedingungen **über lange Zeit in eine bestimmte Richtung** verändern, ändert sich mit ihnen auch die Selektionsrichtung. Infolgedessen kommt es zu einer fortschreitenden Verschiebung der Allelhäufigkeiten innerhalb des Genpools von Populationen in eine Richtung (transformierende Selektion; siehe S. 130 ff.) und damit zur Änderung von Merkmalen. Sind alle Populationen einer Art betroffen, bezeichnet man diesen Vorgang als **Artumwandlung**.

Bei einer **Artumwandlung** ändern sich die Merkmale einer Art über lange Zeit, ohne dass dabei neue Arten entstehen.

Bei einigen Fossilien ist die Artumwandlung in beeindruckender Weise erkennbar, so etwa bei der Veränderung des Gehäuses der Wasserschnecke *Viviparus (Paludina)* in aufeinanderfolgenden Schichten aus dem Tertiär:

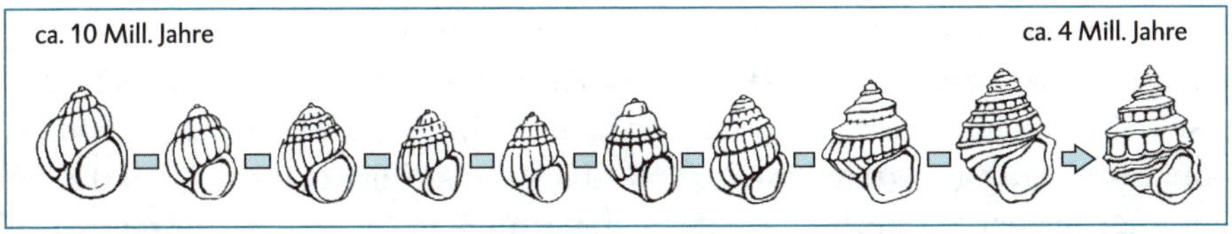

Abb. 57: Abwandlung der Gehäuseform der Schnecke *Viviparus*

Gerade bei fossilen Spezies ist die Entscheidung, ob es sich um eine Artumwandlung handelt oder ob die unterschiedlich gebauten Individuen doch getrennte Arten bilden, in der Regel jedoch sehr schwierig.

Umgekehrt führt eine **über lange Zeit gleichbleibende Umwelt** zu stabilisierender Selektion (siehe S. 130 ff.). Dadurch können Arten oder deren einzelne Merkmale über sehr lange Zeit hinweg unverändert bleiben. Lebende Fossilien (siehe S. 93) lassen sich auf diese Weise erklären.

5.5 Einnischung

Unterschiedliche Arten nutzen ihre Umwelt in unterschiedlicher Weise, sie sind an unterschiedliche **ökologische Nischen** (siehe (1) S. 181 ff.) angepasst. Durch die Angepasstheit an verschiedene ökologische Nischen ist es möglich, dass **mehrere Arten** den **gleichen Lebensraum** nutzen, ohne miteinander in Konkurrenz zu treten. Ihre ökologischen Nischen können sich z. B. in der Art der Nahrung, im Nistplatz oder in der Zeit, in der der Lebensraum genutzt wird (tagaktive/nachtaktive Tiere), unterscheiden.
Nach der Regel des Konkurrenzausschlusses (siehe S. (1) 243) können zwei Arten mit identischer ökologischer Nische, also mit identischen Ansprüchen an ihre Umwelt, nicht nebeneinander im gleichen Lebensraum überleben. Die Konkurrenz zwischen den beiden Arten führt dazu, dass entweder eine der Arten verdrängt wird oder dass sie durch evolutive Prozesse an eine freie ökologische Nische angepasst wird und auf diese Weise die Konkurrenz vermeidet. Das Phänomen der Anpassung einer Art an eine bestimmte ökologische Nische nennt man **Einnischung**.

Im **gleichen** Lebensraum können auf Dauer nur solche Arten nebeneinander existieren, die unterschiedliche ökologische Nischen besetzen.

5.6 Adaptive Radiation

Im Laufe der Erdgeschichte traten immer wieder Situationen auf, in denen einer Art oder einer Gruppe verwandter Arten viele verschiedene freie ökologische Nischen zur Verfügung standen, z. B. wenn sie neue, bisher nicht oder von nur wenigen Arten bewohnte Gebiete besiedelten. In solchen Fällen konnten aus der Stammart bzw. der Artengruppe viele neue, an verschiedene ökologische Nischen angepasste Arten entstehen. Man nennt dieses Phänomen **adaptive Radiation**.

Unter dem Begriff der **adaptiven Radiation** bezeichnet man die Auffächerung einer Stammart oder einer Artengruppe in viele neue Arten, die unterschiedliche ökologische Nischen besetzen.

Darwin-Finken

Das wohl bekannteste Beispiel für eine adaptive Radiation sind die **Darwin-Finken** (siehe Abb. 59, S. 162) auf Galapagos, einer Gruppe vulkanischer Inseln, die im Tertiär entstand und heute etwa 1 000 km vor der Küste Ecuadors (Südamerika) im Pazifik liegt. Schon Charles DARWIN nahm an, dass die Arten der Finken, die nur hier zu finden und nach ihm benannt sind, aus einer einzigen Stammart entstanden sind. Im Folgenden ist eine mögliche Erklärung dargestellt, wie die heutigen Arten von Darwin-Finken im Zuge einer adaptiven Radiation entstanden sein könnten:

Wenige Individuen der Stammart – mindestens aber ein bereits befruchtetes Weibchen – hatte es vom südamerikanischen Festland her in einem Sturm oder auf Treibholz auf eine der Galapagosinseln verschlagen (Abb. 58 A). Die Gründerindividuen, vermutlich körnerfressende, vorwiegend am Boden lebende Finken, konnten sich vermehren, da sie auf der Insel keine Konkurrenten vorfanden. Sie bildeten eine **Gründerpopulation** (siehe auch Gendrift/Gründereffekt, S. 137 ff.).

Einige Individuen der Gründerpopulation (1) gelangten auf eine weitere, zu diesem Zeitpunkt ebenfalls finkenfreie Insel. Es kam also zu einer **Separation** durch die zwei Teilpopulationen (1 und 2) entstanden (Abb. 58 B). In den beiden Teilpopulationen verlief die Evolution in verschiedene Richtungen. Die Ursachen dafür können sein:

- **Gründereffekt/Gendrift:** Zufällige Auswahl der Allele bei der Abtrennung der Teilpopulation 2, die als neue Gründerindividuen die zweite Insel besiedelten, und dadurch zufällige Veränderung der Genpoole der Populationen 1 und 2 (siehe auch S. 137 ff.).
- unterschiedliche **Mutationen und Rekombinationen** in den Teilpopulationen.
- unterschiedliche **Richtung der Selektion** in den beiden Teilpopulationen, da die Umweltbedingungen auf den beiden Inseln verschieden waren.

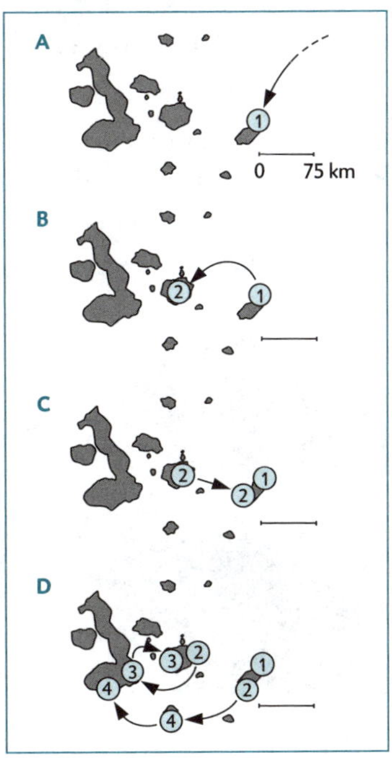

Abb. 58: Die adaptive Radiation der Darwin-Finken

Die in unterschiedliche Richtungen verlaufende Evolution führte zur reproduktiven Isolation der beiden Populationen. Damit hatte sich die ursprüngliche Art in zwei Arten gespalten. Individuen der abgetrennten Population 2 kehrten schließlich auf die ursprüngliche Insel zurück (Abb. 58 C). Durch die getrennte Entwicklung hatten sich Merkmale gebildet, die die fruchtbare Fortpflanzung zwischen den Individuen der beiden Populationen unmöglich machten (reproduktive Isolation, Verhinderung des Genflusses). Für den weiteren Verlauf der **Einnischung** nach der Rückkehr der Tiere sind zwei unterschiedliche Varianten denkbar:

- **Entweder:** Die Individuen der Teilpopulation 2 hatten sich während der Trennungszeit an eine andere ökologische Nische angepasst. Sie konkurrierten daher nicht mit den Individuen der Teilpopulation 1 und konnten als zweite Art neben der ursprünglichen auf der gleichen Insel leben.
- **Oder:** Die Individuen der Teilpopulation 2 waren zwar reproduktiv von der Teilpopulation 1 isoliert, aber weiterhin an die gleiche ökologische Nische angepasst. Die zwischenartliche Konkurrenz zwischen den Teilpopulationen führte dazu, dass eine der Arten auf eine freie Nische zurückgedrängt wurde. Folglich konnten dann beide Arten nebeneinander auf der gleichen Insel leben.

Die Separation und die Einnischung wiederholten sich mehrmals, sodass mehrere Arten entstanden, die aufgrund ihrer Anpassung an jeweils andere ökologische Nischen auch nebeneinander auf den gleichen Inseln existieren konnten (Abb. 58 D).

Abb. 59: Vertreter einiger der insgesamt 13 Arten von Darwin-Finken auf den Galapagosinseln

Weitere Beispiele für eine adaptive Radiation

Beispiele

- Nach dem gleichen Prinzip wie bei den Darwin-Finken erfolgte die adaptive Radiation der **Kleidervögel** auf Hawaii.
- Auch in der Stammesgeschichte der **Säugetiere** kam es zu adaptiven Radiationen. Die wohl umfassendste lief am Ende der Kreidezeit ab, nachdem in verhältnismäßig kurzer Zeit viele Reptilien, unter ihnen die Dinosaurier, ausgestorben waren. Dadurch wurden zahlreiche der bisher besetzten ökologischen Nischen frei. Die Säugetiere, die bis dahin vermutlich nur eine kleine Gruppe darstellten, konnten die nun unbesetzten ökologischen Nischen für sich beanspruchen. In der Folge stieg, entsprechend der Zahl der ökologischen Nischen, die Zahl der Säugetierarten. Es entstanden viele an verschiedene ökologische Bedingungen angepasste Arten. In einigen Fällen bildeten die Säugetiere konvergente Formen zu den ausgestorbenen Reptilien, da beide ja die gleichen ökologischen Nischen besetzten, allerdings zu geologisch verschiedenen Zeiten (siehe Abb. 60).

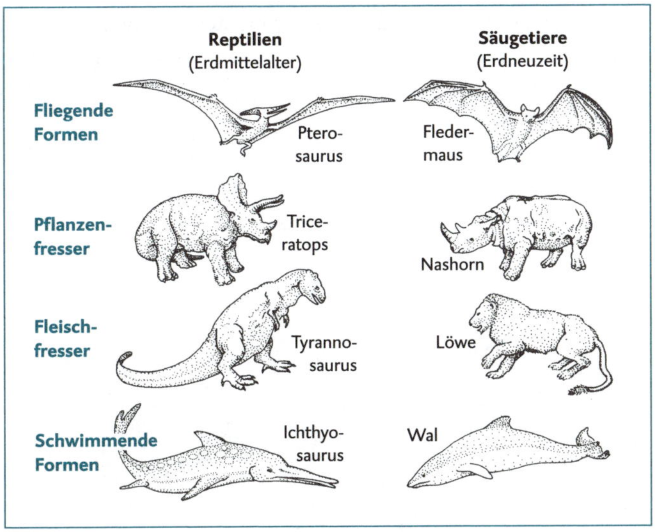

Abb. 60: Konvergente Formen bei Säugetieren und ausgestorbenen Reptilien

Zusammenfassung

- Der Begriff Biodiversität (biologische Vielfalt) beinhaltet die genetische Vielfalt der Individuen, die Vielfalt der Arten und die Vielfalt der Ökosysteme auf der Erde.
- Die Separation (geografische Isolation) ist ein Ereignis, das die Bildung neuer Arten auslösen kann.
- Die Bildung neuer Arten aus einer Stammart ist abgeschlossen, wenn sie voneinander reproduktiv isoliert sind und folglich zwischen ihren Populationen kein Genfluss mehr möglich ist.
- Bei Geschwisterarten geschah die Artspaltung in der Regel erst vor geologisch kurzer Zeit.
- Auf dem langen Weg der Artbildung kommt es zunächst zur Entstehung von Unterarten.
- Durch Polyploidisierung können neue Arten auch ohne vorangegangene Separation entstehen.
- Die Artentstehung ist mit der Anpassung an eine ökologische Nische (Einnischung) verbunden.
- Wenn zahlreiche freie ökologische Nischen zur Verfügung stehen, kann es zur adaptiven Radiation kommen. Sie geht von einer Art oder einer größeren systematischen Gruppe aus.

Aufgaben

123 In der folgenden tabellarischen Darstellung ist die Wirkung von Evolutionsfaktoren in knapper Form zusammengefasst.
Ergänzen Sie die mit Kennziffern versehenen, fehlenden Teile des Textes. Entscheiden Sie außerdem, ob der jeweilige Evolutionsfaktor zu einer Erhöhung der Angepasstheit führt oder nicht.

Evolutionsfaktor	Wirkung auf den Genpool	Erhöhung der Angepasstheit?
Selektion	unterschiedlicher Fortpflanzungserfolg erhöht oder verringert die Frequenz einiger ______ (1)	ja ☐ nein ☐
Mutation und Rekombination	Veränderung der Allelhäufigkeiten und Erhöhung der Zahl unterschiedlicher ______ (2)	ja ☐ nein ☐
______ (3)	Veränderung der Allelhäufigkeiten in einem kleinen Genpool aufgrund von Zufallsereignissen	ja ☐ nein ☐
Separation	Verhinderung des ______ (4) zwischen den Genpoolen der Teilpopulationen einer Art	ja ☐ nein ☐

Wirkung von Evolutionsfaktoren

124 Definieren Sie den populationsgenetischen Artbegriff.

125 Nennen Sie die Kriterien, die erfüllt sein müssen, damit zwei Gruppen von Individuen als Unterarten bezeichnet werden können.

126 Der Myrtenwaldsänger und der Audubonwaldsänger sind kleine Singvögel Nordamerikas. Früher galten sie als zwei Arten. Fachleute halten sie heute für zwei Unterarten einer einzigen Art (Kronwaldsänger).
Kreuzen Sie an, welche der unten angegebenen Erkenntnisse zu dieser Änderung der systematischen Einordnung geführt haben könnten.
Myrtenwaldsänger und Audubonwaldsänger …

☐ kommen im selben Gebiet vor.
☐ kreuzen sich in der Natur fruchtbar miteinander.
☐ sehen sich ähnlich genug, um in dieselbe Art gestellt zu werden.
☐ sind voneinander reproduktiv (fortpflanzungsmäßig) isoliert.
☐ leben in vollständig voneinander getrennten Gebieten.

127 Beschreiben Sie in Stichworten Ereignisse, die zur Separation (geografische Isolation) von Populationen führen können.

128 Einige Jahre, nachdem ein Grasland durch breite, stark befahrene Straßen in mehrere Gebiete zerteilt wurde, verglich man den Genpool von Populationen aus verschiedenen, durch die Straßen getrennten Bereichen.
Die Unterschiede zwischen den Populationen der Teilgebiete waren je nach Art der Organismen unterschiedlich stark ausgeprägt.
Kreuzen Sie an, bei welcher der unten genannten Arten man mit hoher Wahrscheinlichkeit die stärksten Unterschiede zwischen den Populationen der Gebiete fand, die durch die Straßen voneinander getrennt wurden.

- ☐ Mäuse
- ☐ windbestäubte Gräser
- ☐ Schnecken
- ☐ Fliegen
- ☐ Krähen
- ☐ Kaninchen

Begründen Sie Ihre Antwort.

129 Bei den Individuen zweier voneinander getrennter Populationen der gleichen Art ist über Generationen hinweg oft eine Veränderung der Merkmale in verschiedene Richtungen zu beobachten.
Erläutern Sie, welche Bedingungen und Vorgänge für diese Entwicklung verantwortlich sein können.

130 a Erklären Sie, wie es zur Entstehung von Geschwisterarten kommt.
b Nennen Sie zwei Beispiele für Geschwisterarten.

131 Angenommen, es bestehen drei Populationen A, B und C.

- Die Individuen der Population A pflanzen sich fruchtbar mit denen der Population B fort.
- Die Individuen der Population B pflanzen sich fruchtbar mit denen der Population C fort.
- Die Individuen der Population C können sich nicht fruchtbar mit denen der Population A fortpflanzen, obwohl beide im gleichen Gebiet vorkommen.

a Wie viele Arten liegen vor? Begründen Sie Ihre Antwort.

b Wie viele Arten liegen vor, wenn …
- die Population B restlos ausstirbt?
- die Population C restlos ausstirbt?

Begründen Sie Ihre Antworten.

132 Arten können auf verschiedene Weise voneinander reproduktiv isoliert sein. Nennen Sie drei Formen der reproduktiven Isolation und geben Sie jeweils ein Beispiel an.

133 Welche der folgenden Aussagen sind richtig? Kreuzen Sie an.

- ☐ Einnischung verhindert Konkurrenz zwischen den Arten eines Lebensraums.
- ☐ Konvergenz kann die Folge der Einnischung zweier Arten in ähnliche ökologische Nischen in voneinander getrennten Gebieten sein.
- ☐ Zwei ähnliche ökologische Nischen können nicht auf verschiedenen Kontinenten vorkommen.
- ☐ Die Zahl der in einem Lebensraum vorkommenden Organismenarten steht in einem ursächlichen Zusammenhang mit der Zahl seiner ökologischen Nischen.
- ☐ Für die Entstehung von konvergenten Formen sind ausschließlich Zufallsereignisse verantwortlich.
- ☐ Nach der Einnischung verschwindet die entsprechende ökologische Nische aus dem jeweiligen Lebensraum.

134 Beschreiben Sie die Vorgänge, die zu einer Einnischung führen können, wenn folgende Situation vorliegt:
- Durch Separation sind zwei Arten entstanden.
- Nach der Aufhebung der geografischen Trennung beanspruchen die beiden entstandenen Arten die gleiche ökologische Nische.
- Es sind freie ökologische Nischen vorhanden.

135 Kreuzen Sie an, welche der folgenden Aussagen den Begriff „adaptive Radiation“ am besten beschreibt.

- ☐ Aktives Umherstreifen von Tieren auf der Suche nach einer freien ökologischen Nische
- ☐ Vermehrung von Individuen, die eine ökologische Nische besetzt haben
- ☐ Aussterben von Arten

- [ ] Trennung der Population einer Art in mehrere Teilpopulationen
- [ ] Aufspaltung einer Stammart in zahlreiche neue Arten
- [ ] Erhöhung der Mutationsrate durch radioaktive Strahlung

136 Nennen Sie ein Beispiel für eine adaptive Radiation, die vermutlich nicht von einer einzigen Stammart ausging, sondern von einer kleinen Artengruppe.

137 Nehmen Sie Stellung zu folgender Aussage:
„Die heutigen Pferde, z. B. die Zebras, sind besser angepasst als die Urpferde im Tertiär (z. B. Hyracotherium = Eohippus)".

138 Beutelwolf und Dingo kamen eine Zeit lang nebeneinander in Australien vor. Beide Arten ernähren sich von den gleichen Beutetieren. Der Beutelwolf gehört zur ursprünglichen Fauna (Tierwelt), der Dingo, ein Wildhund, der nicht zu den Beuteltieren zählt, wanderte vor einigen Tausend Jahren aus Asien nach Australien ein. Der Beutelwolf ist dem Dingo an Körperkraft überlegen, der Dingo allerdings ist beim Nahrungserwerb erfolgreicher.

a Erläutern Sie, wie im Sinne DARWINS der *„struggle for life"* zwischen Beutelwolf und Dingo zu verstehen ist.

b Geben Sie eine mögliche Erklärung dafür, dass heute in Australien keine Beutelwölfe, sondern nur noch Dingos vorkommen.

c Die Dingos gelangten nie bis nach Tasmanien, einer großen Insel vor Australien. Beutelwölfe lebten dort, bis die weißen Siedler sie ausrotteten. Das letzte Tier wurde auf Tasmanien noch vor etwa 50 Jahren gesehen. Auf dem australischen Kontinent war der Beutelwolf schon lange Zeit vor der Entdeckung Australiens durch die Europäer ausgestorben.
Erläutern Sie, ob die bei Teilaufgabe b gegebene Erklärung durch die Tatsache, dass der Beutelwolf sich in Tasmanien sehr viel länger halten konnte als auf dem australischen Festland, bestätigt oder widerlegt wird.

6 Grippeviren und ihre evolutiven Veränderungsmöglichkeiten

6.1 Bau der Grippeviren und Abwehr durch das Immunsystem

Bau und Vermehrung der Grippeviren

Viren der Gattungen **Influenzavirus** A oder B (und selten auch C) sind Auslöser der **Influenza**, einer auch „echte" Grippe oder Virusgrippe genannten fiebrigen Infektionskrankheit des Menschen. Die Übertragung dieser Viren aus der Familie Orthomyxoviridae geschieht hauptsächlich über Tröpfchen-, Kontakt- und Schmierinfektion.

Wie alle Viren sind auch Grippeviren sehr einfach gebaut. Als zelluläre Parasiten zeigen sie so gut wie keine Kennzeichen des Lebendigen (siehe (1) S. 8 f.), weswegen ihre Stellung – wie die aller Viren – im biologischen System immer noch diskutiert wird. Die Influenzaviren vom Typ A sind besonders gut untersucht und zeigen folgenden Aufbau:

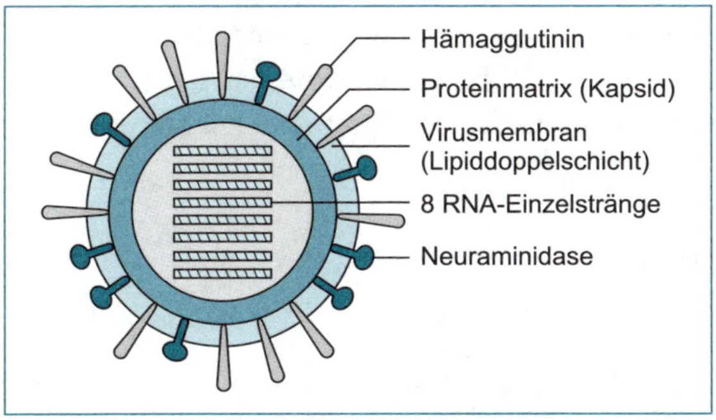

Abb. 61: Schematische Darstellung des Influenza-A-Virus

Innerhalb einer äußeren rundlichen Hülle, die von der aus einer Lipiddoppelschicht bestehenden **Virusmembran** gebildet wird, befindet sich die von einer **Proteinmatrix** (Kapsid) umgebene **Erbsubstanz** (siehe Abb. 61). Sie liegt als einzelsträngige RNA vor, von der acht **getrennte (segmentierte)** Moleküle existieren. Diese RNA codiert mehrere strukturelle Eiweiße (Hüll- und Strukturproteine) sowie replikationsrelevante Proteine. In die Lipidhülle sind **Oberflächenproteine** eingelagert, von denen vor allem **Hämagglutinin** (H) und **Neuraminidase** (N) von Bedeutung sind. Von ihnen sind 16 (H) bzw. 9 (N) unterschiedliche Ausprägungen bekannt. Sie spielen eine entscheidende Rolle bei der Verbreitung und Vermehrung des Virus: Hämagglutinin sorgt für die Bindung des Virus an die Wirtszelle, während die Neuraminidase dafür verantwortlich ist, dass neu gebildete Viren die Wirtszelle wieder verlassen

und weitere Wirtszellen infizieren können. Je nachdem, welche Kombination der beiden Oberflächenproteine vorliegt, werden einzelne Subtypen des Influenza-A-Virus unterschieden.
Bei der Infektion einer Wirtszelle mit einem Influenza-A-Virus können innerhalb sehr kurzer Zeit sehr große Mengen an Viruspartikeln entstehen. Die von der Erbsubstanz des Virus codierten H- und N-Oberflächenproteine werden von der Wirtszelle im Zytoplasma translatiert und mittels des Golgi-Apparates (siehe (1) S. 6) an die Zellmembran der Wirtszelle befördert. Dort werden die Viruspartikel zusammengebaut und ausgeschleust (Budding). Neben der schnellen Vermehrung sind die Influenza-A-Viren durch oft enorme Populationsgrößen gekennzeichnet.

Abwehr der Viren durch das Immunsystem

In den Organismus gelangte Influenzaviren stellen Fremdkörper dar, die vom menschlichen Immunsystem bekämpft werden. Dringen die Erreger in ihre Wirtszellen – z. B. in die Zellen der Nasenschleimhaut – ein, so produziert das Immunsystem über einen komplizierten, mehrstufigen, sich verstärkenden Prozess Abwehrstoffe, die **Antikörper**. Diese können die eingedrungenen Viren neutralisieren, da die Moleküle spezifisch auf die Proteinstrukturen in der Virusmembran, die sogenannten **Antigene**, abgestimmt sind (siehe Abb. 62).

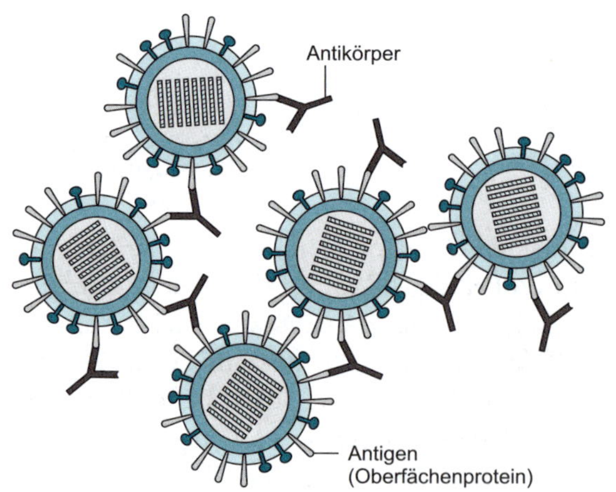

Abb. 62: Antigen-Antikörper-Reaktion beim Influenza-A-Virus

Durch die **Antigen-Antikörper-Reaktion** (eine Schlüssel-Schloss-Reaktion) verklumpen die Antikörper und die Viruspartikel miteinander. Die so entstandenen Komplexe aus Viren und Antikörpern können dann von Fresszellen be-

seitigt werden. Das Immunsystem „speichert" die Beschaffenheit der Oberflächenstrukturen einmal eingedrungener Viren in sogenannten Gedächtniszellen. Bei einer erneuten Infektion durch denselben Erreger kann das Immunsystem daher eigentlich schneller und intensiver mit der Bildung spezifischer Antikörper gegen diesen Eindringling reagieren und einen Krankheitsausbruch in der Regel verhindern.
Die Antigene der Influenzaviren verändern sich jedoch so schnell, dass dieses System ausgehebelt wird und es theoretisch zu einer raschen Neuinfektion mit den mutierten Erregern kommen kann.

6.2 Möglichkeiten evolutiver Veränderungen des Influenza-A-Virus

Antigendrift

Die virale RNA-Polymerase, die für die Replikation (siehe (1) S. 17 f.) der Virus-RNA verantwortlich ist, arbeitet nicht besonders genau und besitzt darüber hinaus keine Fehlerkorrektur- oder Reparaturfunktion. Daher weist die RNA der neu entstehenden Viren viele eigentlich falsch eingebaute Nukleotide auf. Die „Fehlerrate" der viralen RNA-Polymerase ist dabei ca. 1 000 Mal höher als bei der menschlichen DNA-Polymerase. Pro Virus-Generation verändert sich ca. ein Nukleotid, das heißt, es kommt zu einer **Punktmutation**. Die häufigen Veränderungen im genetischen Code tragen dazu bei, dass Influenza-A-Viren eine extrem hohe Evolutionsrate aufweisen, die sich in der Veränderung der Oberflächenproteine manifestiert. Schätzungen gehen davon aus, dass die Evolutionsrate des Virus eine Million Mal schneller ist als diejenige des Menschen.
Betreffen die Veränderungen diejenigen Nukleotidsequenzen, die für Hämagglutinin und Neuraminidase codieren, kann es zu einer Veränderung der Oberflächen-Antigene kommen. Diese minimalen **mutationsbedingten** Veränderungen in der Oberflächenstruktur von Hämagglutinin und Neuraminidase bezeichnet man als **Antigendrift**. Das Ergebnis dieses Vorgangs ist, dass die vom Wirtsorganismus produzierten Antiköper gegen die ursprünglichen Antigene nicht mehr binden können.

Gene reassortment

Bei Influenza-A-Viren mit ihrem segmentierten Genom kann es im Fall einer **Doppelinfektion**, also einer Infektion eines Organismus mit zwei nahe verwandten Virusvarianten, zum Austausch von Genomsegmenten kommen,

dem **Gene reassortment**. Infizieren die beiden Varianten die gleiche Wirtszelle, so erfolgt die gleichzeitige Replikation der einzelnen Teile beider Genome. Beim Zusammenbau der Viruspartikel kann es dann dazu kommen, dass die replizierten Genomsegmente der beiden ursprünglichen Influenza-A-Virusvarianten rekombiniert, das heißt neu kombiniert, werden. Dadurch entstehen sogenannte **Mosaik-Viren**.
Man unterscheidet dabei zwei Fälle:

- Erhält die Virenoberfläche durch die Neukombination des segmentierten Genoms ein neues Muster an Antigenen aus Hämagglutinin und Neuraminidase, spricht man von **Antigenshift**.
- Sind die antigenen Oberflächenstrukturen nicht von der Rekombination betroffen, sondern nur die Replikations-, Struktur- und Hüllproteine, so nennt man diese Art der Neukombination **Genshift**.

Dadurch, dass das Immunsystem die antigenen Oberflächenproteine der Influenza-A-Viren erkennt, übt es einen **Selektionsdruck** auf die Viren aus. Diesem Selektionsdruck wirken Antigendrift und Antigenshift entgegen. Die entsprechenden Veränderungen und auch die durch Genshift entstandenen neuen Merkmalskombinationen können für die mutierten Influenza-A-Viren einen **Selektionsvorteil** gegenüber nicht veränderten Viren bedeuten.

Zusammenfassung

- Die einfach gebauten Grippeviren haben durch Mutationsereignisse (Antigendrift) und Rekombination ihrer RNA (Gene reassortment durch Antigenshift und Genshift) einen Selektionsvorteil gegenüber dem Immunsystem ihrer Wirtsorganismen.

7 Verhalten, Fitness und Anpassung

In seinem Lehrbuch „Vergleichende Verhaltensforschung – Grundlagen der Ethologie“ aus dem Jahr 1978 definierte Konrad LORENZ diesen Teilbereich der Biologie wie folgt: „Sie besteht darin, auf das **Verhalten** von Tieren und Menschen alle jene Fragestellungen und Methoden anzuwenden, die in allen Zweigen der Biologie seit Charles DARWIN selbstverständlich sind.“ Damit verdeutlicht der Verhaltensforscher, dass auch evolutionsbiologische Überlegungen Grundlage einer vergleichenden Erforschung von Verhalten sein müssen. Fitness und Anpassung sind hier Schlüsselbegriffe in der Verhaltensanalyse.
Der Begriff der **Fitness** wird dabei allgemein auch mit den Begriffen Eignung, Anpassungs- bzw. Adaptions- und Selektionswert oder relative Überlebensrate gleichgesetzt bzw. beschrieben. Gemeint ist stets der gleiche Sachverhalt: Je „fitter“ ein Individuum ist, desto häufiger kommt sein Genotyp im Genpool (siehe S. 120 f.) seiner Art in der folgenden Generation vor. So werden z. B. Allele, die ihrem Träger Vorteile bei der Ausnutzung von Ressourcen, dem Fluchtverhalten oder der Attraktivität gegenüber dem Sexualpartner verschaffen, häufiger vererbt, als die weniger „fitten“ Allele seiner Konkurrenten. Um dies zu erreichen, muss das Individuum eine optimale **Anpassung** besitzen. Mit diesem Begriff ist zweierlei gemeint. Zum einen meint Anpassung den Prozess, in dem die Lebewesen im Lauf der Zeit in aufeinanderfolgenden Generationen von ihrer genetischen Ausstattung her an die herrschenden Umweltverhältnisse angepasst werden. Zum anderen ist damit aber auch das erreichte Ergebnis gemeint, der Zustand, in dem ein Lebewesen optimal in seinem Lebensraum existieren kann.

7.1 Kosten-Nutzen-Prinzip bei Konkurrenz um Ressourcen

Das Überleben einer Art und auch einzelner Individuen wird von der Existenz unterschiedlicher **Ressourcen** und der **Konkurrenz** darum bestimmt. Wohnraum, Nistmöglichkeit und geeignete Geschlechtspartner sind ebenso überlebenswichtig für eine Art wie die Menge und die Qualität der Nahrung, die unter den gegebenen Umweltbedingungen für die einzelnen Organismen zur Verfügung steht.
Tiere, die an ihren Lebensraum optimal angepasst sind, verhalten sich – beispielsweise bei der Auswahl ihrer Nahrung – nach dem **Kosten-Nutzen-Prinzip**. Je nach ihren Bedürfnissen verfolgen sie eine spezifische Strategie bei ihrer Ernährung. Untersuchungen zum Zusammenhang zwischen der aufgenommenen Nahrung und der Körpergröße einer gleichwarmen Tierart erbrachten

interessante Erkenntnisse. Die BERGMANN'sche Regel (siehe (1) S. 234) liefert dabei erste Anhaltspunkte für das erwartete Nahrungsverhalten. Größere Säugetiere strahlen über ihre im Vergleich zum Körpervolumen (cm^3) relativ geringe Körperoberfläche (cm^2) verhältnismäßig weniger entwertete Energie in Form von Wärme ab als kleinere. Dies hat Auswirkungen auf das Verdauungssystem, die Art der Nahrung und die aufgenommene Menge an Nahrung, die zum Überleben benötigt wird. Bei kleineren Spezies muss die Nahrung das Verdauungssystem möglichst schnell passieren, damit in relativ kurzer Zeit viel Energie für die Lebensprozesse gewonnen und damit dem erhöhten Energieverlust entgegengewirkt werden kann.

Beispiel

Als Beispiel soll hier die Kosten-Nutzen-Strategie verschiedener Antilopenarten dienen. Das Verdauungssystem kleiner Antilopen ist darauf ausgelegt, die aufgenommene Nahrung schnell zu verdauen. Aus diesem Grund nehmen die Tiere fast nur Nahrung auf, die zum einen sehr reich an Nährstoffen und zum anderen auch leicht verdaulich ist. Kleine Antilopenarten können es sich deshalb auch leisten, ihren Magen selbst bei einem Nahrungsüberangebot nur halb zu füllen. Dies ist größeren Antilopenarten nicht möglich. Sie müssen bei ihrem höheren absoluten Nahrungsbedarf auch Blätter- und Gräser-Nahrung verwerten können, deren Qualität und Energiegehalt gering ist. Den Ausgleich schaffen diese Tiere aber durch den Aufbau ihres Verdauungssystems. Ein großer, gekammerter Pansen gewährleistet bei ihnen eine langsame, aber höchst effektive Umsetzung der aufgenommenen Nahrung. Dies geht aber auf Kosten der Mobilität – und gegebenenfalls schneller Fluchtmöglichkeit – der größeren Antilopenarten. Sie müssen länger ruhen, um die Nahrung durch intensiveres Wiederkäuen effektiv ausnutzen zu können.

Diese Erkenntnis wird im JARMAN-BELL-Prinzip zusammengefasst: Bei Tierarten mit einem geringeren Körpergewicht muss das Futter, von dem sie sich bevorzugt ernähren, von hochwertiger Qualität und hohem Energiereichtum sein.

Bei Konkurrenz um begrenzte Ressourcen verhalten sich die Tierarten nach dem **Kosten-Nutzen-Prinzip**. Als Nahrung wird dabei nur das Futter aufgenommen, welches die **effektivste Energieausbeute** gewährleistet.

7.2 Fortpflanzungsstrategien

Die einem Individuum zur Verfügung stehenden Mittel und die gegebenen Möglichkeiten, diese Ressourcen einzusetzen, sind im Allgemeinen begrenzt. Trotzdem strebt jedes Individuum danach, seine **Fitness** zu optimieren, indem es **Strategien** verfolgt, die seinen **Fortpflanzungserfolg verbessern**. Diese Strategien können zum einen darin bestehen, möglichst viele Nachkommen zu produzieren. Eine derartige Vorgehensweise wird als **r-Strategie** bezeichnet. Auf der anderen Seite existiert auch die Möglichkeit, möglichst viel in eine geringe Nachkommenschaft und deren Aufzucht zu investieren, ein Verhalten mit der Bezeichnung **K-Strategie** (siehe S. (1) 248 f.).

Investment

Mit dem Begriff **(Eltern-)Investment** werden die Anstrengungen der Elternorganismen bezeichnet, die sie in die Überlebenschancen ihrer Nachkommen investieren. Da ihre genetische Ausstattung in den Nachkommen fortbesteht, gewährleisten die Elterntiere damit, dass ihre Gene auch tatsächlich an die folgenden Generationen weitergegeben werden. In vielen Fällen zeigt sich aber eine **Asymmetrie des Investments:** Theoretisch besteht für die Männchen beispielsweise die Möglichkeit, sich nach der Befruchtung des einen Weibchens dem nächsten zuzuwenden und keine Ressourcen in die Aufzucht der Jungen zu investieren. Dies ist z. B. häufig bei solchen Arten der Fall, bei denen sich die Männchen aufgrund des Paarungssystems (siehe S. 177 f.) nicht sicher sein können, dass sie die Väter „ihres" Nachwuchses sind. Bei Arten, bei denen sich die Väter intensiv an der Aufzucht des Nachwuchses beteiligen, ist häufig zu beobachten, dass die Männchen Maßnahmen ergreifen, um dafür zu sorgen, dass es sich auch tatsächlich um die eigenen Nachkommen handelt (z. B. Bewachung und Abschirmung des Geschlechtspartners). Die Weibchen hingegen können sich immer sicher sein, dass sie in ihre eigenen Gene investieren. Um ihr eigenes Investment aber möglichst gering zu halten, sind sie daran interessiert, sich mit Partnern zu paaren, die selbst möglichst viel in den Nachwuchs investieren, das heißt beispielsweise das Revier verteidigen, Schutz bieten und bei der Nahrungsbeschaffung mithelfen. Damit ist die Fortpflanzungsstrategie für Weibchen wie für Männchen eine komplexe Kosten-Nutzen-Abwägung.

> **Investment** in die Nachkommenschaft **erhöht** den **Fortpflanzungserfolg** und damit die Chance der Weitergabe der elterlichen Gene in die nachfolgende Generation. Dabei kann das Investment aber asymmetrisch sein.

Partnerwahl

Der Partnerwahl geht oftmals eine Balz mit Imponiergehabe und ritualisierten Verhaltenselementen voraus. Dabei ist vorausgesetzt, dass es mehrere potenzielle Sexualpartner gibt **(„Wahl")**. In der Regel sind es die **männlichen Individuen** einer Art, die um die „Gunst" der Weibchen balzen. Hierbei wird oftmals ein **Imponierverhalten** gezeigt, welches zum Anlocken eines Weibchens dient und das Männchen als möglichst geeigneten Sexualpartner erscheinen lassen soll. Dabei präsentiert das balzende Männchen in der Regel entweder seine Geschlechtsorgane, seine Waffen (z. B. Zähne, Geweih, Schnabel) oder auch auffälligen Körperschmuck (z. B. das prächtige Gefieder des Pfaus). Die Balz soll das umworbene Weibchen auf die Paarung einstimmen und für die Begattung bereitmachen.

Viele Elemente des von den Männchen eingesetzten Imponierverhaltens sind – vor allem bei Fischen, Reptilien und Vögeln – deutlich ritualisiert. Die spezifischen Handlungen haben dann die Aufgabe, als **sexuelle Auslöser** (Schlüsselreize) zu wirken und das Weibchen auf die Paarungen vorzubereiten. Derartige Schlüsselreize können Signale darstellen, die ursprünglich aus einem ganz anderen Verhaltensbereich stammen. So wird bei den Haubentauchern Nistmaterial präsentiert, aber nicht zum Nestbau verwendet. Diese **ritualisierte Handlung** aus dem Verhaltenskreis des Nestbaus ist im Laufe der Evolution dieser Vogelart zu einem **Signal** geworden, das im Rahmen der Balz die Paarungsbereitschaft signalisieren soll. Ritualisierte Signale werden bei der Balz von sehr vielen Tierarten eingesetzt und aus ganz unterschiedlichen Verhaltenskreisen entlehnt. So kann auch ursprüngliches Aggressionsverhalten in das Balzverhalten aufgenommen werden (z. B. beim Dreistachligen Stichling). Bei den Möwen und einigen Singvogelarten wird sogar das Bettelverhalten von Jungtieren als Signal beim Umwerben des Partners eingesetzt.

> Die **Wahl eines Sexualpartners** geht meist mit **Balzverhalten** einher, zu dem in aller Regel auch **ritualisierte Handlungen als sexuelle Auslöser** gehören.

Auch innerhalb einer Art kann es in Bezug auf das Balz- und das Paarungsverhalten unterschiedliche Strategien geben.

Beispiel

Bei den Ochsenfröschen lockt in der Paarungszeit die Mehrzahl der Männchen mit lauten Rufen weibliche Individuen an. In der Nähe eines rufenden Männchens kann man dabei oft auch weitere, sich still verhaltende kleinere Männchen beobachten. Sobald sich ein Weibchen dem rufenden männlichen Ochsenfrosch nähert, versuchen die kleineren Tiere, das paarungsbereite Weibchen zu bespringen, sich festzuklammern und sich zu paaren. Gelingt ihnen dies, können die Tiere aufgrund ihres veränderten Verhaltens (lautloses Verharren) und ihrer Standortwahl im Habitat (in der Nähe eines meist größeren und damit lautstärkeren Männchens) trotz einer vermeintlich verminderten Fitness zur Fortpflanzung kommen.

Paarungssysteme

Die Anzahl der Sexualpartner und das Verhältnis der an einer Paarung beteiligten Individuen untereinander können von Art zu Art sehr unterschiedlich sein. Grundsätzlich werden **Paarungssysteme** in zwei Gruppen eingeteilt: monogame Systeme und polygame Systeme.

- **Monogamie** liegt dann vor, wenn ein Weibchen und ein Männchen über eine Fortpflanzungsperiode hinweg **(saisonale Monogamie)** oder bis zum Tod des Partners verpaart sind **(„Dauerehe“)**. In diesen Fällen ist das Elterninvestment von Männchen und Weibchen oft relativ ausgeglichen.

  Beispiele: Biber, Füchse, Weißstörche, Kolkraben und Graugänse leben in einer solchen „Einehe“.

- Im Fall der **Polygamie** („Vielehe“) sind mehrere Individuen des einen Geschlechts mit einem oder mehreren Individuen des anderen Geschlechts verpaart. Dabei können drei Formen unterschieden werden:
  - **Polyandrie** („Vielmännerei“): Diese seltene Paarbildung liegt dann vor, wenn ein Weibchen mit mehreren Männchen zusammenlebt.

    Beispiele: Zu finden ist sie z. B. bei Insekten wie dem Wasserläufer und einigen Vogelarten (z. B. bei Goldschnepfen, Steißhühnern und Laufhühnchen).

  - **Polygynie** („Vielweiberei“): Sie ist die am häufigsten vorkommende Form eines Paarungssystems. Bei ihr lebt ein Männchen mit mehreren Weibchen zusammen

    Beispiel: Polygynie ist z. B. im Löwenrudel zu finden.

  - **Polygynandrie** („Promiskuität“): Bei dieser Form der Polygamie existiert keine feste sexuelle Bindung zwischen den Partnern. Weibchen und Männchen bilden eine Fortpflanzungsgruppe, wobei jedes der Mitglieder des einen Geschlechts sich mehrfach mit verschiedenen Gruppenmitgliedern des anderen Geschlechts paart.

    Beispiele: Diese Form des Paarungssystems ist bei den Großen Menschenaffen, Vögeln sowie Fischen und Reptilien verbreitet.

Partner **monogamer Arten** bleiben über einen längeren Zeitraum in Einehe zusammen. Bei **polygamen Arten** lebt ein Männchen mit mehreren Weibchen zusammen oder umgekehrt. Auch promiskuitive Paarungssysteme sind hier möglich.

Formen des Zusammenlebens von Individuen einer Art

Das Zusammenleben verschiedener Individuen einer Art kann ganz unterschiedlich gestaltet sein, bis hin zu komplizierten **Sozialsystemen** mit vielfältigen Interaktionen ihrer Mitglieder.

- **Zufällige Aggregation:** Die einfachste Form des Zusammenlebens stellt die zufällige Aggregation einzelner Individuen einer Art da. In diesen Fällen sind keine erkennbaren Interaktionen zwischen den Einzeltieren zu beobachten. Die Ansammlung kann durch besondere Gegebenheiten bedingt sein, wie z. B. eine Lampe, um die sich an Sommerabenden Insekten versammeln.
- **Anonymer Verband:** Die nächsthöhere Stufe im Zusammenleben der Individuen einer Art ist ein anonymer Verband. Hierbei lassen sich zwei Formen unterscheiden.
  - **offener anonymer Verband:** Viele Fischarten leben in Schwärmen. Einzelne Tiere können dabei den einen Schwarm verlassen und sich einem anderen Schwarm von Artgenossen anschließen. Ein individuelles Verhältnis der einzelnen Verbandsmitglieder untereinander besteht nicht. Derartige Verbände bieten „Schutz in der Masse", da sich Fressfeinde nicht auf einzelne Beute-Individuen konzentrieren können, sondern einer Masse gegenüberstehen.
  - **geschlossener anonymer Verband:** Die Mitglieder eines solchen Verbandes erkennen sich untereinander aufgrund spezifischer Signale, die jedes Mitglied aussendet. Ein bekanntes Beispiel ist der Bienenstock, in dem ein Volk zusammenlebt. Fremde Bienen, auch solche der gleichen Art, können nicht in den Stock gelangen. Sie werden am Flugloch aufgehalten, da ihnen der stockeigene Duft fehlt, den jedes Stockmitglied an sich trägt. Ein individuelles Erkennen liegt aber auch hier nicht vor. Jedoch kann es schon zu sozialen Interaktionen (Fütterung etc.) kommen.
- **Individualisierter Verband:** Ein individualisierter Verband ist erst dann gegeben, wenn sich die Mitglieder einer Gruppe als Einzelpersönlichkeiten kennen und miteinander sozial interagieren, wie dies bei sehr vielen Säugetier- und bei manchen Vogelarten (Hühnervögel) der Fall ist. Innerhalb individualisierter Verbände herrscht oft eine abgestufte Stellung der einzelnen Gruppenmitglieder; es bildet sich eine **Rangordnung** aus. Diese Form des

Zusammenlebens bietet den einzelnen Gruppenmitgliedern enorme Vorteile, nicht nur bei der gemeinsamen Nahrungssuche und Feindabwehr, sondern auch bei der Aufzucht des Nachwuchses, an der sich die gesamte Gruppe beteiligen kann. Evolutive Anpassungen innerhalb einer Art haben hier zu einem Sozialverhalten geführt, das bis zum menschlichen Zusammenleben als Möglichkeit der Interaktion innerhalb der Gesellschaft beibehalten und ausgebaut wurde.

Daneben existieren aber auch Anpassungen hin zu Interaktionen zwischen unterschiedlichen Arten, die in der Evolution begünstigt sind (siehe hierzu auch Symbiose, (1) S. 245 f.).

Das **Zusammenleben von Individuen einer Art** kann je nach Spezies sehr unterschiedlich ausgeprägt sein und von einem bloßen Nebeneinander bis zu einem Miteinander von sozial interagierenden Organismen reichen.

Koevolution

Fitness kann sich nicht nur intraspezifisch (innerartlich) auswirken. Es können sich aber auch Angepasstheiten mit Interaktionen zwischen unterschiedlichen Arten – also interspezifisch – ausbilden, die von der Evolution begünstigt sind. Eine besondere Form derartiger Anpassungen stellt die **Koevolution** dar. Hier beeinflussen sich unterschiedliche Organismengruppen (Arten oder größere systematische Einheiten) so stark, dass es zu einer gegenseitigen Abhängigkeit in der Evolution dieser Lebensformen kommt. Bei der Interaktion koevolutiv lebender Organismen erfolgt eine wechselseitige Anpassung, man spricht bei diesen Interaktionen von „reziprokem (wechselseitigem) evolutionärem Sichändern“. Zu den bekanntesten Beispielen zählt die Interaktion zwischen Blütenpflanzen und ihren Bestäubern:

Beispiel

Die Langzungen-Flughunde der Gattung *Macroglossus* sind dunkelaktive Fledermäuse mit gut ausgeprägtem Riechvermögen, kleinen, leichten Körpern und sehr langen Köpfen, in deren Kiefern das Gebiss zurückgebildet ist. Ihre Zungen sind ebenfalls äußerst lang, extrem beweglich und mit Haarpapillen versehen, die die Nektaraufnahme erleichtern. Die Nahrungsquellen der Flughunde stellen „Fledermausblumen“ dar, Pflanzen von unterschiedlichster systematischer Zugehörigkeit. Ihre großen, kräftig-robusten und in trüben, wenig auffälligen Farben gehaltenen Blüten sind leicht anzufliegen. Die Blütenstände befinden sich in der Regel entweder an langen Ästen herausgehoben angeordnet oder sind direkt auf dem Stamm angesiedelt. Eine starke Nektarabsonderung und ihr intensiver Duft sind charakteristisch für diese Nachtblüher. So wird aufgrund der spezifisch angepassten Anatomie sowohl der Flughunde als auch der Fledermausblumen immer dann Pollen aufgenommen, wenn die Fledermäuse sich vom Nektar der Pflanzen ernähren. Beim Besuch der nächsten Futterpflanze kann der Pollen übertragen und so die Fremdbestäubung der Fledermausblumen sichergestellt werden.

Das Beispiel zeigt deutlich, wie die beiden Partner in ihrer Lebensweise und ihrem Körperbau aufeinander abgestimmt sind. Beide Partner haben einen Vorteil von dieser Koevolution: Die Flughunde erhalten eine exklusive, reichhaltige Nahrungsquelle, deren Nutzung ihnen von keiner anderen Art streitig gemacht werden kann. Die „Fledermausblumen" haben durch die exklusive Nutzung der Flughunde als Bestäuber eine verlässliche Möglichkeit erhalten, ihren Pollen von einer Pflanze zur nächsten transportieren zu lassen. Beide Partner können so zusammen ihre Existenz sichern und eine Fortpflanzung gewährleisten.
Eine derartige wechselseitige Angepasstheit kann aber auch mit Gefahren verbunden sein: Würde *Macroglossus* theoretisch den einzigen Bestäuber der Fledermausblumen darstellen und die Fledermausblumen die einzige Nahrungsquelle von *Macroglossus*, so könnten die beiden Partner nicht ohne den jeweils anderen existieren. Sollte in diesem Fall einer der beiden Partner aussterben, so wäre der andere auch nicht mehr lebensfähig.

Koevolution ist die wechselseitige Anpassung im Zuge der sich gegenseitig beeinflussenden evolutiven Entwicklung unterschiedlicher Arten oder Artengruppen.

7.3 Verhaltensbeobachtungen

Um tierische (oder auch menschliche) Verhaltensäußerungen analysieren und im Zusammenhang mit der jeweiligen Situation bewerten zu können, ist es notwendig, das jeweils unter natürlichen Bedingungen gezeigte Verhalten so genau wie möglich zu dokumentieren. Zu diesem Zweck werden Protokolle erstellt, in denen das beobachtbare Verhalten möglichst genau beschrieben und aufgezeichnet wird. Diese werden zu sogenannten **Ethogrammen**, also zu Verhaltensinventaren/Verhaltenskatalogen möglichst aller Verhaltensweisen einer Tierart, zusammengefasst. Einen derartigen Katalog **unter natürlichen Bedingungen** aufzustellen ist meist nur unter Zuhilfenahme technischer Hilfsmittel möglich.

Beispiel

Die nächtlichen Wanderbewegungen von Füchsen können durch elektronische Halsbänder aufgezeichnet oder direkt übermittelt werden. Auf diese Weise ist es dann möglich, Bewegungsprofile der Tiere zu erstellen, die viele Funktionskreise des Verhaltens wie Beutefang, Nahrungsaufnahme, Revierverteidigung oder Brutpflege erfassen.

Ergänzend liefern Foto- und Videoaufnahmen des beobachtbaren Verhaltens weitere Hinweise auf die Interaktion eines Lebewesens mit seiner Umwelt. Komplexe Verhaltensweisen können so in einzelne Teilschritte zerlegt und vergleichend analysiert werden.

Beispiel

Als Beispiel soll hier das Balzverhalten verschiedener männlicher Entenarten dienen. Die einzelnen Ausdrucksbewegungen der verschiedenen Entenarten können mithilfe von Bildsequenzen identifiziert und anschließend vergleichend analysiert werden.

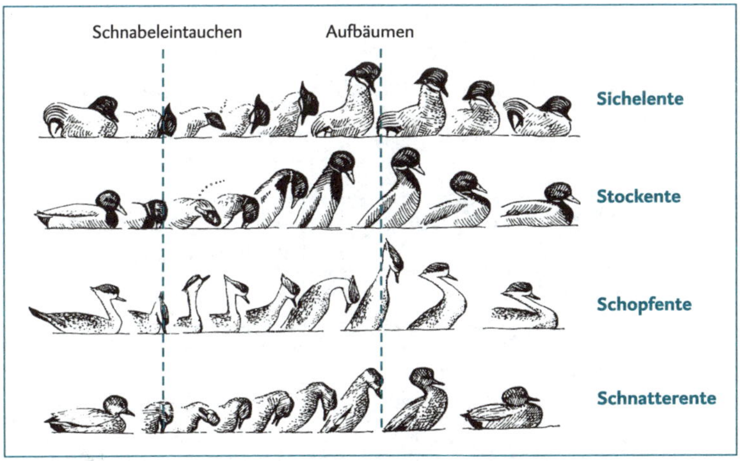

Abb. 63: Balzbewegungen verschiedener männlicher Entenarten

Der **Vergleich** von Verhaltensprotokollen sich entsprechender Verhaltensäußerungen unterschiedlicher Arten kann so nicht nur **Rückschlüsse** auf die Fitness und die Anpassung dieser Arten zulassen, sondern auch dabei helfen, **Verwandtschaftsbeziehungen** und evolutionäre Parallelen in der Stammesgeschichte der verglichenen Tiere aufzuzeigen.

Ethogramme sind Verhaltensinventare, die alle unter natürlichen Bedingungen gezeigten **Lebensäußerungen** einer Tierart umfassen und im zwischenartlichen Vergleich Verwandtschaftsbeziehungen aufzeigen können.

Zusammenfassung

- Nach dem JARMAN-BELL-Prinzip muss die Nahrung einer Tierart umso energiereicher und hochwertiger sein, je geringer das Gewicht der jeweiligen Tierart ausfällt.
- Partnerwahl und Paarung gehen meist Balzverhalten mit ritualisierten Handlungen (sexuelle Schlüsselreize als Auslöser) voraus.
- Bei Paarungssystemen unterscheidet man prinzipiell zwischen Monogamie (Einehe) und Polygamie (Vielehe).
- Je nach Tierart können Sozialsysteme vom anonymen Verband bis zur Gruppe mit individualisierter Sozialstruktur reichen.
- Die wechselseitige Anpassung einzelner Arten, bedingt durch gegenseitige Abhängigkeiten voneinander, bezeichnet man als Koevolution.
- Mithilfe von Verhaltensprotokollen können Ethogramme (Verhaltensinventare) einer Tierart erstellt werden.

Aufgaben

139 Die nachfolgende Tabelle gibt die Grundaussagen des JARMAN-BELL-Prinzips wieder. Erläutern Sie dieses Prinzip anhand der Aussagen in der Tabelle.

	Nährstoffbedarf insgesamt	Nährstoffbedarf pro kg Körpergewicht
großes Tier	hoch (reichliche Futteraufnahme)	gering (geringe Nahrungsqualität)
kleines Tier	gering (seltene Futteraufnahme)	hoch (hohe Nahrungsqualität)

140 Der menschliche Kuss wird sowohl beim Werben um den Partner als auch zur Festigung und Bekräftigung der getroffenen Wahl eingesetzt. Stellen Sie eine Hypothese darüber auf, aus welchem Verhaltenskreis diese ritualisierte Handlung stammen könnte.

141 Welche der folgenden Aussagen sind falsch? Kreuzen Sie an.

- ☐ Polygynie ist die häufigste Form der seriellen Monogamie.
- ☐ Vielehen stellen polygame Fortpflanzungssysteme dar.
- ☐ In monogamen Paarungssystemen kümmern sich in der Regel vor allem Männchen um die Brutpflege.

- [ ] Dauerehen sind monogame Paarungssysteme.
- [ ] Von den polygamen Fortpflanzungsstrategien ist die Polygynie im Tierreich die am wenigsten verbreitete.

142 Erläutern Sie, warum es biologisch sinnvoll ist, dass in individualisierten Verbänden eine Rangordnung besteht.

143 1862 schrieb Charles DARWIN in seinem „Orchideenbuch" über *Angraecum sesquipedale*, deren Nektarsporn zwischen 25 und 30 cm lang ist, dass es sich bei dem bis dahin unbekannten Bestäuber der Orchidee um ein Insekt handeln müsse, dessen Saugrüssel diese Länge besitze. Der entsprechende Schwärmer wurde Anfang des 20. Jahrhunderts entdeckt und erhielt den Namen *Xanthopan morgani praedicta* (lat. *praedictus*: vorhergesagt).
Erläutern Sie, wie DARWIN diese Vorhersage machen konnte, und bewerten Sie den Sachverhalt evolutionsbiologisch.

144 Als auf Mauritius die letzten dort lebenden Dronten (Dodos), flugunfähige, ca. 100 cm große Vögel, ausgestorben waren, keimten auf der Insel keine Samen des Kalvarienbaumes mehr aus. Die Nüsse waren Nahrungsgrundlage der Dronten. Man stellte fest, dass die Keimfähigkeit der Baumsamen nur nach einer Darmpassage durch das Verdauungssystem der Vögel gegeben war.
Erläutern Sie den hier möglicherweise zugrunde liegenden evolutionsbiologischen Sachverhalt.

145 Erläutern Sie, warum es bei der Erstellung von Ethogrammen darauf ankommt, dass die einzelnen zu beobachtenden Verhaltensweisen eines Tieres zum einen exakt definiert und zum anderen klar gegeneinander abgegrenzt sind.

146 Bei den Langzungen-Flughunden und den „Fledermausblumen" kann man das Phänomen der Koevolution beobachten.

- **a** Stellen Sie die koevolutiven Anpassungen bei den Langzungen-Flughunden und den „Fledermausblumen" tabellarisch einander gegenüber.
- **b** Stellen Sie kurz den jeweiligen Nutzen dar, den die beiden Partner von ihrer Verbindung haben.

8 Stammesgeschichte des Menschen

Grundlage der naturwissenschaftlichen Erklärung der Herkunft des Menschen ist der Vergleich seiner Merkmale mit denen bestimmter Fossilien und heute noch lebender Affen.

8.1 Stellung des Menschen im natürlichen System

System der Primaten

Der Mensch lässt sich zwanglos in das System der Tiere einordnen. Innerhalb der Wirbeltiere gehört er zur Klasse der Säugetiere. Dort bildet er zusammen mit den Affen und Halbaffen die Ordnung der **Primaten**. Gemeinsam mit …

- dem Orang-Utan (Asien),
- den Gorillas (Afrika, zwei Arten) und
- den Schimpansen (Afrika, zwei Arten)

wird der Mensch in die Familie der **Menschenaffen** (Hominidae) gestellt.

Abb. 64: Nicht-menschliche Menschenaffen. Von links nach rechts: Orang-Utan, Gorilla und Schimpanse

> Die nächsten Verwandten des Menschen sind der Orang-Utan, die Gorillas und die Schimpansen.

Die **Verwandtschaftsbeziehungen** zwischen dem Menschen und den übrigen Menschenaffen sind noch nicht zweifelsfrei geklärt. Der **anatomische Vergleich** und die **DNA-Analyse** ergeben unterschiedliche Stammbäume:

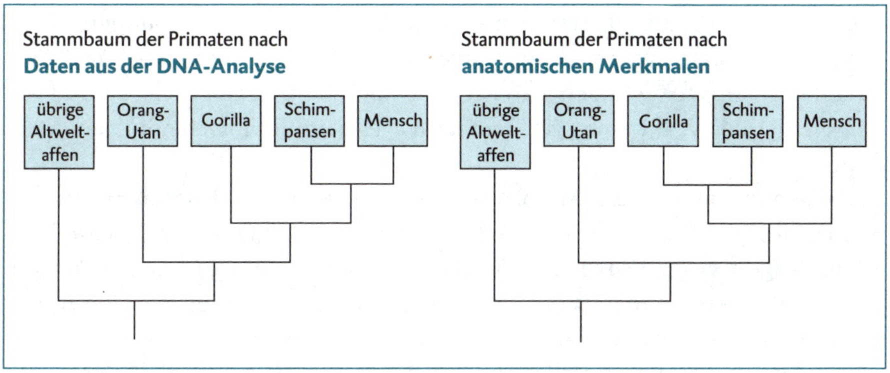

Abb. 65: Verwandtschaftsbeziehungen zwischen dem Menschen und den übrigen Menschenaffen nach genetischen (links) und nach anatomischen Analysen (rechts)

Alle heutigen Menschen gehören zur selben Art, *Homo sapiens*. Unterarten („Rassen“) gibt es nicht. Der Mensch und seine nächsten Verwandten gehören in die Großgruppe der **Altweltaffen** (Afrika und Asien). Die Altweltaffen lassen sich in zwei Gruppen unterteilen:

- die „Menschenartigen“, zu denen die Menschenaffen und die Gibbons zählen und
- die „Meerkatzenverwandten“ mit z. B. Pavianen, Meerkatzen und Makaken.

Nach anatomischen Merkmalen ist der Mensch am nächsten verwandt mit einer Gruppe innerhalb der Menschenaffen, die von den Schimpansen und den Gorillas gebildet wird. Aus den Daten von DNA-Analysen ergibt sich dagegen, dass der Mensch mit den Schimpansen näher verwandt ist als mit den übrigen Menschenaffen.

Die **Neuweltaffen** stellen eine Schwestergruppe der Altweltaffen dar. Sie ist auf Süd- und Mittelamerika beschränkt. In Australien gibt es weder rezente (heute lebende) noch fossile Affen. In Europa sind heute alle Affen ausgestorben, außer einer sehr kleinen Population in Gibraltar.

Veränderung von Merkmalen in der frühen Stammesgeschichte der Affen

Affen entstanden im Zuge der adaptiven Radiation (siehe S. 160 ff.) der Säugetiere aus bodenbewohnenden Insektenfressern, die einen guten Geruchssinn, aber nur wenig leistungsfähige Augen hatten. Mit der Anpassung an das Leben auf Bäumen traten Merkmale und Fähigkeiten auf, die sich später als wichtige Voraussetzungen (Präadaptationen, siehe S. 134) für die stammesgeschichtliche Entwicklung zum Menschen erwiesen.

Mit dem Lebensraum „Baum“ sind einige Besonderheiten verbunden: Er ist „dreidimensional“ (während die Bodenregion eher „zweidimensional“ ist), birgt die Gefahr, abzustürzen und hat viele Lücken zwischen Zweigen und Ästen, die bei der Wahl eines geeigneten Weges ständig Entscheidungen erfordern.

Im Folgenden sind einige **Anpassungstendenzen der Primaten** an den Lebensraum „Baum“ und ihre spätere Bedeutung für den Menschen dargestellt:

- Die **Augen vergrößern** sich. Für die Orientierung im Geäst ist der Sehsinn wesentlich effizienter als der Geruchssinn. Beim Menschen sind die Augen in der Regel die wichtigsten und leistungsfähigsten Sinnesorgane.
- Die **Augen verlagern** sich weiter nach vorne, sodass sich die beiden Sehfelder stark überlappen. Das ermöglicht bzw. verbessert das räumliche Sehen. Ein ausgeprägtes räumliches Sehvermögen ist günstig für das Abschätzen von Entfernungen beim Klettern und Greifen im Geäst und erlaubt zusätzlich u. a. ein geschicktes Hantieren mit Gegenständen unter Augenkontrolle.
- Das **Großhirn wird größer** und seine **Rinde faltet sich stärker**. Die dadurch vergrößerte Großhirnrinde ist günstig, um schnell entscheiden zu können, welcher Weg im Geäst eingeschlagen werden soll. Bei den nichtmenschlichen Menschenaffen und vor allem beim Menschen ermöglicht sie eine enorme Planungsfähigkeit (Intelligenz).
- Der Daumen und die große Zehe können abgespreizt und der Hand- bzw. der Fußfläche gegenübergestellt (opponiert) werden. Die Hände und Füße werden zu **Greiforganen**, die das Klettern sicherer machen. Durch den opponierbaren Daumen erhält der Mensch seine große handwerkliche Geschicklichkeit.
- Das **Gleichgewichtsorgan** und die Hirnbereiche, die die Körperlage kontrollieren und steuern, werden leistungsfähiger. Die feine Kontrolle der Körperlage ist günstig für Bewegungen im dreidimensionalen Lebensraum. Die Fortbewegung im Geäst stellt hohe Anforderungen an die Gleichgewichtssteuerung. Die genannten Anpassungen bilden auch die Voraussetzung für die komplizierte Kontrolle des Gleichgewichts im instabilen, zweibeinigen Stand, Lauf oder Sprung.

8.2 Vergleich der Anatomie des Menschen und der übrigen Menschenaffen

Der Mensch und die übrigen Menschenaffen ähneln sich in ihrem Körperbau sehr stark. Während sich seine nächsten Verwandten aber vorwiegend vierbeinig fortbewegen, ist der Mensch ein zweibeinig aufrecht laufender Bodenbewohner. Viele Merkmale, durch die wir uns von den übrigen Menschenaffen unterscheiden, stehen im Zusammenhang mit dem **aufrechten Gang**. Im Folgenden sind einige Unterschiede mit möglichen Erklärungsansätzen dargestellt.

Körperhaltung und Körperproportionen

Bei den nicht-menschlichen Menschenaffen ist der Oberschenkel im aufrechten Stand gegen die Wirbelsäule abgeknickt, beim Menschen dagegen bildet er mit der Wirbelsäule eine gerade Linie. In aufrechter Körperhaltung liegt der **Schwerpunkt** beim Menschen günstiger, sodass ein geringerer Kraftaufwand beim zweibeinigen Gang erforderlich ist. Die Arme der nicht-menschlichen Menschenaffen sind länger als die Beine. Beim Menschen dagegen sind die Größenverhältnisse umgekehrt. Die langen Beine ermöglichen die große Schrittweite des Menschen, beim Menschenaffen lassen die langen Arme eine größere Greifweite beim Hangeln in den Bäumen zu.

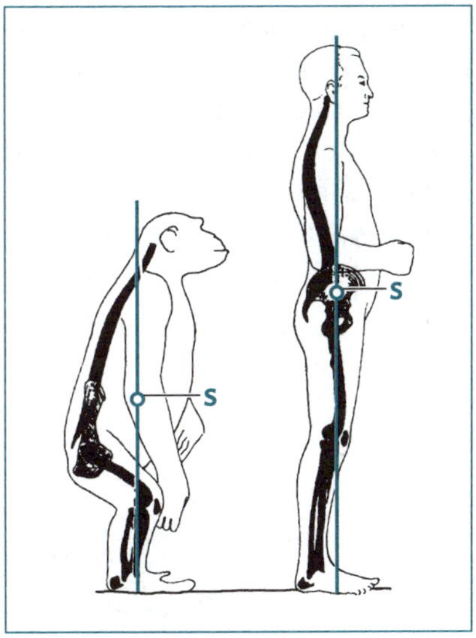

Abb. 66: Lage des Schwerpunktes bei aufrechter Körperhaltung (links: Schimpanse; rechts: Mensch)

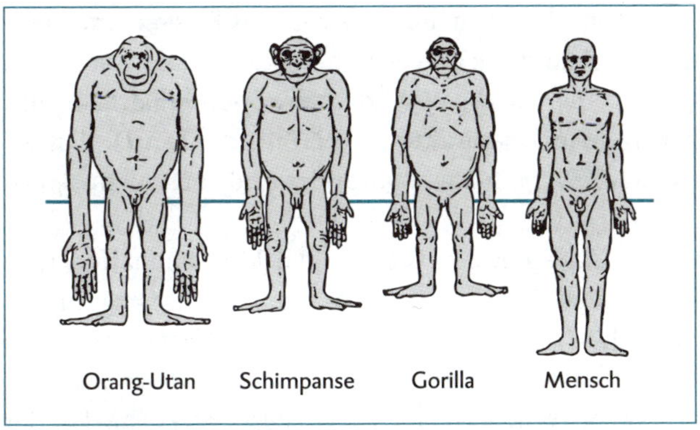

Abb. 67: Körperproportionen bei den nicht-menschlichen Menschenaffen und beim Menschen

Wirbelsäule und Becken

Die **Wirbelsäule** der nicht-menschlichen Menschenaffen ist gerade oder bogenförmig gestaltet, beim Menschen dagegen **doppelt-S-förmig** (siehe Abb. 66). Dadurch kann sie beim aufrechten Gang (vor allem beim schnellen Laufen und bei Sprüngen) die Last des Kopfes und Rumpfes gut abfedern.
Das **Becken** des Menschen ist breit und schüsselförmig, das der übrigen Menschenaffen dagegen lang und schmal. Beim Menschen wirkt das Becken wie eine tragende Schüssel für die beim aufrechten Stand in der Körperlängsachse nach unten gerichtete Last der Eingeweide. Bei den anderen Menschenaffen hingegen trägt die Bauchdecke den größten Teil des Gewichts der Eingeweide. Die Öffnung im Becken, die den **Geburtskanal** bildet, ist beim Menschen viel weiter als bei seinen nächsten Verwandten. Die weite Beckenöffnung stellt eine Anpassung an den großen Kopfdurchmesser menschlicher Neugeborener dar, der durch das große Gehirnvolumen bedingt ist.

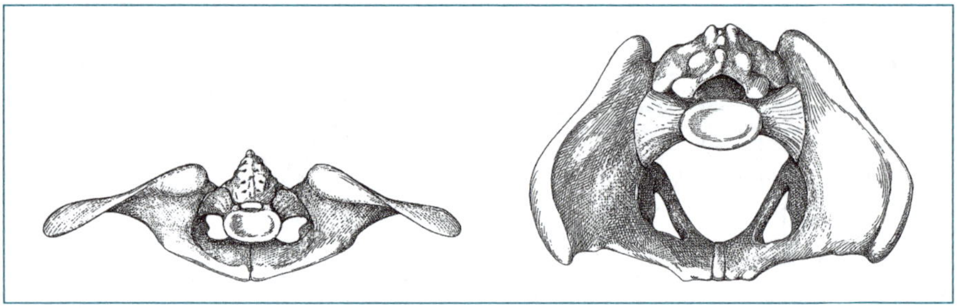

Abb. 68: Das Becken eines Schimpansen (links) und eines Menschen (rechts); Ansicht von oben

Hände und Füße

Bei den nicht-menschlichen Menschenaffen liegt die Last des Körpers im zweibeinigen Stand auf der äußeren Fußkante (Zwei-Punkt-Stand). Die erste Zehe auf der Innenseite, die große Zehe, ist abgespreizt und opponierbar. Der Fuß des Menschen dagegen hat drei Auflagepunkte **(Drei-Punkt-Stand)**. Außerdem ist er gewölbt. Seine erste Zehe ist nicht abgespreizt und auch nicht opponierbar.
Durch die opponierbare erste Zehe können die übrigen Menschenaffen hervorragend mit den Füßen greifen. Das erleichtert ihnen die Bewegung im Geäst der Bäume. Beim Menschen bringt der Stand auf drei Punkten des Fußes mehr Stabilität. Vor allem ist es leichter möglich, auf nur einem Bein zu stehen. Das bringt eine höhere Standsicherheit in der Phase des Gangs, in der der Körper nur auf einem Fuß ruht. Das **Fußgewölbe** federt die Last des Körpers beim Gehen und Springen ab.

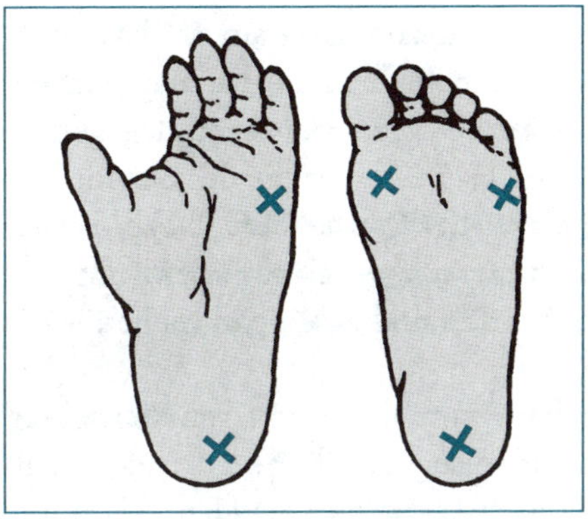

Abb. 69: Fuß eines Gorillas (links) und eines Menschen (rechts) mit Auflagepunkten

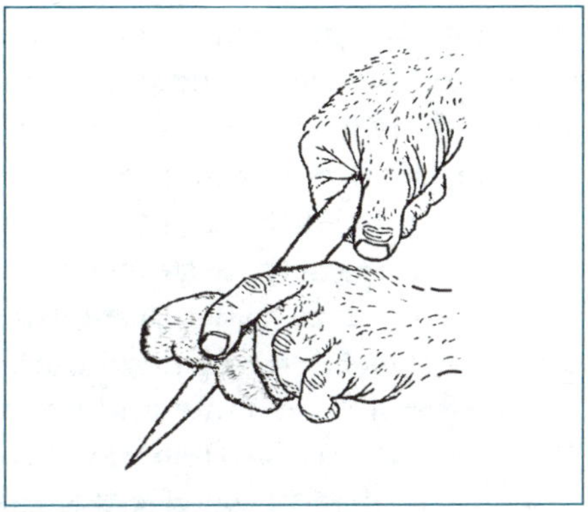

Abb. 70: Der Präzisionsgriff des Menschen ist die Voraussetzung für sein handwerkliches Geschick.

Die nicht-menschlichen Menschenaffen haben nur einen kurzen Daumen. Er kann daher den übrigen Fingern nur unvollkommen gegenübergestellt werden. Der Daumen des Menschen dagegen ist lang, sehr beweglich, kräftig und sehr gut gegen alle Finger opponierbar. Dadurch wird der feste, aber gefühlvolle **Präzisionsgriff** möglich, der unter anderem für die große handwerkliche Geschicklichkeit des Menschen verantwortlich ist. Die leistungsfähige, geschickte Hand ist besonders vorteilhaft, weil sie durch den aufrechten Gang für die Fortbewegung nicht erforderlich und daher für andere Aufgaben frei ist. Sie kann also zu jeder Zeit, sowohl in Ruhe als auch während des Laufens eingesetzt werden.

Schädel

Der **Schädelinnenraum** der nicht-menschlichen Menschenaffen ist mit ca. 500 ml viel kleiner als der des Menschen mit ca. 1 500 ml. Das große Gehirn, das das Innere des Schädels fast ganz ausfüllt, ermöglicht eine hohe Intelligenz. Diese zeigt sich unter anderem in einer stark ausgebildeten Fähigkeit, zu planen und differenziert und flexibel auf verschiedene Situationen zu reagieren.

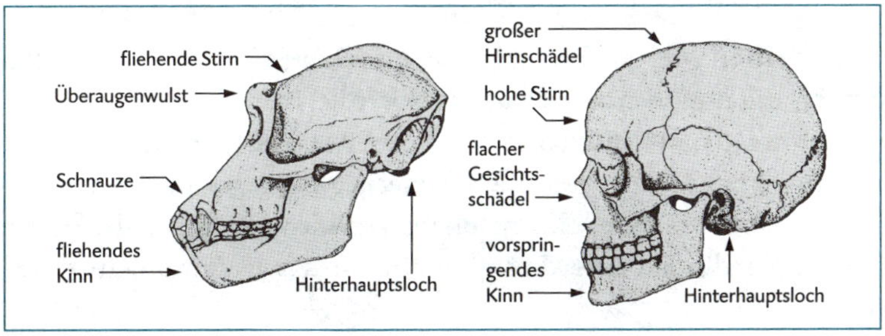

Abb. 71: Schädel von Schimpanse (links) und Mensch (rechts)

Das **Hinterhauptsloch**, die Eintrittsstelle des Rückenmarks am Auflagepunkt des Schädels auf der Wirbelsäule, liegt bei den nicht-menschlichen Menschenaffen im hinteren Bereich des Schädels; beim heutigen Menschen dagegen im Zentrum der Schädelunterseite (siehe Abb. 71). Bei uns ruht der Schädel bei aufrechter Körperhaltung gut ausbalanciert auf der Wirbelsäule. Daher ist nur eine relativ schwach ausgebildete Nackenmuskulatur erforderlich, um den Schädel aufrecht zu halten. Orang-Utans, Gorillas und Schimpansen benötigen dazu eine stärkere Nackenmuskulatur.
Der Mensch hat eine **steile und hohe Stirn**, während die übrigen Menschenaffen eine sehr flache, **fliehende Stirn** aufweisen. Die hohe Stirn des Menschen ist als Erweiterung des Hirnraums nach vorne zu verstehen, als Raum für die Vergrößerung des Gehirns durch „Überbauung" des Hirnschädels über den Augenbereich.
Der **Gesichtsschädel** der nicht-menschlichen Menschenaffen wölbt sich in Form einer **Schnauze** vor. Beim Menschen ist der Gesichtsschädel hingegen relativ flach. Der Oberkiefer (Schnauzenteil) ist beim Menschen unter den Hirnschädel verlagert. So rückt der Schwerpunkt des Kopfes weiter Richtung Schädelmitte, also näher zum Auflagepunkt, wodurch der Kopf bei aufrechter Körperhaltung besser ausbalanciert werden kann. Ein vorspringender Gesichtsschädel würde dem Schädel ein Übergewicht nach vorne verleihen, sodass eine stärkere Nackenmuskulatur erforderlich wäre, um zu verhindern, dass er Richtung Brust kippt.
Während die **Überaugenwülste** bei Orang-Utan, Gorilla und Schimpanse stark ausgeprägt sind, sind sie beim Menschen in der Regel nur sehr schwach ausgebildet. Die Überaugenwülste der nicht-menschlichen Menschenaffen stellen Verstrebungen dar, die den auf den Gesichtsschädel wirkenden Kaudruck auffangen. Beim Menschen sind die Überaugenwülste reduziert, da der Kaudruck durch die Verlagerung des Oberkiefers unter den Hirnschädel besser auf den Schädel abgeleitet wird. Außerdem „verdeckt" der Knochen des Hirnschädels im Stirnbereich einen Teil der vorhandenen Überaugenwülste.

Gebiss

Die **Backenzahnreihen** der nicht-menschlichen Menschenaffen verlaufen parallel **U-förmig**, die des Menschen **parabelförmig**. Durch die Verlagerung des Oberkiefers unter den Hirnschädel wird der Platz für die Backenzähne knapp. Wie eng der Raum ist, zeigen die Schwierigkeiten, die uns Weisheitszähne bereiten können. Die Parabelform bietet verhältnismäßig mehr Raum für Zähne als eine geradlinige Anordnung, wodurch das Platzproblem etwas gemildert wird.

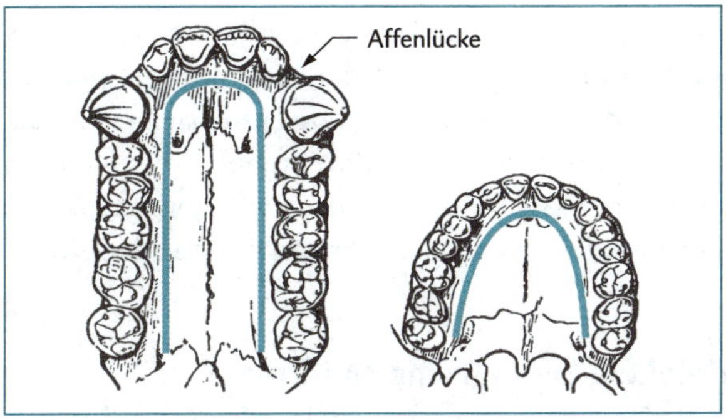

Abb. 72: Oberkiefer eines nicht-menschlichen Menschenaffen (links) und eines Menschen (rechts)

Die Zahnreihen der nicht-menschlichen Menschenaffen werden von einer charakteristischen Lücke unterbrochen, die man als **Affenlücke** bezeichnet. Sie liegt im Oberkiefer zwischen Schneide- und Eckzähnen, im Unterkiefer zwischen Eck- und Backenzähnen. Der Mensch hat keine charakteristische Zahnlücke, seine Zahnreihen sind in der Regel geschlossen. Bei Orang-Utan, Gorilla und Schimpanse ist die Lücke zwischen den Zähnen erforderlich, um das Maul trotz der großen dolchartigen Eckzähne vollständig schließen zu können. Die **Eckzähne** liegen bei geschlossenem Maul in den Zahnlücken. Beim Menschen dagegen sind die Eckzähne kaum länger als die Schneidezähne. Die Reduktion der Eckzähne ist für den Menschen vorteilhaft, da der nicht mehr beanspruchte Raum von den Backenzähnen besetzt werden kann.

Unterkiefer

Beim Kauen können sehr starke, einseitig wirkende Kräfte auftreten (Scherkräfte), die die Unterkieferäste belasten. Um zu verhindern, dass sie bei einseitigem Kaudruck gegeneinander verschoben werden, muss die Verbindung zwischen den beiden Hälften des Unterkiefers sehr fest sein. Bei den nicht-menschlichen Menschenaffen wird dies durch eine horizontale Verbindung, die sogenannte **Affenplatte**, gewährleistet (siehe Abb. 73).

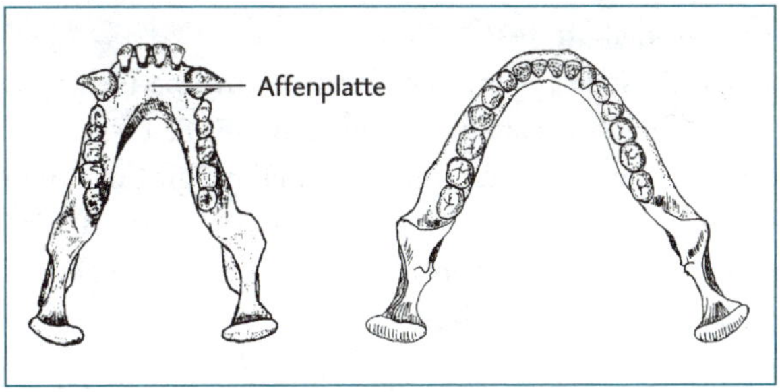

Abb. 73: Unterkiefer von Schimpanse (links) und Mensch (rechts)

Beim Menschen würde eine Affenplatte nach der Rückverlagerung des Kiefers unter den Hirnschädel zu viel Platz in Anspruch nehmen. Das **vorspringende Kinn**, ein charakteristisches Merkmal des menschlichen Unterkiefers, ist als Leiste zu verstehen, die die beim Menschen fehlende Affenplatte ersetzt. Es erhöht die Festigkeit der Verbindung zwischen den beiden Unterkieferästen. Den Menschenaffen fehlt diese Knochenleiste, sie haben ein **fliehendes** Kinn.

8.3 Zytologische und molekularbiologische Merkmale

Die enge Verwandtschaft zwischen dem Menschen und den übrigen Menschenaffen, die trotz der besprochenen Unterschiede besteht, lässt sich auch durch zytologische und biochemische Merkmale belegen: Orang-Utan, Gorilla und Schimpanse haben **48 Chromosomen** ($2n = 48$), der Mensch **46** ($2n = 46$). Alle Chromosomen der nicht-menschlichen Menschenaffen stimmen in ihrer Feinstruktur mit der des Menschen überein. Die unterschiedliche Chromosomenzahl lässt sich dadurch erklären, dass zwei kleine Chromosomen der nicht-menschlichen Menschenaffen beim Menschen zu einem großen „verschmolzen" sind (Chromosom Nr. 2).

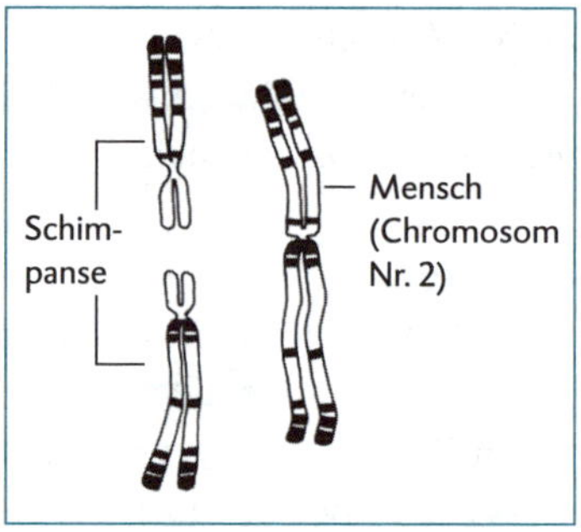

Abb. 74: Einander entsprechende Chromosomen des Schimpansen und des Menschen

Serologische Untersuchungen (siehe S. 107 f.) und die **Aminosäuresequenzanalyse** (siehe S. 104 ff.) vergleichbarer Proteine (z. B. aus dem Hämoglobin) des Menschen und seiner nächsten Verwandten ergeben nur sehr geringe Unterschiede. Alle Menschenaffen sind sich in ihrer **immunologischen Ausstattung**, z. B. in der Art der Antigene ihrer Zellen, sehr ähnlich. Auch die Blutgruppen des AB0-Systems sind gleich. Die Ergebnisse der Analyse der **Basensequenz der DNA**, wie auch die der DNA-Hybridisierung (siehe S. 108 f.), zeigen eine enge Verwandtschaft des Menschen vor allem zu den afrikanischen Menschenaffen (Schimpansen und Gorillas), am nächsten ist sie zu den Schimpansen (siehe Abb. 65, S. 185). Untersucht wurde unter anderem eine Basensequenz eines der Hämoglobin-Gene sowie die DNA der Mitochondrien (mtDNA). Alle Daten weisen darauf hin, dass die letzten gemeinsamen Vorfahren von Menschenaffen und Mensch vor ca. **5 Millionen Jahren** (also im oberen Tertiär) lebten.

8.4 Fossilgeschichte des Menschen

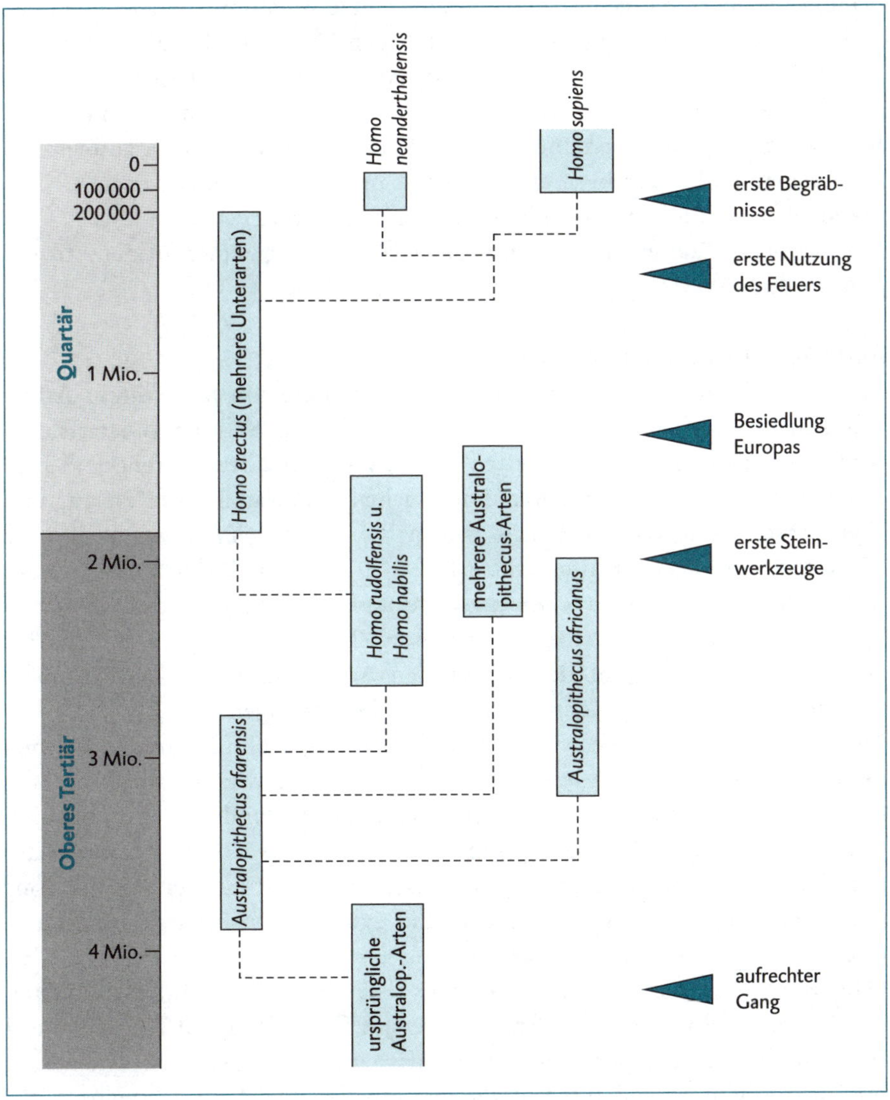

Abb. 75: Mögliche Stammbaumvariante des Menschen

Aus Fossilfunden geht hervor, dass die stammesgeschichtliche Entwicklung, die zur Entstehung des heutigen Menschen führte, vor etwa 5 Mio. Jahren begann. Die Fossilien lassen sich so anordnen, dass Entwicklungstendenzen und Abstammungsverhältnisse relativ deutlich werden. Wegen der geringen Zahl

und des häufig schlechten Erhaltungszustands der Fossilien sind die Verwandtschaftsbeziehungen in einigen Bereichen des Stammbaums jedoch noch nicht geklärt. Alle Stammbaumschemata haben Lücken und sind als vorläufig zu betrachten. Neue Funde machen häufig Änderungen erforderlich.
Alle fossilen Arten der Gattungen *Australopithecus* und *Homo* hatten parabelförmige Backenzahnreihen und kleine Eckzähne. Sie liefen ständig aufrecht auf zwei Beinen und lebten in offenen und halb offenen Graslandschaften Afrikas, die von Bäumen und Büschen durchsetzt waren (Savannen).
Ein mögliches Stammbaumschema ist in vereinfachter Form in der Abb. 75 dargestellt.

Australopithecus-Gruppe (Vormenschen)

Vor etwa 4 bis 1,5 Millionen Jahren lebten mehrere *Australopithecus*-Arten. Das geht aus Fossilien hervor, die fast ausschließlich in Süd- und Ostafrika gefunden wurden. Dort durchstreiften diese **„Vormenschen"** offene und halb offene Landschaften (Savannen) auf der Suche nach pflanzlicher Nahrung und Kleintieren. Im Bau des Schädels zeigen die *Australopithecinen* noch viele Merkmale von Menschenaffen (siehe Tab. 5, S. 199.), im Skelett unterhalb des Halses dagegen ähneln sie schon der Gattung *Homo*. Einige Arten gehören zu blind endenden Seitenzweigen des menschlichen Stammbaums. Sie starben aus, ohne Nachfahren hinterlassen zu haben. Andere dagegen bilden Gruppen, aus denen Vorfahren des heutigen Menschen hervorgingen.
Besonders aufschlussreich waren die zum Teil ungewöhnlich umfangreichen Funde von *Australopithecus afarensis* in Tansania und Äthiopien. Ihr Alter liegt bei ca. 3,7 bis 2,9 Mio. Jahren. Überreste von über 100 Individuen stehen den Fachleuten heute zur Verfügung. Ein Glücksfall für die Wissenschaft war der Fund von **„Lucy"** in Äthiopien, da in diesem Fall nicht nur der Schädel, sondern auch sehr viele Teile des Körper- und Extremitätenskeletts eines Individuums erhalten waren. Die Beinknochen und das Becken ließen z. B. den Schluss zu, dass *Australopithecus afarensis* ständig aufrecht auf zwei Beinen lief. Diese Annahme konnte durch einen erstaunlichen Fund in Laetoli (Tansania) bestätigt werden: Dort sind in vulkanischer Asche die später versteinerten **Fußspuren** von *Australopithecus afarensis* erhalten. Die Abdrücke zeigen, dass er nicht auftrat wie ein nicht-menschlicher Menschenaffe, sondern dass seine Füße denen des Menschen sehr ähnelten.

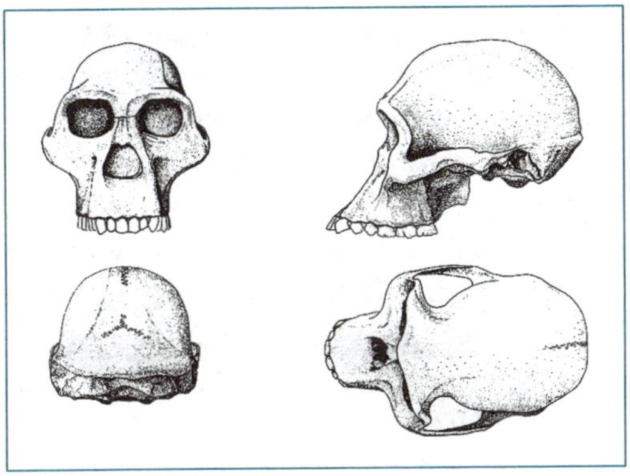

Abb. 76: *Australopithecus:* Schädelskelett (links) und Fußspuren von Laetoli (rechts)

Nach Ansicht einiger Fachleute entstanden aus *Australopithecus afarensis* durch Artspaltung sowohl weitere *Australopithecus*-Arten als auch die ersten Vertreter der Gattung *Homo*. Diskutiert wird aber auch die Entstehung von *Homo*-Arten durch eine Artumwandlung (siehe S. 159).

Homo-rudolfensis-Gruppe (frühe *Homo*-Formen)

Die ältesten Vertreter der Gattung *Homo* stammen aus Ostafrika (Kenia, Tansania). *Homo rudolfensis* (vor ca. 2,5 bis 1,8 Mio. Jahren) und *Homo habilis* (vor ca. 2 bis 1,5 Mio. Jahren) lebten in der Savanne und ernährten sich von Pflanzen, Kleintieren und vermutlich auch von Aas. Sie waren bereits in der Lage, einfache Steinwerkzeuge herzustellen. Dazu zerschlugen sie Steine, sodass scharfkantige Bruchstücke entstanden. Diese bezeichnet man als **„pebble tools"**.

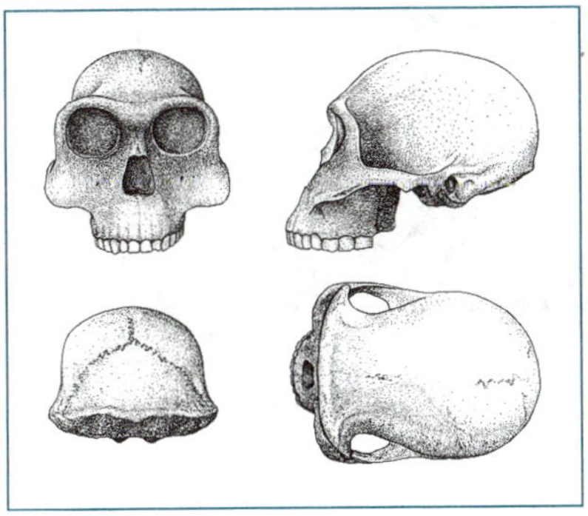
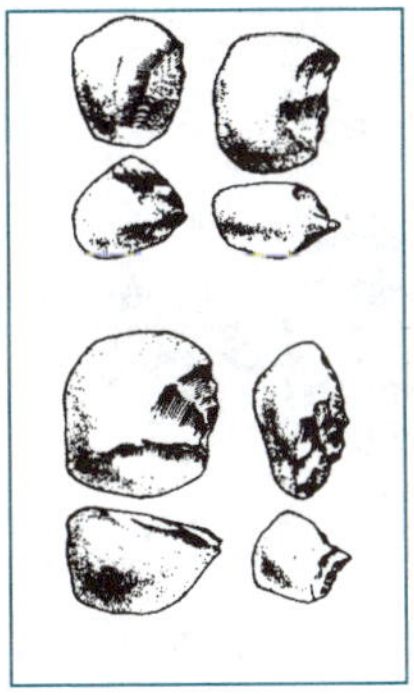

Abb. 77: Schädel von *Homo habilis* (links) und Steinwerkzeuge (rechts)

Diese Geröllgeräte waren dazu geeignet, große Säugetiere zu zerlegen. Mit ihren scharfen Kanten ließ sich die zähe Haut öffnen, um an die Innereien und das Muskelfleisch heranzukommen. Vermutlich wurden aber hauptsächlich bereits tote Tiere verzehrt, da man mit pebble tools im Normalfall keine großen Beutetiere erlegen kann. Wegen der Möglichkeit, Aas zu nutzen, lag der Fleischanteil der Nahrung bei *Homo rudolfensis* und seinen nahen Verwandten wahrscheinlich höher als bei *Australopithecus*. *Homo rudolfensis* entstand wahrscheinlich aus *Australopithecus afarensis*, entweder durch Artspaltung oder Artumwandlung. *Homo habilis* ging vermutlich durch Artspaltung aus *Homo rudolfensis* hervor.

Homo-erectus-Gruppe (Frühmenschen)

Die wichtigsten Fundorte von Fossilien des *Homo erectus* liegen in Ostafrika, Südasien (Java), Ostasien (China) und Europa (z. B. Heidelberg). Diese **„Frühmenschen"** stellten Faustkeile her, das sind Steinwerkzeuge, die in mehreren Arbeitsgängen gezielt auf ihre Verwendung hin bearbeitet wurden.
Homo erectus lebte als Sammler und machte **Jagd** auf große Säugetiere. Möglich wurde das durch die leistungsfähigen Steinwerkzeuge und die ersten Fernwaffen wie Speere und Lanzen. Sehr wahrscheinlich führte das dazu, dass er sich in noch stärkerem Maße von Fleisch ernährte als *Homo rudolfensis*. Zumindest einige Unterarten, eventuell sogar alle, nutzten das **Feuer**.

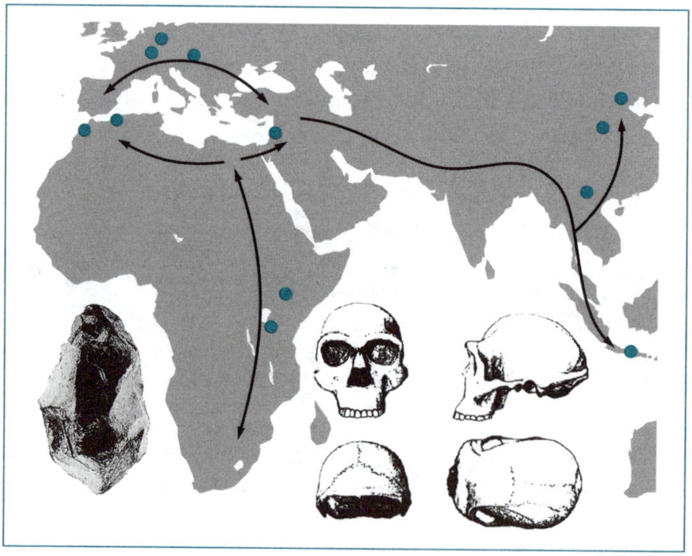

Abb. 78: *Homo erectus*: Schädel, Steinwerkzeug, Verbreitung (Pfeile) und Fundorte (**farbige** Punkte)

Homo erectus trat in mehreren lokalen Unterarten auf. Nicht geklärt ist, ob er sich durch Artumwandlung oder Artspaltung aus *Homo rudolfensis* gebildet hat. Gesichert ist aber, dass er in Ostafrika entstand und sich von dort aus, vor ca. 1,8 Mio. Jahren, nach Asien und Europa ausbreitete (erste Auswanderung der Gattung *Homo* aus Afrika). Wie sich der *Homo sapiens* aus *Homo erectus* entwickelt hat, wird zurzeit kontrovers diskutiert.

Homo neanderthalensis und *Homo sapiens*

Die Fossilien des **Neandertalers** *(Homo neanderthalensis)* haben ein Alter zwischen 200 000 und 30 000 Jahren. Die Fundorte liegen in Europa, unter anderem im Neandertal bei Düsseldorf, und in Vorderasien. Er lebte als Jäger und Sammler. An das Leben im kalten **Eiszeitklima** war er gut angepasst: *Homo neanderthalensis* war ein kompakt und gedrungen gebauter Mensch mit dickwandigen Knochen und sehr starker Muskulatur. Sein Körpergewicht lag deutlich höher als bei gleich großen heutigen Menschen, es betrug etwa 80 kg bei einer Größe von ca. 1,60 m. Einen Selektionsvorteil brachte vor allem die im Verhältnis zum Körpervolumen relativ geringe Oberfläche des kleinen, aber massigen Körpers, da dadurch die Wärmeabgabe reduziert war (siehe Klimaregeln (1) S. 234 f.). Vielfältige, fein bearbeitete Geräte lassen auf eine **hohe Werkzeugkultur** schließen. Die Steinwerkzeuge sind von denen des modernen Menschen *(Homo sapiens)* häufig nicht zu unterscheiden. An einigen Fundorten konnte man außerdem die **Bestattung von Toten** nachweisen. Man darf daher vermuten, dass die Neandertaler an ein Leben nach dem Tode glaubten, dass sie also bereits religiöse Vorstellungen hatten.

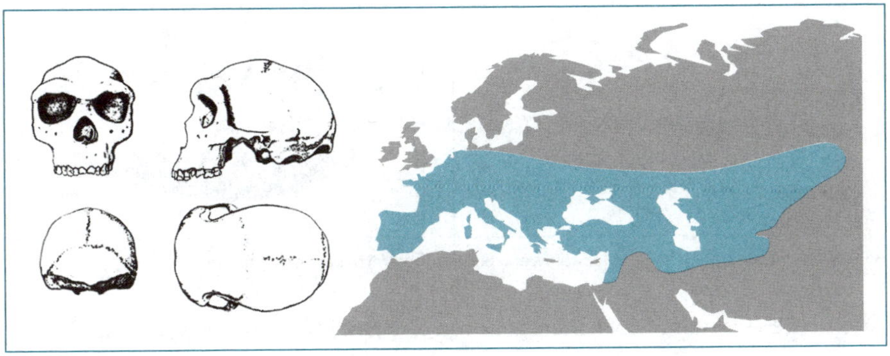

Abb. 79: *Homo neanderthalensis:* Schädel und bisher nachgewiesenes Verbreitungsgebiet

In der Wissenschaft wird diskutiert, ob die Vorfahren des Neandertalers Vertreter einer Gruppe von ursprünglichen *Homo-sapiens*-Typen waren, zu der auch der in Steinheim an der Murr (Baden-Württemberg) gefundene *Homo sapiens steinheimensis* gehört. Sie hatten einen ähnlich geformten, jedoch kleineren Schädel als die Neandertaler. Diskutiert wird aber auch die Artumwandlung aus *Homo erectus*.

Als **Vorfahre des heutigen Menschen** kommt der Neandertaler **nicht** in Betracht, da *Homo sapiens* und *Homo neanderthalensis* für wenigstens einige Tausend Jahre nebeneinander im gleichen Verbreitungsgebiet gelebt haben. Was zum Aussterben des Neandertalers geführt hat, ist unklar. *Homo sapiens* könnte ihn aus seiner ökologischen Nische verdrängt haben. Beide Arten könnten sich aber auch vermischt haben, sodass der Neandertaler in einer gemeinsamen Population mit *Homo sapiens* aufging.

Die ältesten, ca. 150 000 Jahre alten Funde des *Homo sapiens* stammen aus Afrika. Dort lebte er als Jäger und Sammler in offenen und halb offenen Landschaften (Savannen). Von Afrika aus verbreitete er sich über die ganze Erde (zweite Auswanderung der Gattung *Homo* aus Afrika; siehe: multiregionales Modell und „Out-of-Africa"-Hypothese, S. 202 f.). Nach Auffassung einiger Fachleute war er wendiger, geistig beweglicher und kreativer und konnte daher den Neandertaler aus seiner ökologischen Nische verdrängen, obwohl dieser mit seinen massigen Muskelpaketen dem grazilen *Homo sapiens* an Körperkraft vermutlich überlegen war. Die ältesten Funde des modernen Menschen in Europa sind ca. 40 000 Jahre alt (Cro-Magnon-Mensch). Von seiner hohen Kultur zeugen die ältesten bekannten Kunstwerke des Menschen, die Höhlenmalereien in Südfrankreich und Nordspanien sowie Kleinplastiken aus Elfenbein in Süddeutschland, z. B. in der Nähe von Ulm (siehe kulturelle Evolution, S. 204).

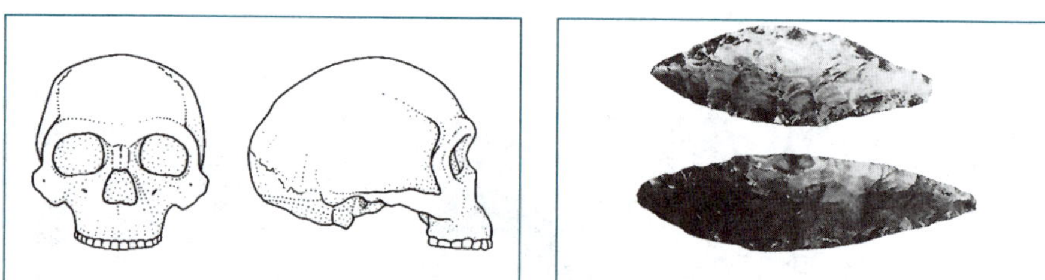

Abb. 80: *Homo sapiens*: Schädel und Steinwerkzeuge früher Vertreter (Cro-Magnon-Mensch)

Alle heute lebenden Menschen gehören zur Art *Homo sapiens*. Er hat als einziger Vertreter des menschlichen Stammbaums bis in die Gegenwart überlebt. Die folgende Tabelle gibt einen Überblick über die Veränderung ausgewählter Merkmale in der Stammesgeschichte des Menschen.

	Australopithecus-Gruppe	*Homo-rudolfensis*-Gruppe	*Homo-erectus*-Gruppe	*Homo neanderthalensis*	*Homo sapiens*
Alter [Jahre]	ca. 4 bis 1,5 Mio.	ca. 2 bis 1,5 Mio.	ca. 1,8 Mio. bis 300 000	ca. 200 000 bis 30 000	ca. 150 000 bis heute
Größe [m]	bis 1,50	ca. 1,50	ca. 1,65	ca. 1,60	oft > 1,60
Form des Hirnschädels	**klein (ähnlich den nicht-menschlichen Menschenaffen)**	**Schädeldach höher** als bei *Australopithecus*	**lang gestreckt, Schädeldach niedrig**	**groß, lang gestreckt** („Brotlaibform") **Schädeldach höher** als bei *H. erectus*	**hoch, rundlich** (weniger lang als beim Neandertaler)
Volumen des Hirnschädels [cm^3]	ca. 400 bis 500 (ähnlich den nicht-menschlichen Menschenaffen)	ca. 600 bis 800 (*Homo habilis*: 500 bis 650)	ca. 800 bis 1 200 (durchschnittlich 1 000)	ca. 1 500 (höher als der Durchschnitt bei heutigen Menschen)	ca. 1 400
Stirn	sehr flach (fliehend)	flach (fliehend)	flach (fliehend)	flach (fliehend)	**steil, hoch**
Überaugenwülste	stark ausgebildet	deutlich ausgebildet, aber weniger massiv als bei *Australopithecus*	stark ausgebildet	stark ausgebildet	in der Regel **sehr schwach ausgebildet**
Gesichtsschädel	deutlich vorspringend **(Schnauze)**	deutlich vorspringend, aber weniger als bei *Australopithecus*	vorspringend, aber nicht schnauzenartig	leicht vorspringend	in der Regel flach, nicht vorspringend
Lage des Hinterhauptslochs	näher am Zentrum der Schädelunterseite als bei den nicht-menschlichen Menschenaffen	vermutlich ähnlich wie bei *Australopithecus*	weiter der Mitte des Schädels genähert als bei *Australopithecus* und vermutlich auch als bei *H. rudolfensis*	im Zentrum der Schädelunterseite	im Zentrum der Schädelunterseite
Kinn	fliehend	vermutlich fliehend	fliehend	fliehend	**vorspringend**

Tab. 5: Veränderung ausgewählter Merkmale in der Stammesgeschichte des Menschen (charakteristische Erkennungsmerkmale des Schädels sind **farbig** hervorgehoben)

Weitere Erläuterungen zu fossilen Vorfahren und Verwandten des Menschen

Die stammesgeschichtliche Entwicklung, an deren vorläufigem Ende der heutige Mensch steht, verlief nicht geradlinig, sondern in einer Art „Zickzackkurs" mit zahlreichen Verzweigungen und blind endenden „Sackgassen", von denen nur einige wenige im Stammbaumschema (siehe Abb. 75, S. 193) eingetragen sind. Eine in irgendeiner Weise gezielt auf den heutigen Menschen hin ausgerichtete Entwicklung ist aus dem Stammbaum definitiv nicht ablesbar.

Zumindest in einigen Abschnitten hatte die Evolution des Menschen eine ungewöhnlich hohe Geschwindigkeit. Erklärbar wird dies, wenn man annimmt, dass die Populationen oder Teilpopulationen für gewisse Zeiten sehr klein waren, sodass die Gendrift Bedeutung erhielt (siehe S. 137 f.). Angenommen wird das z. B. für die Auswanderung von *Homo sapiens* aus Afrika (siehe S. 202 f.).

Innerhalb der Entwicklungslinie, an deren vorläufigem Ende der *Homo sapiens* steht, lassen sich mehrere **Evolutionstendenzen** beobachten: So wird das Gehirn größer, der Geschichtsschädel flacher, die Überaugenwülste schwächer, das Hinterhauptsloch verlagert sich in Richtung zur Mitte der Schädelbasis. Parallel dazu kam es zu einer Zunahme der geistigen Fähigkeiten und der handwerklichen Geschicklichkeit.

Über sehr lange Zeit lebten *Australopithecus*-Arten und *Homo*-Arten nebeneinander im gleichen Verbreitungsgebiet (Ostafrika). Frühe *Homo*-Arten, wie *Homo rudolfensis* und *Homo habilis,* besetzten möglicherweise eine andere ökologische Nische als die gleichzeitig im selben Gebiet lebenden *Australopithecinen*. Durch die Fähigkeit zur Herstellung von Steingeräten konnten sie beispielsweise größere Tiere zerlegen. Daher war vermutlich der Fleischanteil ihrer Nahrung höher als bei den *Australopithecinen*, die vorwiegend pflanzliche Kost und Kleintiere zu sich nahmen.

Die Gattung *Homo* entstand während des Übergangs vom Tertiär zum Quartär (Pleistozän). Als Kriterium für die **Definition des Menschen** verwenden viele Fachleute die Fähigkeit zur Herstellung von Werkzeugen, verbunden mit einem ständig aufrechten Gang. Der Übergang vom „Tier" zum „Menschen" geschah nicht plötzlich, sondern während eines langen Zeitraums. Die Rede ist von einem **Tier-Mensch-Übergangsfeld** (TMÜ).

Weitere Erläuterungen zu den Merkmalsänderungen des Menschen

Das Schlüsselereignis, mit dem die Änderung vieler Merkmale und der Erwerb einiger Fähigkeiten des Menschen erklärt werden kann, ist der **Wechsel des Lebensraums**. Vermutlich hatten frühe Vorfahren des Menschen, die in der Lage waren, die offene Savanne als Lebensraum zu nutzen, einen Selektionsvorteil, als die Wälder infolge einer Klimaveränderung schrumpften und offene Landschaften entstanden.

Die ersten Formen, die die Savanne besiedelten, brachten Anpassungen an den Lebensraum „Baum“ mit (siehe S. 186). Sie hatten z. B. sehr **leistungsfähige Augen**, eine hervorragende Fähigkeit, **räumlich zu sehen**, und **Greifhände**. Diese Anpassungen, die sich im Wald gebildet hatten, erwiesen sich als **Präadaptationen** an das Leben in der Savanne:

- Mithilfe der leistungsfähigen Augen konnten Feinde, aber auch Beutetiere in der offenen Landschaft schon aus großer Entfernung erkannt werden.
- Die Greifhände, die unter der Kontrolle der räumlich sehenden Augen geschickt arbeiteten, konnten Steinwerkzeuge herstellen, die zur Zerlegung großer Säugetiere erforderlich waren *(Homo rudolfensis)*.
- Nach neueren Erkenntnissen waren schon die ersten Besiedler der Savanne in der Lage, ständig oder vorwiegend **aufrecht auf zwei Beinen** zu laufen. Das brachte in der offenen Landschaft einige Vorteile:
  - Die Umgebung konnte ständig **weit überblickt** werden (Orientierung und Feindvermeidung auch im hohen Gras).
  - Der Körper ließ sich leichter **vor Überhitzung schützen**, da ein aufrecht stehender Körper eine geringere Fläche besitzt, die der Sonneneinstrahlung ausgesetzt ist.
  - Die **Hände** waren zur Fortbewegung nicht erforderlich und konnten somit **andere Aufgaben** übernehmen, z. B. gesammelte Nahrung über weite Strecken tragen, mit Werkzeugen und Waffen auch während des Laufs hantieren oder kleine Kinder auf den Wanderungen mitnehmen.

Im Laufe der Stammesgeschichte veränderten sich viele Merkmale derart, dass sich der aufrechte Gang immer weiter verbesserte.

Der **Mensch** entstand in den Savannen Afrikas. Schlüsselanpassungen, die zur Entwicklung typisch menschlicher Merkmale und Fähigkeiten führten, waren der **aufrechte Gang**, der die Hände für andere Aufgaben frei machte, und die **Fähigkeit, räumlich zu sehen**, die das geschickte Hantieren unter Kontrolle der Augen ermöglichte.

Auch die **Fähigkeit, zu sprechen** ist ein wesentliches Kennzeichen des Menschen. Über die Ursachen für die Entstehung der Sprache kann nur spekuliert werden. Mit großer Wahrscheinlichkeit hatten diejenigen unserer Vorfahren einen Selektionsvorteil, die in der Lage waren, sich **differenziert** miteinander zu verständigen. Dadurch war es diesen Individuen möglich, sich untereinander z. B. mitzuteilen, wo ergiebige Plätze zum Sammeln von Nahrung liegen, sich bei der Jagd abzusprechen, evtl. sogar Strategien zu entwickeln und bei vielen anderen Tätigkeiten fein abgestimmt zu kooperieren. Nach Ansicht vie-

ler Fachleute lag der Selektionsvorteil auch darin, mithilfe einer differenzierten Sprache das **Zusammenleben in der Gruppe** zu regeln, das heißt Bindungen zu festigen und Konflikte zu vermeiden (siehe kulturelle Evolution, S. 204).
Über die Ursache der **Vergrößerung des Gehirns** besteht in der Fachwelt keine Einigkeit. Diskutiert werden hauptsächlich zwei Hypothesen:

- Die Zunahme der Gehirngröße geschah im Zusammenhang mit der Fähigkeit, **verbesserte Werkzeuge** herzustellen, was einen Selektionsvorteil bedeutet. Bessere Werkzeuge sind dann besonders vorteilhaft, wenn sie nach einem durchdachten Plan eingesetzt werden. Voraussetzung für die Fähigkeit, planend zu handeln, ist ein leistungsfähiges Gehirn. Auch zur Verbesserung der Koordination der Finger, Hände und Arme ist die Vergrößerung des Gehirns erforderlich. Je leistungsfähiger das Gehirn, desto besser wiederum die Werkzeuge. Herstellung und Gebrauch von Werkzeugen und die Gehirngröße bedingen und verstärken sich also gegenseitig.
- Die Zunahme der Gehirngröße brachte einen Selektionsvorteil durch die damit verbundene Fähigkeit zur **differenzierten Sprache**, die eine bessere Organisation, Planung und Absprache in der Gruppe ermöglichte, z. B. vor und bei der Jagd, der Sammeltätigkeit usw.

Da der Proteingehalt von Nervenzellen hoch ist, soll nach Ansicht einiger Fachleute die Zunahme der Gehirngröße erst möglich gewesen sein, als die Nahrung **eiweißreicher** wurde. So ließe sich erklären, warum sich in der Entwicklungslinie zum *Homo rudolfensis* das Hirnvolumen in kurzer Zeit von ca. 500 auf ca. 800 cm^3 vergrößerte: Steinwerkzeuge ermöglichten es dem Menschen erstmalig, das Fleisch großer Säugetiere als Eiweißquelle zu nutzen.

Hypothesen zur Entstehung des heutigen Menschen

Zur Entstehung des heutigen Menschen werden überwiegend **zwei Hypothesen** diskutiert:

- **„Out-of-Africa"-Hypothese** (= „Eva"- oder „Arche-Noah"-Hypothese): Der Jetztmensch, *Homo sapiens*, entstand nach dieser Theorie in Afrika und wanderte von dort nach Asien und Europa ein (zweite Auswanderung aus Afrika; siehe *Homo erectus*, S. 196 f.). Vermutlich geschah das in einer oder mehreren kleinen, evtl. nur sehr wenige Individuen umfassenden Gruppen. In den neuen Lebensräumen verdrängte er die *Homo-erectus*-Unterarten durch Konkurrenz um die gleiche ökologische Nische. Sein größeres Gehirn brachte ihm wahrscheinlich einen Selektionsvorteil. Dies geschah vermutlich vor etwa 100 000 Jahren. Der Mensch, wie er heute auf der Erde existiert, hat sich seit dieser Zeit entwickelt. Von Asien aus besiedelte er Australien und über die damals trockene Beringstraße Nordamerika, später Mittel- und Südamerika. Nach dieser Hypothese hat sich der *Homo sapiens* innerhalb einer sehr kurzen Zeitspanne von ca. 100 000 Jahren über die ganze Erde ausgebreitet.

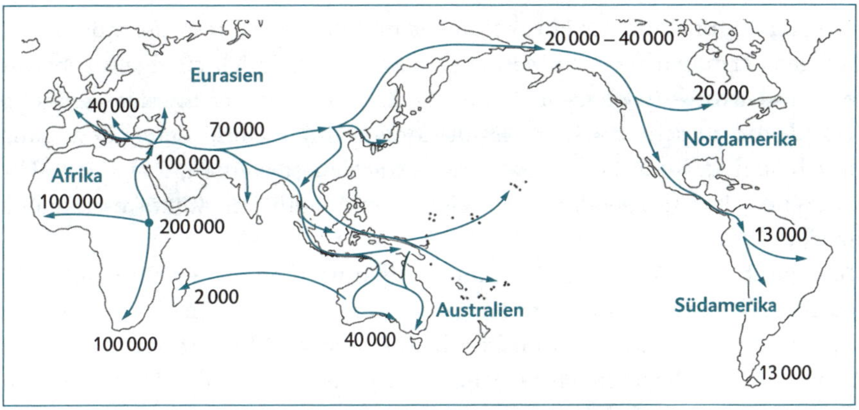

Abb. 81: Ausbreitung des *Homo sapiens* nach der „Out-of-Africa"-Hypothese

- **Multiregionaler Ursprung:** Nach dieser Theorie entstanden die verschiedenen Formen des heute lebenden Menschen in verschiedenen Regionen der Erde (Afrika, Europa, Asien) jeweils getrennt aus den verschiedenen Unterarten des *Homo erectus*. Sie verbreiteten sich weiter nach Amerika (ostasiatische Unterart) und Australien (südasiatische Unterart). Nach dieser Hypothese haben sich die heutigen Menschen in weitgehend getrennten Populationen über lange Zeit hinweg unabhängig voneinander entwickelt.

Die erste Hypothese lässt sich weit besser belegen als die zweite. Durch den Vergleich der DNA vieler verschiedener Menschengruppen konnte man feststellen, dass die genetischen Unterschiede zwischen den heute lebenden Menschen extrem gering sind. Das ist leichter zu erklären, wenn man **einen gemeinsamen Vorfahren** aller heute auf der Erde lebenden Menschen annimmt, aus dem sich erst vor relativ kurzer Zeit die heutigen Menschen entwickelt haben. Nach dem heutigen Erkenntnisstand gibt es absolut keine Grundlage dafür, die heutigen Menschen in Unterarten (oder Rassen) einzuteilen. Die Hypothese des multiregionalen Ursprungs wird häufig von Menschen **missbraucht**, denen daran gelegen ist, möglichst große Unterschiede zwischen den heute lebenden Menschen nachzuweisen, z. B. um **rassistischen Ideologien** eine pseudo-wissenschaftliche Grundlage zu verschaffen.

Alle heute auf der Erde lebenden Menschen gehören zur **Art** *Homo sapiens*. Die Einteilung der heutigen Menschen in **Unterarten** ist aus biologischer Sicht unsinnig.

8.5 Kulturelle Evolution

Die starke Zunahme des Hirnvolumens und die daraus resultierende hohe Intelligenz ermöglichte dem Menschen als wahrscheinlich einzigem Lebewesen eine **kulturelle Evolution**. Grundlagen dafür sind der besondere **Bau der Hand**, die zu sehr feinen Manipulationen fähig ist und deren Bewegungen durch sehr leistungsfähige Gehirnfelder gesteuert werden, sowie die **Wortsprache**, die die detaillierte Weitergabe erworbener Kenntnisse möglich macht.

Biologische und kulturelle Evolution laufen nach ähnlichen Prinzipien ab. In beiden Fällen geht es um Änderung, Weitergabe und Speicherung von Information. Neuen kulturellen Ideen z. B. entsprechen **Mutationen** und die Prüfung auf Brauchbarkeit eines neuen Gedankens durch die Individuen einer Gruppe ist mit der **Selektion** vergleichbar.

Die **Sprache** erlaubt die Weitergabe erworbener Fertigkeiten. Sie ermöglicht die Ansammlung bewährter Ideen, Kenntnisse und Fähigkeiten zum Kulturgut und ist für die **hohe Geschwindigkeit** der kulturellen Evolution des Menschen verantwortlich.

Zusammenfassung

- Die Primaten sind aus einer Gruppe bodenbewohnender Insektenfresser entstanden. Viele Merkmale der Primaten sind als Anpassung an das Leben auf Bäumen zu erklären.
- Einige Anpassungen an das Baumleben dürfen als Präadaptationen betrachtet werden, aus denen sich die evolutionäre Grundlage für die Entstehung des aufrechten Gangs, der hohen manuellen Geschicklichkeit und des sehr leistungsfähigen Gehirns bildete.
- Das Skelett des Menschen und das seiner Menschenaffen-Verwandten ähneln sich relativ stark.
- Die meisten anatomischen Unterschiede zwischen den nicht-menschlichen Menschenaffen und dem Menschen stehen im Zusammenhang mit dem ständig aufrechten, zweibeinigen Gang des Menschen sowie mit seiner enormen Fähigkeit zur Herstellung und Nutzung von Werkzeugen.
- Zytologisch und molekularbiologisch sind sich Orang-Utan, Gorillas, Schimpansen und der heutige Mensch sehr ähnlich.
- Vertreter der Australopithecinen stehen an der Basis des Stammbaums, an dessen jüngsten Zweigen auch der heutige Mensch steht.
- Die *Australopithecus*-Arten liefen ständig zweibeinig, hatten aber noch eine Gehirngröße, die die der heute vorkommenden nicht-menschlichen Menschenaffen kaum überstieg.
- Die Vorfahren des Menschen, die zweibeinig liefen und Werkzeuge anfertigen konnten, ordnet man heute der Gattung *Homo* zu.
- Die Gattung *Homo* entstand in Afrika. Vertreter von *Homo erectus* verließen als Erste den Kontinent und drangen bis nach Europa sowie nach Süd- und Ostasien vor.
- Die Besiedlung Australiens sowie Nord- und Südamerikas gelang erst dem *Homo sapiens*.
- Nach der „Out-of-Africa"-Hypothese entstand der heutige Mensch in Afrika. Die wenig wahrscheinliche Hypothese des „multiregionalen Ursprungs" geht dagegen davon aus, dass die heutigen Menschen weitgehend unabhängig voneinander aus jeweils anderen Unterarten des *Homo erectus* entstanden.
- Grundlage für die kulturelle Evolution ist die zu sehr feinen Bewegungen fähige Hand, die Wortsprache und das sehr leistungsfähige Gehirn.
- Durch die Möglichkeit der sprachlichen und schriftlichen Tradition erhält die kulturelle Evolution eine sehr hohe Geschwindigkeit.

ufgaben

147 Nennen Sie die drei nächsten Verwandten des Menschen innerhalb der Gruppe der heutigen Primaten und geben Sie jeweils ihr Verbreitungsgebiet an.

148 Bei den Primaten entwickelten sich zu Beginn ihrer Stammesgeschichte Merkmale, die sich später für die Entstehung des *Homo sapiens* als wichtige Präadaptationen erwiesen.

a Erklären Sie, wodurch die Bildung dieser Merkmale zu Beginn der Stammesgeschichte der Primaten ausgelöst wurde.

b Nennen Sie vier solcher Merkmale oder Evolutionstendenzen, und erläutern Sie in Stichworten ihren Anpassungswert in der frühen Stammesgeschichte der Primaten.

c Nennen Sie Merkmale und Fähigkeiten des heutigen Menschen, die sich auf die genannten Präadaptationen zurückführen lassen.

149 **a** Nennen Sie in Stichworten fünf Merkmale des heutigen Menschen, die in der Stammesgeschichte nach dem Übergang vom Leben auf Bäumen zum Bodenleben entstanden und die in einem direkten Zusammenhang mit dem ständig aufrechten, zweibeinigen Gang stehen.

b Nennen Sie Merkmale, durch die sich der heutige Mensch von den übrigen Menschenaffen unterscheidet und die nicht in direktem Zusammenhang mit dem ständig aufrechten, zweibeinigen Gang stehen.

150 In der folgenden Abbildung sind die Halswirbel von Mensch (A) und Gorilla (B) in Seitenansicht dargestellt.
Erklären Sie die unterschiedliche Größe der Wirbelfortsätze bei den beiden Arten.

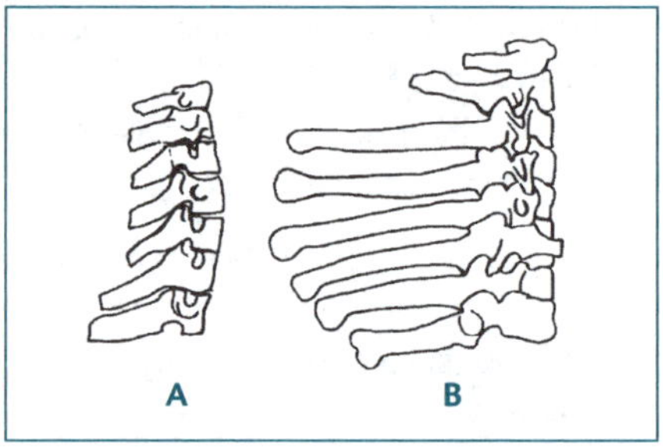

Halswirbel von Mensch (A) und Gorilla (B) in Seitenansicht

151 Kreuzen Sie an, welche der folgenden Paare von Merkmalen und Veränderungen in einem direkten, ursächlichen Zusammenhang stehen.

- ☐ Zunahme der Gehirngröße – aufrechter Gang
- ☐ Verlagerung des Ober- und Unterkiefers weit unter den Hirnschädel – parabelförmige Backenzahnreihen
- ☐ Reduktion der Chromsomenzahl von 48 auf 46 – ständig aufrechter, zweibeiniger Gang
- ☐ Lage des Hinterhauptslochs im Zentrum der Schädelunterseite – Reduktion der Nackenmuskulatur

- [ ] Zunahme der Gehirngröße – steile und hohe Stirn
- [ ] Reduktion der Überaugenwülste – Geburtskanal weit

152 In der folgenden Abbildung sind verschiedene Schädel von Vertretern der Gruppe der Menschenaffen von hinten gezeigt. Die Ansatzflächen der Nackenmuskulatur sind farbig markiert.

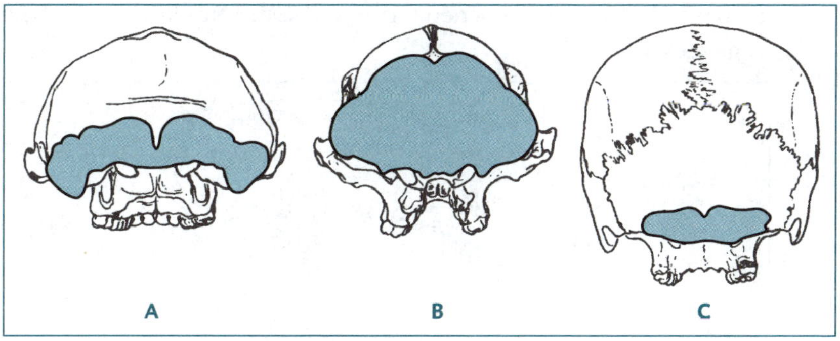

Ansicht der Schädel verschiedener Vertreter der Gruppe der Menschenaffen von hinten (Ansatzfläche der Nackenmuskulatur **farbig** hervorgehoben)

a Welcher der Schädel stammt von …
- einem *Homo sapiens*?
- einem *Homo erectus*?
- einem Gorilla?

Ordnen Sie zu.

b Begründen Sie die Zuordnung über die Größe der dargestellten Muskelansatzfläche.

153 Nennen Sie drei Ergebnisse molekularbiologischer und zytologischer Untersuchungen, die für eine nahe Verwandtschaft von Mensch und übrigen Menschenaffen sprechen.

154 Nennen Sie drei Merkmale, die *Australopithecus*-Arten und Vertretern der Gattung *Homo* gemeinsam sind und die sie von den nicht-menschlichen Menschenaffen unterscheiden.

155 Welchen Nachweis für den aufrechten Gang früher *Australopithecinen* kennen Sie außer dem, der durch die Anatomie der Fossilien geführt wird?

156 Nennen Sie die Kriterien, die heute von vielen Fachleuten zur Definition der Gattung *Homo* verwendet werden.

157 Im Folgenden sind die Umrisse einiger Schädel abgebildet. Die Abbildungen sind nicht maßstabsgetreu.

a Ordnen Sie die Schädel den richtigen Gruppen von Vertretern aus der Stammesgeschichte des Menschen zu. Geben Sie dabei jeweils die möglichst vollständigen wissenschaftlichen Bezeichnungen an.
b Welcher der Schädel kann nur von einem Fundort in Afrika stammen, welcher kann nicht in Afrika gefunden worden sein? Begründen Sie Ihre Antwort.
c In welcher der angegebenen Gruppen ist die Nutzung von Feuer nachgewiesen?

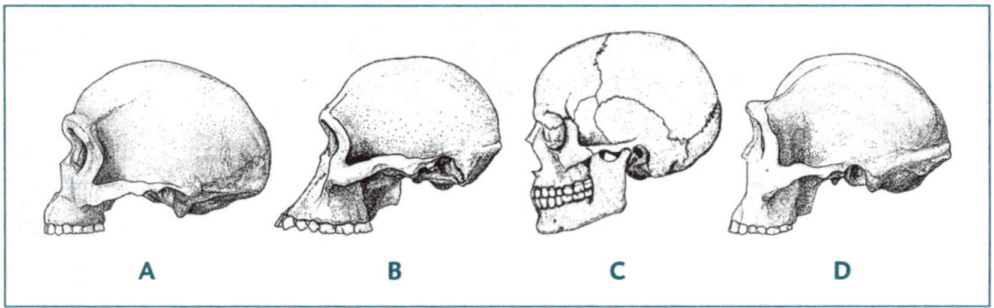

Schädel rezenter und fossiler Vertreter des menschlichen Stammbaums

158 Ordnen Sie zu: Welcher der abgebildeten Unterkiefer gehört zu …
- einem Schimpansen?
- einem *Homo erectus*?
- einem *Homo sapiens*?

Bitte beachten Sie, dass die Unterkiefer nicht im gleichen Maßstab abgebildet sind.

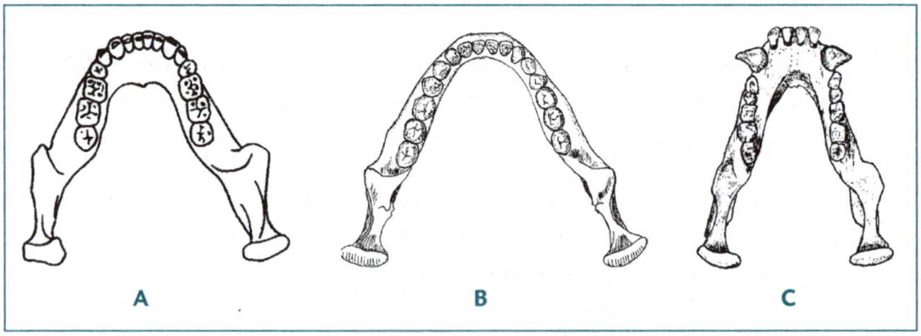

Unterkiefer (Ansicht von oben) von *Homo sapiens* und zwei seiner Verwandten

159 In der folgenden Abbildung sind die Schädel von zwei frühen Verwandten des Menschen dargestellt. Beide Schädel sind etwa im gleichen Maßstab abgebildet.

a Welcher der beiden Schädel stammt von einem Vertreter der Gattung *Homo*? Welche Arten kommen infrage? Begründen Sie Ihre Entscheidung.

b Zu welcher Gattung gehört der andere Schädel? Begründen Sie.

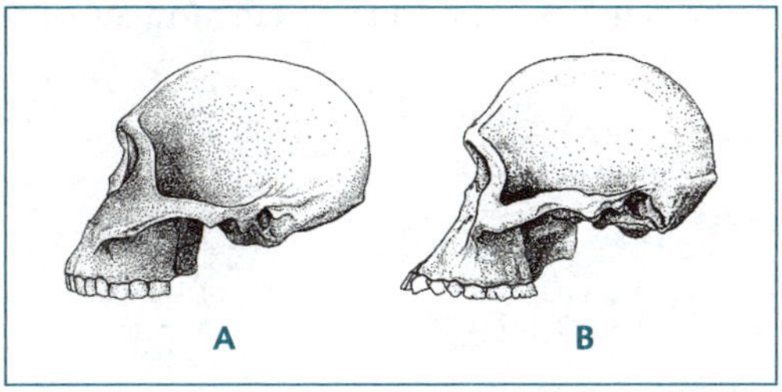

Schädel aus der frühen Stammesgeschichte des Menschen

160 **a** Ergänzen Sie an den mit Buchstaben gekennzeichneten Stellen im folgenden stark vereinfachten Stammbaumschema die korrekten Begriffe. Beachten Sie, dass es sich bei dem Schema nur um eine mögliche und nicht um die einzig begründbare Annahme der Stammesgeschichte handelt.

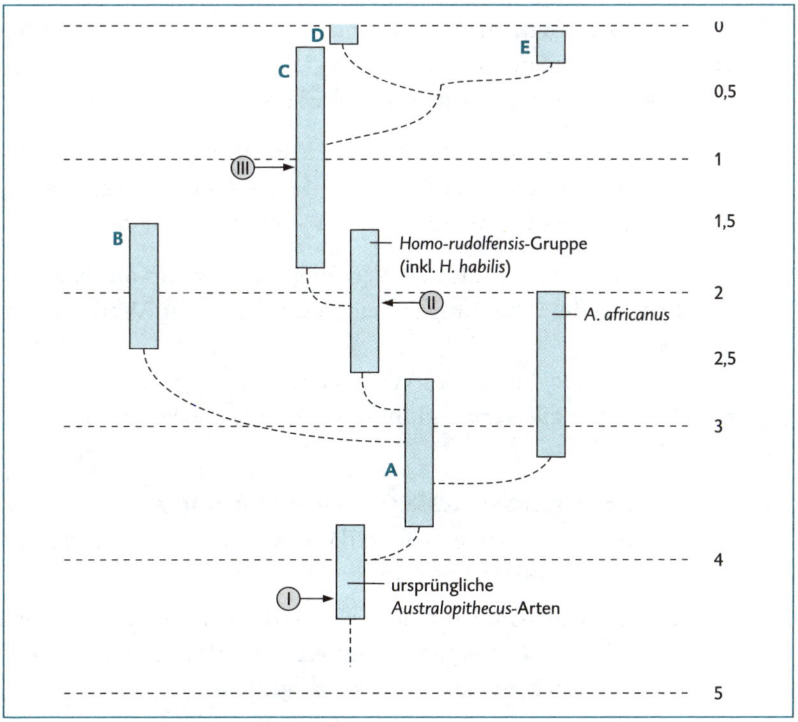

Stark vereinfachtes Stammbaumschema des Menschen

b Nennen Sie den Faktor, mit dem die Zahlen der Zeitleiste zu multiplizieren sind.

c Benennen Sie die wichtigen Fähigkeiten, die von den mit römischen Ziffern gekennzeichneten Zeitpunkten an nachzuweisen sind.

d Ordnen sie zu: Welche der im Stammbaum eingetragenen Gruppen besiedelte als erste …

- Europa?
- Nordamerika?
- Südamerika?
- Australien?

161 Nehmen Sie Stellung zu der Aussage:
„Der Mensch stammt von einem der heute lebenden nicht-menschlichen Menschenaffen ab."

162 Erklären Sie aus evolutionsbiologischer Sicht, wie es möglich war, dass verschiedene *Australopithecus*-Arten und Vertreter der Gattung *Homo* für lange Zeit im gleichen Gebiet leben konnten.

163 Neandertaler galten zu Beginn der anthropologischen Forschung als Vorfahren des heutigen Menschen *(Homo sapiens)*.
Nennen Sie Befunde, die dieser Auffassung widersprechen.

164 Benennen Sie die Vorteile für das Leben in den Savannen Afrikas, die ständig aufrecht auf zwei Beinen laufende Primaten-Formen gegenüber ihren sich vierbeinig fortbewegenden Verwandten hatten.

165 **a** Nennen Sie den frühesten Vertreter aus dem Stammbaum des Menschen, bei dem die Fähigkeit zur Herstellung von Werkzeugen nachgewiesen ist.

b Benennen Sie die Art des Werkzeugs.

c Nennen Sie die Verwendungszwecke, für die sich diese Geräte eigneten.

166 Welche der folgenden Aussagen geben sehr wahrscheinlich zutreffende Erklärungen dafür, wie es zur starken Zunahme der Gehirngröße bis zu der des heutigen Menschen kommen konnte? Kreuzen Sie an.

☐ Ein größeres Gehirn macht eine stärker differenzierte Sprache und folglich die Weitergabe komplexerer Informationen möglich und führt dadurch zu einem Selektionsvorteil.

- [ ] Der stärkere Gebrauch der Sinnesorgane, vor allem der Augen, beim Leben in der Savanne führte dazu, dass die Gehirnbereiche, die die Reize verarbeiten, ständig trainiert wurden und dadurch an Größe zunahmen.
- [ ] Das große Gehirn diente ursprünglich als Proteinspeicher, um Zeiten extremen Nahrungsmangels überstehen zu können, und hat im Laufe der Evolution einen Funktionswechsel erfahren.
- [ ] Durch positive Rückkopplung fördern sich die Fähigkeit zur Herstellung effektiver Werkzeuge (motorische Felder des Großhirns) und die Hirnbereiche, die für den planvollen Einsatz der Werkzeuge erforderlich sind, gegenseitig.
- [ ] Als das Hinterhauptsloch im Laufe der Stammesgeschichte in das Zentrum der Schädelunterseite verlagert wurde, konnte die Versorgung des Schädels mit Blut so weit verbessert werden, dass ein großes Gehirn möglich wurde.
- [ ] Ohne das große Gehirn wäre der ständig aufrechte, zweibeinige Gang nicht möglich.
- [ ] Ein großes Gehirn ermöglicht die vorausschauende Planung komplexer Sachverhalte und bietet daher einen Selektionsvorteil.

167 Nennen Sie die ältesten Vertreter aus dem Stammbaum des Menschen, bei denen man nachweisen konnte, dass sie …

a Jagd auf größere Säugetiere machten.
b Feuer nutzen konnten.
c ihre Toten bestatteten.
d Tiere und Menschen in Malereien und Kleinplastiken darstellen konnten.

168 Carl von LINNÉ unterteilte die heute auf der Erde lebenden Menschen in sechs Rassen: Amerikaner, Europäer, Asiaten, Afrikaner, Wilde und Scheusale.
Erläutern Sie die heutige Auffassung zu den „Rassen“ des Menschen.

169 Kreuzen Sie die richtigen Aussagen an.
Die beiden Auffassungen über den Ursprung der heute lebenden Menschen *(Homo sapiens)*, die Hypothese des multiregionalen Ursprungs und die Out-of-Africa-Hypothese stimmen darin überein, dass …

- [ ] der moderne Mensch *(Homo sapiens)* nur einmal und zwar in Afrika entstand.

- ☐ der Neandertaler ein später Vorfahre des heutigen Menschen ist.
- ☐ eine Gruppe von *Australopithecinen* aus Afrika nach Asien und Europa einwanderte.
- ☐ *Homo erectus* in Afrika entstand.
- ☐ *Homo erectus* aus Afrika nach Europa und Asien einwanderte.
- ☐ nur der moderne Mensch nach Nord- und Südamerika einwanderte.
- ☐ die ersten modernen Menschen in Europa auftraten.
- ☐ die verschiedenen regionalen Formen des modernen Menschen aus verschiedenen Unterarten des *Homo erectus* entstanden.

170 Nennen Sie die beiden Hypothesen zum „Verschwinden" des Neandertalers, die zurzeit in der Wissenschaft diskutiert werden.

171 Die Ergebnisse genetischer Analysen legen nahe, dass während der letzten Eiszeit (Beginn vor etwa 115 000 Jahren, Ende vor ca. 10 000 Jahren), die Zahl der Menschen um etwa 90 % zurückging. Infolgedessen lebten vermutlich insgesamt nicht mehr als 10 000 menschliche Individuen auf der Erde.
Heute würde diese geringe Populationsgröße einen Eintrag in die „Rote Liste" der bedrohten Arten rechtfertigen. Derartige Einbrüche der Individuenzahlen kamen im Laufe der Stammesgeschichte des Menschen wahrscheinlich mehrfach vor.
Erklären Sie, welche Bedeutung dieses Schrumpfen der Populationen für die Entstehung des heutigen Menschen gehabt haben könnte.

Lösungen

1 a Restriktionsenzyme schneiden die DNA im Bereich jeweils spezifischer Basenfolgen. Durch die Wahl spezieller Restriktionsenzyme lässt sich somit festlegen, an welchen Stellen ein DNA-Molekül zerschnitten werden soll.
Die meisten in der Gentechnik verwendeten Restriktionsenzyme zerschneiden die Einzelstränge eines DNA-Moleküls versetzt, sodass an den Enden spezifische und in ihrer Basenfolge bekannte Stücke der Einzelstränge überstehen. An diesen „sticky ends" lassen sich leicht fremde DNA-Stücke mit komplementärer Basenfolge anfügen. Auf diese Weise können z. B. Fremdgene in ein DNA-Molekül (z. B. in das Plasmid einer Bakterienzelle) eingefügt werden.
b Restriktionsenzyme kommen im Zytoplasma von Bakterien vor. Unter natürlichen Bedingungen zerstückeln sie eingeschleuste, fremde DNA und machen sie so unwirksam. Auf diese Weise können die Bakterien sich vor der Zerstörung, z. B. durch Bakteriophagen, schützen.

2 Wenn man das gleiche Restriktionsenzym für beide Vorgänge benutzt, weisen sowohl die Enden der fremden DNA-Stücke als auch die Enden der aufgetrennten Plasmidringe die gleichen *sticky ends* auf. So wird es möglich, dass sich ein fremdes DNA-Stück mit den Enden der Plasmid-DNA verbindet und sich der Ring danach wieder schließt.

3 Plasmide lassen sich als Vektoren nutzen. Mit ihrer Hilfe kann man Fremdgene nicht nur in Bakterien, sondern auch in Hefezellen einschleusen. Bei Bakterien handelt es sich um Prokaryoten. Sie sind daher als Empfänger von Eukaryoten-Genen, z. B. Genen des Menschen, weniger geeignet als Hefezellen, da sie das Fremdgen zwar aufnehmen, aber das entsprechende Genprodukt nicht ohne Weiteres bilden können. Ihr Transkriptions- und Translationsapparat arbeitet anders als der von Eukaryoten. Hefezellen haben dagegen die gleichen oder ähnliche Enzyme und Regulationsmechanismen wie alle anderen Eukaryoten. Wenn sie ein Eukaryoten-Gen aufgenommen haben, ist die Chance, dass das übertragene Gen auch abgelesen und realisiert werden kann, höher als in Bakterienzellen.

4 a Pflanzenzellen sind von einer Zellwand aus Cellulose umgeben, die das direkte Eindringen von DNA erschwert.

b Durch Enzyme, unter anderem durch Cellulase, lässt sich die Zellwand beseitigen. Der nach dieser Behandlung übrig bleibende Protoplast ist nur noch von der Zellmembran umgeben, durch die dann mit unterschiedlichen Techniken DNA in die Zelle eingeschleust werden kann.

5
- [x] DNA-Polymerase – Zerschneiden der DNA
- [x] Vektor – Transport von mRNA aus dem Zellkern in das Zytoplasma
- [x] Restriktionsenzym – komplementäre Anlagerung von RNA-Nukleotiden an einen DNA-Einzelstrang
- [ ] Hybridplasmid – Übertragung fremder DNA-Stücke auf eine Bakterienzelle
- [ ] Virus – Übertragung von Fremdgenen auf Zellen von Eukaryoten

6
- Verwendung von Plasmiden, die ein Resistenzgen als Marker haben, das die Resistenz gegen ein bestimmtes Antibiotikum, z. B. Ampicillin, bewirkt.
- Kultur der Bakterien auf einem Nährboden, der Ampicillin enthält → Nur solche Bakterien bilden Kolonien, die ein Plasmid aufgenommen haben.
- Ergebnis der Suche: Identifizierung aller Bakterien, die ein Plasmid aufgenommen haben; Plasmid kann aus reiner Bakterien-DNA bestehen oder auch aus Bakterien-DNA, der ein Stück Fremd-DNA eingefügt wurde (Hybridplasmid).

7 Das Muster der Kolonien der Kulturschale A wird mit einem Samtstempel auf einen Nährboden B übertragen, der Tetracyclin enthält. Alle sich auf dem Nährboden B bildenden Kolonien bestehen aus Bakterien des Typs I. Sie enthalten kein fremdes DNA-Stück. Bakterien, die ein Plasmid mit eingebautem fremdem DNA-Stück besitzen (Typ II), können nicht resistent gegen Tetracyclin sein, weil die fremde DNA durch ihre Lage das Resistenzgen in zwei Bereiche teilt und damit unwirksam macht.
Die Stellen des Nährbodens B, an denen sich keine Kolonien gebildet haben, lassen darauf schließen, dass die Kolonien, die in der ursprünglichen Kulturschale A an entsprechender Stelle liegen, aus Bakterien des Typs II bestehen. Sie enthalten in ihrem Plasmid ein Stück fremder DNA. Aus ihnen lassen sich Kulturen heranziehen, die nur aus transgenen Zellen bestehen.

8 a Folgende Typen von Bakterien mit unterschiedlicher genetischer Information entstehen beim Versuch des Gentransfers:

- **Typ 1:** Bakterien, die kein Plasmid aufgenommen haben. Sie tragen nur die genetische Information ihres Bakterienchromosoms.
- **Typ 2:** Bakterien, die ein Plasmid aufgenommen haben, das aus reiner Bakterien-DNA besteht. Sie enthalten die genetische Information des Bakterienchromosoms und zusätzlich die des aufgenommenen Plasmids.
- **Typ 3:** Bakterien, die ein Hybridplasmid aufgenommen haben, in dem das zu übertragende Gen enthalten ist. Sie weisen neben der genetischen Information des Bakterienchromosoms und des Plasmids auch die des gewünschten Gens auf.
- **Typ 4:** Bakterien, die ein Hybridplasmid aufgenommen haben, das zwar ein fremdes DNA-Stück, aber nicht das gewünschte enthält.

b Am seltensten entstehen Bakterien, die ein Plasmid aufgenommen haben, das das gewünschte Gen enthält.
Dies ist der Fall, da nur sehr wenige Bakterienzellen überhaupt ein Plasmid aufnehmen, und unter den Plasmiden, die zur Aufnahme angeboten werden, nur sehr wenige sind, die ein Stück der gewünschten Fremd-DNA enthalten.

9 Bakterienkolonien stellen Klone dar, das heißt, es sind Anhäufungen von vielen gleichartigen Zellen. Sie gehen jeweils auf eine einzige Bakterienzelle zurück, die beim Ausplattieren an eine bestimmte Stelle der Petrischale gelangt ist und sich dort durch Zweiteilungen vermehrt hat. Allgemein kann man sagen: Je höher die Verdünnungsstufe ist, desto wahrscheinlicher ist es, dass nur noch einzelne Bakterienzellen in die Petrischale gelangen und sich dort getrennt zu einem Klon vermehren können.

10 Die Anzahl der Bakterienkolonien auf den bebrüteten Petrischalen entspricht deshalb nicht dem Titer-Wert, weil sie nicht die Konzentration der Zellen in der Verdünnungsstufe wiedergibt: Da auf die Platte nur 0,1 mL Suspension ausplattiert wurden, sich der Titer-Wert aber auf Bakterienzellen pro mL bezieht, muss das erzielte Ergebnis mit 10 multipliziert werden. Um den Titer der Ursprungslösung zu erhalten, muss je nach Verdünnungsstufe mit einem Vielfachen von 10 multipliziert werden.

11
- ☐ Restriktionsenzyme
- ☒ Primer
- ☒ vier Arten von DNA-Nukleotiden
- ☐ vier Arten von RNA-Nukleotiden
- ☒ DNA-Polymerase
- ☒ der zu vermehrende DNA-Bereich
- ☐ Zellkerne
- ☐ Ribosomen

12 **a** Als Primer erforderlich sind: $^{5'}$T C C G$^{3'}$ und $^{3'}$C C A G$^{5'}$

b DNA-Einzelstränge mit angelagerten Primern

$^{3'}$G G T A T C A G G C C A T A G T C C C A G C G G T T A$^{5'}$

$_{5'}$T C C G$_{3'}$

$^{3'}$C C A G$^{5'}$

$_{5'}$C C A T A G T C C G G T A T C A G G G T C G C C A A T$_{3'}$

c nach dem ersten PCR-Zyklus liegt vor:

$^{3'}$A G G C C A T A G T C C C A G C G G T T A$^{5'}$

$_{5'}$T C C G G T A T C A G G G T C G C C A A T$_{3'}$

und:

$^{3'}$G G T A T C A G G C C A T A G T C C C A G$^{5'}$

$_{5'}$C C A T A G T C C G G T A T C A G G G T C$_{3'}$

nach dem zweiten PCR-Zyklus liegt vor:

$^{3'}$A G G C C A T A G T C C C A G C G G T T A$^{5'}$

$_{5'}$T C C G G T A T C A G G G T C G C C A A T$_{3'}$

und:

$^{3'}$A G G C C A T A G T C C C A G$^{5'}$

$_{5'}$T C C G G T A T C A G G G T C$_{3'}$

und:

$^{3'}$A G G C C A T A G T C C C A G$^{5'}$

$_{5'}$T C C G G T A T C A G G G T C$_{3'}$

und:

$^{3'}$G G T A T C A G G C C A T A G T C C C A G$^{5'}$

$_{5'}$C C A T A G T C C G G T A T C A G G G T C$_{3'}$

13 Die drei Arbeitsphasen eines PCR-Zyklus laufen bei unterschiedlichen Temperaturen ab. Eine Phase bei ca. 50 °C, eine bei ca. 70 °C und eine bei ca. 90 °C. Eine Temperatur von etwa 90 °C ist erforderlich, um den DNA-Doppelstrang zuverlässig in Einzelstränge zu spalten. Normale DNA-Polymerase würde bei so hohen Temperaturen denaturiert und müsste folglich zu Beginn jedes PCR-Zyklus neu zugegeben werden. Die hitzebeständige Polymerase aus *Thermus aquaticus* bleibt dagegen über alle Arbeitsphasen der PCR hinweg stabil. Einmal zugegeben, arbeitet sie in jedem PCR-Zyklus, sobald der passende Temperaturbereich von etwa 70 °C erreicht ist.

14 Die DNA-Stücke einer Bande sind gleich oder ähnlich lang.

15 Die Wandergeschwindigkeit geladener Substanzen während der Elektrophorese hängt zum einen von ihrer Größe und zum anderen von ihrer Ladung ab.

- Je größer (kleiner) ein Teilchen, desto langsamer (schneller) bewegt es sich durch das Gel.
- Je höher (geringer) die Ladung eines Teilchens, desto schneller (langsamer) wird es zum gegensätzlich geladenen Pol gezogen.

16 Für eine Sequenzierung mithilfe der Kettenabbruchsynthese dürfen nicht ausschließlich ddNTP-Moleküle vorhanden sein. Wäre dies der Fall, so könnte nur das kürzeste mögliche Fragment gebildet werden. Wenn man das Beispiel in Abb. 8 (S. 18) zugrunde legt, wäre dies dasjenige, bei dem auf den Primer nur noch die Base Cytosin folgt. Danach würde ein sofortiger Kettenabbruch erfolgen.

Auch im Verhältnis zu viele ddNTP-Moleküle in der Lösung wären nicht sinnvoll. In diesem Fall könnten kaum längere Abbruchketten gebildet werden.

Stehen aber alle vier Basen in ausreichender Menge auch als dNTP-Moleküle bereit, können auch die längsten Ketten gebildet werden, ohne dass es zwangsläufig oder mit zu hoher Wahrscheinlichkeit vorher zu einem Abbruch kommt.

17 a Der zu dekodierende Matrizenstrang hat eine Länge von 20 Basen.

b Die Reihenfolge der Basen im Matrizenstrang lautet:
GCGGGTTGTCCAGGTAAGAC.
Jeder Lichtblitz steht für den erfolgreichen Einbau einer Base oder mehrerer gleicher Basen im neu synthetisierten Strang. Die Lichtintensität

ist dabei proportional zur Konzentration der Diphosphate: Die „einfache" Lichtintensität markiert den Einbau einer einzelnen Base in den Strang, die „doppelte" den zweier gleicher Basen hintereinander etc. Der Matrizenstrang ist außerdem komplementär zum neu synthetisierten Strang.

18 Überschüssige dNTP- und NTP-Moleküle müssen aus der Reaktionslösung entfernt werden, damit das Ergebnis nicht verfälscht wird. Wären entsprechende Moleküle einer Sorte bei Zugabe der nächsten Sorte noch vorhanden, so können diese den Einbau der „neuen" Base(n) stören oder die „alten" Moleküle könnten irrtümlicherweise eingebaut werden, was zu einer falschen Basensequenz führen würde.

19 Wenn die polymorphen Bereiche repetitive Sequenzen enthalten, ist nur eine Gensonde erforderlich, um alle Banden sichtbar zu machen. Bei einer Basenfolge in einem solchen polymorphen Bereich von z. B. ... GGATCGGATCGGATCGGATC ... benötigt man nur die Gensonde CCTAG, da alle Stücke der DNA dieses Bereichs dieselbe Basenfolge, allerdings in unterschiedlich häufiger Wiederholung, aufweisen.

20 Die meisten Gene sind bei nahezu allen Menschen identisch. Man müsste eine große Zahl von Genen vergleichen, um so starke Unterschiede feststellen zu können, dass eine eindeutige Identifizierung möglich wäre. Außerdem müsste zur genauen Analyse eines Gens seine Basensequenz festgestellt werden. Die Untersuchung einer ausreichenden Zahl von Genen wäre daher sehr aufwendig.

21 Die Sorge ist unberechtigt. Für den genetischen Fingerabdruck in Reihenuntersuchungen, die zur Aufklärung von Verbrechen durchgeführt werden, nutzt man polymorphe Bereiche der DNA. Diese enthalten keine anderweitig aussagekräftigen genetischen Informationen. Außerdem wird nur die Länge von DNA-Abschnitten festgestellt, nicht jedoch deren Basensequenz. Aus der Länge kann man keine Schlüsse über die eventuell in den Stücken enthaltenen genetischen Informationen ziehen. Diese liegen allein in der Abfolge der Basen codiert.

22 **a** Die Banden bestehen aus DNA-Stücken gleicher Länge (Restriktionsfragmente der DNA). Das Bandenmuster entsteht, da unterschiedlich lange DNA-Fragmente während der Elektrophorese verschieden schnell (unterschiedlich weit pro Zeiteinheit) im elektrischen Feld wandern. Sichtbar gemacht werden sie durch Autoradiografie oder fluoreszierende Farbstoffe.

b Die Kinder A und C können nicht die leiblichen Kinder der angegebenen Eltern sein. Sowohl das Bandenmuster des Kindes A als auch das des Kindes C weist DNA-Stücke auf, die, wenn man sie von ihrer Länge her mit denen der potenziellen Eltern vergleicht, weder vom Vater noch von der Mutter stammen können.
Dagegen sind alle Banden des Kindes B auch entweder beim Vater oder bei der Mutter zu finden.

23 Welche der folgenden Aussagen sind richtig?

- [ ] Restriktionsenzyme zeichnen sich dadurch aus, dass sie an jeder beliebigen Stelle in einer DNA tätig werden können.
- [x] Wenn sie in Plasmiden im Bakterium vorliegen, können Resistenzgene zur Identifizierung bestimmter Bakterienzellen genutzt werden.
- [ ] Bei der Stempeltechnik wird mit ein und demselben Stempel von allen Platten das Koloniemuster übertragen.
- [ ] Mit DNA-Chips ist es möglich, zu bestimmen, welche Gene eines Organismus gerade exprimiert werden.
- [ ] Bei der Gelelektrophorese wandern negativ geladene Moleküle zur Kathode.
- [x] In einem Hybridplasmid liegt rekombinante DNA vor.

24 a Bereiche, in denen sich Chancen eröffnen, z. B.:
- Herstellung von Medikamenten, Impfstoffen u. Ä.
- Effektivitätssteigerung bei der Herstellung von Lebensmitteln
- effektivere Ausnutzung von Rohstofflagerstätten
- Beseitigung von Umweltschäden
- Steigerung der Effektivität bei Verfahren der Abfallbeseitigung und Kompostierung

b Risiken, die mit der Herstellung und Nutzung transgener Mikroorganismen verbunden sind, z. B.:
- unbeabsichtigte Herstellung schwer kontrollierbarer Krankheitserreger
- ungewollte Genübertragung auf andere Stämme und Bildung unvorhersehbarer, neuer, eventuell gefährlicher Genkombinationen

- versehentliche Freisetzung gefährlicher Stämme aus Forschungslabors
- Nutzung transgener Mikroorganismen als biologische Kampfmittel

25 Beispiele:
- Menschliches Insulin: Behandlung von Diabetes
- Interferon: Stärkung des Immunsystems, Krebstherapie
- Spezieller Blutgerinnungsfaktor: Behandlung der Bluterkrankheit (Hämophilie)
- Impfstoff gegen Hepatitis B: Aktive Immunisierung (vorbeugende Impfung) gegen die Erkrankung

26 Diese sehr provokative Äußerung thematisiert die Befürchtungen und Ängste gegenüber der Biotechnologie. Im Grunde hat VENTER ja kein „künstliches Leben" geschaffen, sondern lediglich künstlich synthetisierte DNA in eine Zelle eingesetzt, deren eigenes Erbgut zuvor entfernt worden war. Dass mit fortschreitender Verbesserung der Experimentiertechniken auch mehr als reines „Zusammenfügen" möglich sein kann oder wird, ist zu erwarten. Neben ethischen Aspekten ist dabei unter anderem auch problematisch, dass dieses „künstliche Leben" *in vitro* und nicht *in vivo*, das heißt unter den Bedingungen der Selektion in seiner Umwelt, entsteht. Eine – unbeabsichtigte oder beabsichtigte – Freisetzung derartiger Organismen könnte eventuell unkalkulierbare Risiken für Mensch und Umwelt mit sich bringen.

27 Interpretation: In dieser Karikatur sind zwei Wissenschaftler dargestellt, die gerade „genetische Forschungen" betreiben und sich durch die hinter ihnen im Labor anwesenden „Ethiker" dabei gestört fühlen. Wie bei Karikaturen üblich, wird auch hier ein Sachverhalt überspitzt abgebildet: Die Darstellung verdeutlicht in diesem Fall die Grundaussage, dass die wissenschaftliche (genetische) Forschung (symbolisiert durch die beiden Wissenschaftler) der eigenen Ansicht nach durch Bestimmungen und Reglementierungen (symbolisiert durch die Ethiker) zu stark kontrolliert wird.

Bewertung: *Wie Sie die Aussage der Wissenschaftlerin bewerten, das heißt, ob Sie ihrer Auffassung zustimmen oder nicht, ist Ihre persönliche Entscheidung. Bedenken sollten Sie dabei aber das Folgende:*

Eine demokratisch verfasste Gesellschaft sollte sich an Werten und Normen orientieren – und diese müssen auch für die wissenschaftliche Forschung gelten. Verantwortungsvolle Wissenschaftlerinnen und Wissenschaftler sollten dies bei ihrem Tun immer vor Augen haben. Nur so kann der Skepsis oder sogar der unverhohlenen Ablehnung, die der genetischen Forschung aus Teilen der Bevölkerung entgegenschlägt, sinnvoll entgegengewirkt werden.

28
- ☐ Die einzige Möglichkeit zur Produktion transgener Pflanzen ist das Verfahren, das auf der Nutzung des Bakteriums *Agrobacterium tumefaciens* beruht.
- ☒ Die sich aus den Blattscheiben regenerierenden Pflanzen sind erbgleich.
- ☐ Transgene Pflanzen können in der freien Natur nicht überleben.
- ☐ Es ist ausgeschlossen, dass es durch den Einsatz schädlingsresistenter Pflanzen zu Veränderungen im Nahrungsnetz kommen kann.
- ☐ Anders als bei den transgenen Pflanzen sind durch den Einsatz transgener Tiere keine negativen Folgen für die Umwelt zu erwarten.
- ☐ Mithilfe der Mikroinjektion werden Hybridplasmide in die tierischen Zellen eingeschleust.
- ☐ Zur Erzeugung transgener Tiere wird DNA über eine Mikroinjektion in eine Körperzelle der Organismen eingebracht.
- ☐ Durch die genetische Veränderung von Tieren ist eine Effizienzsteigerung des betroffenen Organismus in Bezug auf die Produktion bestimmter Stoffe möglich. Anders als bei den transgenen Pflanzen kann es aber nicht zur Synthese artfremder Substanzen kommen.

29 Seit dem Abschluss des Humangenom-Projekts sind bekannt …
- ☐ die Aminosäuresequenz aller Proteine der menschlichen Zellen.
- ☒ die Basensequenz der DNA des Menschen.
- ☐ der Beginn und das Ende aller Abschnitte der DNA des Menschen, die Gene darstellen.
- ☐ alle Enzyme der menschlichen Zelle.
- ☒ die Basensequenz vieler Gene, aber häufig nicht die Funktion der mit ihrer Hilfe entstehenden Genprodukte.

- [ ] für alle Gene des Menschen die Mechanismen, durch die Gene aktiviert werden können (Mechanismen, die erforderlich sind, um die Information der Gene zu realisieren).

30 Mit der Möglichkeit zur Genanalyse verbundene, offene gesellschaftliche Fragen sind z. B.:
- Wer soll berechtigt sein, die Analyse der Gene eines Menschen zu verlangen?
- Darf die Genanalyse verwendet werden, um die Eignung für bestimmte Arbeitsplätze und Berufe zu überprüfen?
- Dürfen Versicherungen genetische Daten verwenden?
- Dürfen Genanalysen zur Auswahl menschlicher Embryonen verwendet werden?

31 Wenn die Gentherapie z. B. durch einen Gentransfer an Keimzellen oder Zellen sehr früher Embryonalstadien durchgeführt wird, entstehen Personen, die in allen Zellen ihres Körpers entsprechend veränderte Gene tragen.
Bei der somatischen Gentherapie werden gezielt nur die Zellen des Körpers genetisch verändert, in denen sich das betreffende Gen auswirkt. Das sind in der Regel die Körperbereiche, in denen das Gen aktiv ist und zu Krankheitserscheinungen führt.

32 Problematisch aus ethischer Sicht ist z. B. …
- das Schicksal „überzähliger“, nach *In-vitro*-Fertilisation nicht in den Uterus eingepflanzter Embryonen.
- die Auswahl von Embryonen durch Genanalyse (PID) vor der Übertragung in den Uterus (Auswahl z. B. in Bezug auf Erbkrankheiten, erwünschten Genotyp, erwünschtes Geschlecht).
- der Gentransfer auf Embryonen (embryonale Stammzellen).
- der Embryotransfer auf eine Frau, die bei künstlicher Befruchtung nicht die Spenderin der Eizelle ist (Leihmutter).
- die Erzeugung oder die „Nutzung“ von Embryonen zum Zweck des therapeutischen Klonens.
- die Erzeugung von Hybriden zwischen Mensch und Tier (Zellverschmelzung, Kernübertragung).

33 [x] therapeutisches Klonen mithilfe embryonaler Zellen
[ ] Transfer menschlicher Gene auf Bakterienzellen
[x] Übertragung von Zellkernen aus Körperzellen des Menschen auf entkernte Eizellen von Tieren
[ ] therapeutisches Klonen mithilfe von Stammzellen aus dem Körper erwachsener Menschen
[ ] künstliche Befruchtung beim Menschen
[x] Präimplantations-Diagnostik (PID)
[x] Übertragung von Genen auf embryonale Zellen

34 Mit der geschilderten Methode der Kernübertragung auf eine embryonale Zelle ist eine andersartige Nutzung von Embryonen als zum Zweck der Fortpflanzung verbunden. Sie kann so weit gehen, dass Embryonen „verbraucht" werden, dass sie also durch diese Nutzung sterben. Ob diese Technik erlaubt sein soll, ist in der Gesellschaft umstritten. Außerdem eröffnet dieses Verfahren die Möglichkeit, Menschen zu klonen, das heißt genetisch identische Kopien von Menschen herzustellen. Wie alle Möglichkeiten der gezielten Beeinflussung und Veränderung der genetischen Information von Embryonen (Eingriffe in die Keimbahn), ist auch das Klonen mit den Grundwerten unserer Gesellschaft nicht oder nur schwer vereinbar.

35 Mit dieser Aussage wird ein Grundproblem thematisiert, das unter anderem anhand der Forschung an Stammzellen deutlich wird: Auf der einen Seite können vom Staat erlassene strenge ethische Vorschriften, deren Einhaltung genau kontrolliert wird, einen möglichen Missbrauch der Stammzellforschung in Deutschland verhindern helfen. Andererseits könnte eine zu starke Regulierung und Reglementierung dem Forschungsstandort schaden und dazu führen, dass entsprechende Therapien in anderen Ländern entwickelt werden. Sollten die im Ausland durchgeführten Forschungen schließlich zu Therapieansätzen führen, von denen dann letztendlich auch Patienten in Deutschland profitieren, könnte der Bundesrepublik eine Doppelmoral unterstellt werden.

36 Während der Meiose werden die diploiden Chromosomensätze des Mannes und der Frau zu haploiden reduziert (Reduktionsteilung). Dabei werden homologe Chromosomenpaare getrennt. Ist ein Gen für die Ausbil-

dung einer Krankheit beispielsweise nur auf einem der homologen Chromosomen lokalisiert, so enthalten 50 % der Keimzellen die entsprechende Anlage.
Bei der Befruchtung wird das genetische Material von Eizelle und Spermium kombiniert. Dabei kann z. B ein rezessiver Gendefekt auf einem väterlichen Autosom durch das entsprechende unveränderte Gen auf dem von der Mutter geerbten homologen Chromosom „ausgeglichen“ werden. Das sich aus der Zygote entwickelnde Kind wird in diesem Fall nicht erkranken. Bei X-chromosomalen Erkrankungen sind Jungen (XY) immer betroffen, Mädchen (XX) dagegen nur dann, wenn, im Fall eines X-chromosomal-rezessiven Leidens, beide Elternteile die defekte Anlage weitergegeben haben, oder wenn es sich um eine X-chromosomal-dominante Erkrankung handelt.

37 Während der 2. Reifeteilung werden die Metaphase-Chromosomen in ihre beiden Chromatiden aufgeteilt und an die neu entstehenden Tochterzellen weitergegeben. Dieser Vorgang ähnelt im Ablauf und im Ergebnis einer mitotischen Zellteilung, bei der ebenfalls Chromatiden an die Tochterzellen weitergegeben werden.
Der entscheidende Unterschied ist dabei aber, dass bei der Mitose der diploide Chromosomensatz aufgeteilt wird, bei der 2. Reifeteilung der Meiose aber nur der haploide Chromosomensatz.

38 Eine 2. Reifeteilung ist unbedingt notwendig, weil es in der Prophase der 1. Reifeteilung bei den Metaphase-Chromosomen zu einem *Crossing-over*-Geschehen zwischen homologen Nichtschwester-Chromatiden kommen kann. Dadurch erhält je eine Chromatide das Teilstück einer anderen. In den Fällen, in denen während des Vorgangs unterschiedliche Allele eines Gens ausgetauscht werden, hätte das Metaphase-Chromosom in jedem seiner beiden Chromatiden einen unterschiedlichen allelen Zustand der betroffenen Gene. Würde ein solches Chromosom in der Zygote auf ein weiteres Chromosom mit ähnlicher „Entstehungsgeschichte“ treffen, so wären dort gegebenenfalls bis zu vier unterschiedliche Allele für ein und dasselbe Gen vorhanden, was zu Störungen z. B. des Stoffwechsels führen könnte. Damit die Keimzellen von jedem vererbbaren Gen immer nur eine Anlage enthalten, und folglich die Zygote höchstens zwei verschiedene Anlagen, ist also eine Teilung der Metaphase-Chromosomen in ihre beiden Chromatiden während der 2. Reifeteilung unbedingt erforderlich.

39 Im Vergleich zur sehr plasmareichen Eizelle ist das Spermium winzig klein.

Die Eizelle liefert mit ihrem Cytoplasma das komplette „Grundmaterial" für die ersten Teilungs- und Entwicklungsschritte des Lebewesens, das nach der Befruchtung der Eizelle durch ein Spermium und der Verschmelzung von Ei- und Spermienkern entsteht. Insofern ist – als Ergebnis der Oogenese – **eine** sehr plasmareiche Eizelle für die Entwicklung der Zygote günstiger als vier wesentlich kleinere Eizellen mit deutlich geringerer plasmatischer Ausstattung.

Das Spermium dagegen steuert zur Zygote lediglich sein genetisches Material bei. Für die männlichen Gameten, die sich zur Eizelle hin bewegen müssen, wäre es sogar hinderlich, wenn sie sehr plasmareich und damit groß und relativ unbeweglich wären. Somit sind bei der Spermatogenese gleichmäßige meiotische Teilungen sinnvoll.

40 Bei der meiotischen Reifeteilung gibt es sowohl bei der Mutter als auch beim Vater jeweils mehr als 8 Millionen Möglichkeiten für die Kombination der 23 Chromosomen im haploiden Satz. Daraus ergibt sich für die Zygote eine unvorstellbar große Zahl an Kombinationsmöglichkeiten, wodurch das Entstehen zweier Kinder mit identischem Erbgut quasi ausgeschlossen ist.

41

	autosomal-dominant vererbtes Merkmal	**autosomal-rezessiv vererbtes Merkmal**
Auftreten in den Generationen	Das betrachtete Merkmal erscheint oft in jeder Generation.	Das betrachtete Merkmal kann einige Generationen „überspringen".
Häufigkeit im Stammbaum	Es handelt sich um ein Merkmal mit relativ großer Häufigkeit.	Es handelt sich um ein Merkmal mit relativ geringer Häufigkeit.
Ausprägung der Überträger	Überträger zeigen das Merkmal.	Überträger zeigen das Merkmal nicht.

42 **a** Beim Albinismus handelt es sich um eine autosomal-rezessive Vererbung.

Begründung:

- Dass annähernd gleich viele männliche wie weibliche Individuen von der Krankheit betroffen sind, lässt den Schluss zu, dass es sich um eine autosomale Vererbung handelt.
- Das seltene Auftreten der Erkrankung lässt auf eine rezessive Vererbung schließen.

b Mit dem Großbuchstaben „A“ wird das nicht mutierte dominante Allel des Gens bezeichnet und mit dem Kleinbuchstaben „a“ die rezessive Gen-Ausprägung, die den Albinismus bedingt.

1 aa	7 Aa	13 AA/Aa	19 Aa
2 AA/Aa	8 AA/Aa	14 AA/Aa	20 AA/Aa
3 AA/Aa	9 AA/Aa	15 aa	21 aa
4 Aa	10 AA/Aa	16 aa	22 aa
5 Aa	11 Aa	17 AA/Aa	23 AA/Aa
6 Aa	12 Aa	18 Aa	

c Kinder aus der Verbindung der Individuen 15 und 16 würden alle den Genotyp aa aufweisen und somit an Albinismus leiden.

43 Der Vater des weiblichen Individuums 14 mit der Bluterkrankheit ist ebenfalls Bluter. Er hat seiner Tochter das X-Chromosom mit der defekten Anlage vererbt, die ihn selbst erkranken ließ. Da die Mutter von Person 14 nicht an der Krankheit leidet, muss sie Überträgerin sein und ihrer Tochter das X-Chromosom mit der mutierten Anlage darauf vererbt haben. Somit weist Person 14 zwei X-Chromosomen mit dem rezessiven defekten Allel auf und leidet folglich an der Bluterkrankheit.

44 Das weibliche Individuum 4 ist die Tochter aus der Verbindung von 1 und 2. Von Individuum 2 ist bekannt, dass die Frau Überträger der Bluterkrankheit ist, das heißt, dass sie ein X-Chromosom mit dem genetischen Defekt besitzt. Person 1 ist kein Bluter. Als Vater vererbt der Mann seiner Tochter sein X-Chromosom, das keinen relevanten Defekt aufweist. Von ihrer Mutter kann die Tochter nun entweder das X-Chromosom mit dem genetischen Defekt geerbt haben oder dasjenige ohne Defekt.

Aus der Verbindung von Person 4 mit einem Mann, der kein Bluter ist (3), geht nur ein Sohn (9) hervor. Dieser hat – wie jeder Mann – sein X-Chromosom von der Mutter bekommen. Da nur ein Nachkomme vorhanden ist und dieser gesund ist, kann auch daraus nicht gefolgert werden, ob das Individuum 4 in Bezug auf die Bluterkrankheit Überträger oder homozygot gesund ist.

45 Der erste Teil des Namens gibt die Gattung an, der zweite die Art. Die hinter den beiden Begriffen stehende Abkürzung nennt den Wissenschaftler, der die Art als Erster beschrieben hat.

46 a Bakterien, Einzeller, Pflanzen, Pilze, Tiere
b Prokaryoten (Prokaryonten) = Bakterien
Eukaryoten (Eukaryonten) = alle übrigen Reiche
Eukaryoten haben einen durch eine Doppelmembran vom Zytoplasma abgegrenzten Zellkern. Bei Prokaryoten ist kein Zellkern vorhanden.

47 Wirbeltiere → Säugetiere → Raubtiere → Robben

48

3	Unterstamm	1	Reich	6	Familie
7	Gattung	5	Ordnung	4	Klasse
2	Stamm	8	Art		

49
- ☐ Familie
- ☐ Ordnung
- ☒ Stamm
- ☐ Gattung

50
- ☒ Milchdrüsen
- ☐ Extremitäten mit fünf Fingern bzw. Zehen
- ☐ Mund mit Ober- und Unterkiefer
- ☐ zwei Paar Extremitäten
- ☒ Haut mit Haaren bedeckt (Fell)

Als Synapomorphie bezeichnet man ein Merkmal, das bei der Stammart einer Gruppe neu aufgetreten ist. Es kommt daher nur bei den Mitgliedern der Gruppe vor, die aus dieser Stammart entstanden ist. Die Stammart der heutigen Säugetiere hatte Milchdrüsen und ein Fell. Daher tragen alle ihre

Nachfahren diese Merkmale. In anderen systematischen Gruppen sind sie nicht zu finden. Im Laufe der Stammesgeschichte können synapomorphe Merkmale innerhalb einer Gruppe teilweise wieder verloren gehen, z. B. haben die heutigen Wale kein Fell mehr.

51 **a** Durch die Fähigkeit, ihre Körpertemperatur auf einem konstant hohen Niveau halten zu können, können gleichwarme Tiere weitgehend unabhängig von der Außentemperatur aktiv sein. Das bringt viele Vorteile. Durch ihre relative Unabhängigkeit von der Umgebungstemperatur sind sie z. B. in der Lage, in kühleren Gebieten zu überleben oder auch während kühlerer Jahreszeiten bzw. in der Nacht Nahrung zu suchen und anderen lebenswichtigen Tätigkeiten nachzugehen.

b Eine ständig hohe Körpertemperatur kommt bei allen Vögeln und bei allen Säugern vor. Dieses Merkmal ist bei den beiden Gruppen unabhängig voneinander entstanden.

52 **a** Zauneidechse und Buchfink sind näher miteinander verwandt als jede der beiden Arten mit der Hausmaus.

b

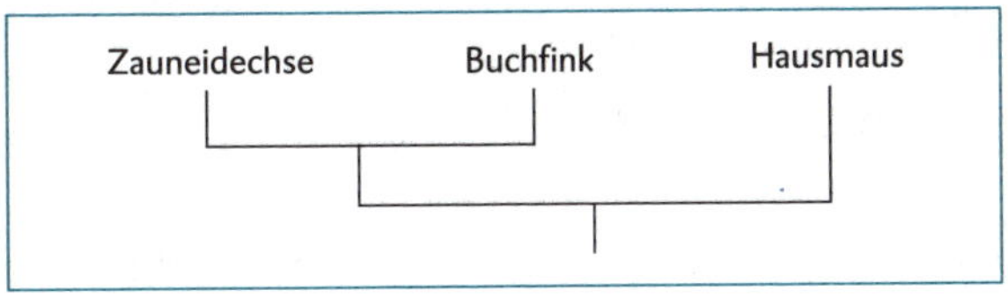

53
- ☐ Knochenfische
- ☐ Reptilien
- ☒ Vögel
- ☐ Primaten (Affen und verwandte Tiere)
- ☐ Amphibien

Vögel haben sich aus einer bestimmten Gruppe von Reptilien entwickelt. Aus einer anderen Reptiliengruppe entstanden die Säugetiere, zu denen auch der Mensch gehört. In der Gruppe der Vögel traten daher nie Arten auf, die Vorfahren der Säugetiere waren.

54 Regressionsreihen verdeutlichen Rückbildungserscheinungen. Im Verlauf einer Regressionsreihe findet eine Entwicklung statt, bei der Organe oder Organsysteme vom Komplizierten hin zum Einfachen reduziert werden.

Dies kann bis zum vollständigen Verlust des betreffenden Merkmals führen. Die Blindschleiche ist hierfür ein gutes Beispiel: Bei dieser Echse werden keine Extremitäten mehr ausgebildet.

55
- [B] Organismen wandeln sich im Laufe langer Zeiträume.
- [D] Organismen bringen in der Regel mehr Nachkommen hervor, als zur Erhaltung ihrer Art erforderlich wären.
- [L] Eine Ursache der Wandlung der Arten ist ihr innerer Drang nach Vervollkommnung.
- [B] Die Veränderung der Arten geschieht in sehr kleinen Schritten.
- [D] Die Unterschiede zwischen den Individuen derselben Art treten zufällig und unabhängig von der Beschaffenheit der jeweiligen Umwelt, das heißt ungerichtet, auf.
- [L] Ständiger Gebrauch von Organen führt in kleinen Schritten über viele Generationen hinweg zu ihrer Verstärkung.
- [D] Die Individuen derselben Art sind in der Regel nie völlig gleich.
- [L] Ständiger Nichtgebrauch hat über die Generationen hinweg eine zunehmende Rückbildung der entsprechenden Organe zur Folge.
- [B] Folge der Veränderung der Arten ist eine bessere Anpassung an die jeweilige Umwelt.
- [L] Durch Gebrauch und Nichtgebrauch erworbene Merkmale werden vererbt.
- [D] An die jeweilige Umwelt am besten angepasste Individuen überleben häufiger und haben daher mehr Nachkommen.

56 **Darwin:** Zitate a und b
Lamarck: Zitate c, d und e

57
- [x] Die Organismen haben sich im Laufe der Erdgeschichte gewandelt.
- [x] Lebewesen sind in der Regel an die jeweiligen Umweltbedingungen angepasst.
- [x] Lebewesen veränderten sich im Laufe ihrer Stammesgeschichte in kleinen Schritten.
- [ ] Die Anpassung der Lebewesen geschieht durch die Vererbung von Merkmalen, die durch Gebrauch und Nichtgebrauch von Organen erworben wurden.

- [x] Bestimmte Organe eines Individuums können im Laufe seines Lebens durch ihren Gebrauch kräftiger bzw. durch ihren Nichtgebrauch schwächer werden.
- [ ] Jedes Lebewesen besitzt eine in ihm liegende Tendenz zur Verbesserung seiner Anpassung.
- [x] Umwelteinflüsse sind einer der Faktoren, die die Veränderung von Arten und Merkmalen bewirken können.

58 Obwohl der König und die Königin nur kleine Kiefer und wenig kräftige Beine besitzen, können sie Nachkommen (Soldaten und Arbeiter) mit sehr großen Kiefern und kräftigen Beinen hervorbringen. Bei Anwendung der Theorie LAMARCKS wäre das nicht möglich. Nach LAMARCk hätten die Eltern zunächst die großen Kiefer und die kräftigen Beine durch Gebrauch erwerben müssen, um sie an ihre Nachkommen vererben zu können.
Die Soldaten mit den großen Kiefern und die Arbeiter mit den kräftigen Beinen können ihre Merkmale nicht an Nachkommen weitergeben, da beide Kasten steril sind.

59 DARWIN beschäftigt sich in seinem Hauptwerk „Die Entstehung der Arten" vor allem mit …

- [x] der Veränderung von Merkmalen und der Entstehung von Anpassungen bei Pflanzen und Tieren.
- [ ] den Ursachen für das Aussterben von Arten, die nur als Fossilien überliefert sind.
- [ ] den genetischen Grundlagen der Evolution.
- [ ] der Entstehung des Lebens auf der Erde.
- [ ] dem Ursprung des Menschen.

60 **a** Das Zitat stammt von Charles DARWIN.

b Im Text geht es um den *„struggle for life"*, also um die Konkurrenz zweier Arten.

c DARWIN wollte durch die Wahl des Pflanzen-Beispiels vermeiden, dass der *„struggle for life"* als „Kampf" im Sinne einer direkten, eventuell sogar körperlichen Auseinandersetzung verstanden wird. Er wollte sicherstellen, dass seine Leser den Begriff, der häufig mit dem „Kampf ums Dasein" übersetzt wird, als „Wettbewerb um Lebensbedingungen" auffassen.

61 **a** Die Ansicht von Wallace entspricht der Evolutionstheorie DARWINS.
b Wallace nimmt Stellung zu ...
- der Veränderung von Merkmalen durch einen Vervollkommnungstrieb, den LAMARCK annahm.
- der Selektion innerhalb der Varianten einer Art, wie DARWIN sie annahm *(„survival of the fittest")*.

62 **a** Erklärung aus der Sicht DARWINS: Eine kleine Reptilienart ernährte sich von Insekten, die sie zweibeinig laufend mit den Armen fing. Zufällig traten bei diesen Reptilien Varianten auf, die kleine federartige Schuppen an den Vorderextremitäten aufwiesen. Dadurch waren diese Individuen in der Lage, ihre Beute leichter bzw. zuverlässiger zu fangen als ihre Artgenossen. Die Varianten mit den federartigen Schuppen konnten sich, weil sie folglich besser ernährt waren, häufiger fortpflanzen. Unter ihren Nachkommen fanden sich zufällig wiederum einige wenige Tiere, die noch etwas größere Federn hatten. Über viele Generationen hinweg entstanden durch den anhaltenden Selektionsvorteil der Individuen, die größere Federn hatten, Vorderextremitäten mit großen Federn, die Tragflächen bildeten und einen Gleitflug ermöglichten. Je besser der Gleitflug war, desto stärker war der Vorteil für das entsprechende Tier z. B. bei der Flucht vor Fressfeinden. Wiederum über viele Generationen hinweg bevorzugte die Selektion die Individuen mit den jeweils leistungsfähigsten Flügeln. Infolgedessen entstanden im Laufe der Stammesgeschichte Vögel, die aktiv fliegen konnten.
b Entstehung von Laufvögeln nach LAMARCK: Die Laufvögel gebrauchten ihre Flügel nicht mehr oder nur noch selten, weil sie für die Flucht immer mehr ihre Beine benutzten. Durch den Nichtgebrauch verkümmerten die Flügel zunehmend von Generation zu Generation bis zur heutigen stark reduzierten Form.

63
- [ ] Reste von Lebewesen können als Versteinerungen über viele Millionen Jahre hinweg erhalten bleiben.
- [x] Die systematischen Großgruppen der Wirbeltiere unterscheiden sich in ihrem Alter (erstes Auftreten in der Erdgeschichte) erheblich.
- [x] Nahezu alle Fossilien lassen sich den systematischen Großgruppen heutiger Lebewesen zuordnen.

- [ ] Vor etwa 65 Millionen Jahren verschwand innerhalb kurzer Zeit ein sehr großer Teil der Reptilienarten auf der Erde. Verantwortlich dafür war vermutlich unter anderem der Einschlag eines großen Meteoriten.
- [ ] Fossilien kommen fast ausschließlich in Ablagerungsgestein vor.
- [x] Je älter Fossilien sind, desto stärker unterscheiden sie sich in der Regel von rezenten Organismen.
- [x] Einige besondere Fossilien vereinen Merkmale in sich, die heute bei unterschiedlichen Großgruppen vorkommen (Brückenformen).
- [x] In einigen wenigen Fällen, in denen man viele Fossilien einer Gruppe in aufeinanderfolgenden Schichten findet, kann man die allmähliche Veränderung von Merkmalen feststellen.
- [ ] Organismen können in Bernstein eingeschlossen sehr lange Zeit erhalten bleiben.

64 Die Stammesgeschichte der Pferde ist wegen der zahlreichen Fossilienfunde gut zu rekonstruieren. Die allmähliche Änderung vieler Merkmale, z. B. des Beinskeletts, der Zahnform und der Körpergröße lässt sich eindeutig belegen. Heutige Pferde weisen beispielsweise Rudimente im Beinskelett auf. Die beiden Griffelbeine lassen sich als Reste eines Fuß- bzw. Handskeletts deuten, das aus mehr als einer Zehe bzw. einem Finger bestand. Zuweilen tritt in diesem Bereich auch ein Atavismus auf: Ein Griffelbein kann einen Huf tragen.

65
- Zunahme der Körpergröße
- Vergrößerung der Backenzähne und Zunahme der Schmelzleisten in den Kauflächen
- Verringerung der Zehen- bzw. Fingerzahl, die auf dem Boden auftreten

66
- Alle fossilen Pferde lassen sich ohne Schwierigkeiten in die heutige systematische Gruppe der Unpaarhufer einordnen.
- Je älter die Fossilien der pferdeartigen Tiere sind, desto stärker unterscheiden sie sich von den heutigen Pferden.
- Die Änderung der Merkmale erfolgte bei den Vorfahren der heutigen Pferde in kleinen Schritten und kontinuierlich.

67 Frühe Vorfahren der heutigen Pferde lebten in Wäldern mit vermutlich feuchten, weichen Böden. Der Lebensraum der späten Vorfahren war dagegen offenes, steppenartiges Grasland. Vorteile für das Leben in der Steppe bringen …

- ein größerer Körper (mit längeren Beinen) für bessere Übersicht und schnellere Flucht.
- die Reduktion der Zehenzahl für einen effektiveren Lauf.
- große, breitkronige Backenzähne mit vielen Schmelzleisten zum Zermahlen der harten Gräser (härter als Laubblätter).

68 *Archaeopteryx* trägt sowohl Merkmale heutiger Vögel als auch heutiger Reptilien. Das lässt sich am leichtesten erklären, wenn man annimmt, dass die erdgeschichtlich junge Gruppe der Vögel aus der alten Gruppe der Reptilien entstanden ist. Der Archaeopteryx ist somit eine Brückenform.

- Vogelmerkmale sind z. B.:
  - Vogelfedern
  - nach hinten gerichtete erste Zehe (Greiffuß)
  - Gabelbein (verwachsene Schlüsselbeine)
- Reptilienmerkmale sind z. B.:
  - Kiefer mit Zähnen (kein Hornschnabel)
  - Finger- und Mittelhandknochen nicht verwachsen
  - lange Schwanzwirbelsäule
  - Beckenknochen nicht miteinander verwachsen

69 **a** Merkmale, die *Archaeopteryx* und *Sinornis* gemeinsam haben:

- Kiefer mit Zähnen
- Mittelhandknochen nicht miteinander verwachsen

b *Sinornis santensis* ist wahrscheinlich jünger als *Archaeopteryx*. Er trägt mit der stark verkürzten Schwanzwirbelsäule bereits ein Merkmal der heutigen Vögel, das bei *Archaeopteryx* noch nicht vorhanden war.

70 Homologe Organe …

☐ bilden sich durch Umwandlung aus analogen Organen.

☒ beruhen auf sehr ähnlicher genetischer Information.

☐ treten nur unter Nachkommen derselben Eltern auf.

☒ beruhen auf gemeinsamer Abstammung.

☐ entstehen durch Konvergenz.

- [ ] können sich nicht konvergent entwickeln.
- [ ] sind in ihrer äußeren Form immer sehr ähnlich.
- [ ] kommen nur bei rezenten (heute lebenden) Arten vor.
- [ ] sind nur bei Tieren, nicht jedoch bei Pflanzen zu finden.

71 a homologe Organe, z. B.:
- Vorderextremitäten der Wirbeltiere
- Schwimmblase der Knochenfische und Lunge der Landwirbeltiere
- Hautschuppen des Hais und Zähne des Menschen

b analoge Organe, z. B.:
- Vorderbeine der Maulwurfsgrille und des Maulwurfs
- Flügel der Insekten und der Wirbeltiere (Vögel, Fledermaus u. a.)
- unterirdische Speicherorgane von Pflanzen (z. B. Sprossknolle der Kartoffel und Wurzel der Möhre)

c Rudimente, z. B.:
- Steißbein, Achselbehaarung, Schamhaare, Bart und Wurmfortsatz des Menschen
- Schulter- und Beckenknochen bei der Blindschleiche
- Becken- und Oberschenkelknochen bei Walen
- Griffelbeine beim Pferd
- schuppenförmige, braune Laubblätter bei der Braunwurz und beim Fichtenspargel

d Atavismen, z. B.:
- überzählige Brustwarzen, kleine, schwanzähnliche Verlängerung des Steißbeins und fellartige Behaarung des Körpers beim Menschen
- überzähliger Huf am Griffelbein eines Pferdes
- voll ausgebildetes hinteres Flügelpaar bei *Drosophila*
- Löwenmäulchen mit radiärsymmetrischen Blüten

72 Von divergenter Entwicklung spricht man, wenn sich Organe und Strukturen mit gleichem Grundbauplan aufgrund von unterschiedlichen Lebensbedingungen ihrer Träger (unterschiedlicher Selektionsdruck) unterschiedlich entwickeln. Da es sich bei Organen und Strukturen mit gleichem Grundbauplan immer um homologe Organe handelt, kann man schlussfolgern, dass divergente Entwicklungen nur im Fall von Homologien auftreten können.

73 **Atavismen:** a, c, d
Rudimente: b, e, f

74 Verwandtschaft beruht auf der Abstammung von einem gemeinsamen Vorfahren. Nachweisen lässt sich Verwandtschaft nur durch Homologien, nicht durch Analogien, weil sich auftretende Ähnlichkeiten nur im Fall von Homologien auf die Abstammung von einem gemeinsamen Vorfahren zurückführen lassen.
Die bloße Ähnlichkeit von Merkmalen verschiedener Organismen oder Organismengruppen reicht zum Nachweis von Verwandtschaft nicht aus, da ähnliche Merkmale auch auf Analogie beruhen können. Das heißt, sie können sich im Laufe der Stammesgeschichte auch bei nicht näher miteinander verwandten Organismen gebildet haben, wenn gleichartige Umweltbedingungen zu unabhängig voneinander verlaufenden, gleichgerichteten Veränderungen verschiedenartiger Organe geführt haben.

75
- **Analogien:** C, E, F
  Die beschriebenen Organe haben ähnliche Gestalt und Funktion, aber unterschiedliche Grundbaupläne. Sie sind jeweils aus verschiedenen Organen entstanden.
- **Konvergenz homologer Organe:** A, B, D
  In diesen Fällen sind homologe Organe beschrieben, das heißt Strukturen, die auf einen gleichen Ursprung zurückgehen. Die Zungen und Schwänze (verlängerte Wirbelsäule) aller Säugetiere sind homolog, ebenso die Vorderextremitäten der Wirbeltiere. Unabhängig voneinander haben sich die erwähnten homologen Organe in verschiedenen systematischen Gruppen, das heißt auf verschiedenen Zweigen des Stammbaums, aufgrund ähnlicher Umweltanforderungen zu spezialisierten Organen mit ähnlichem Bau und ähnlicher Funktion entwickelt. Die Ähnlichkeit der Gestalt beruht demnach in diesen Fällen nicht vorrangig auf der Abstammung von einem gemeinsamen Vorfahren, sondern auf dem Einsatz für die gleiche Aufgabe. So sind beispielsweise aus ursprünglichen Laufbeinen bei Robben, Walen, Seekühen und Pinguinen unabhängig voneinander Flossen entstanden.

76 **Atavismen:** B, D, F, G, H
Rudimente: A, C, E

Atavismen: Wenn sich bei einzelnen Individuen Organe ausbilden, die nur bei mutmaßlichen frühen Vorfahren vorhanden waren, weist das darauf hin, dass die genetische Information dieser Vorfahren bei der jeweiligen Tier- oder Pflanzengruppe noch vorhanden, aber normalerweise blockiert ist. Gleiche genetische Information ist ein starkes, kaum zu widerlegendes Indiz für Verwandtschaft. Die Änderung von den Vorformen zu der jeweils heutigen Art lässt sich am einfachsten durch Evolutionsprozesse erklären (hier durch eine Blockade der jeweiligen Gene im Laufe der Evolution).
Rudimente: Die unvollkommene Ausbildung der Organe lässt sich am leichtesten erklären, wenn man annimmt, dass sich die entsprechenden Rudimente durch Evolutionsprozesse im Laufe langer Zeit aus ehemals vollständigen, bei verwandten Gruppen noch vorhandenen Strukturen rückgebildet haben.

77 a Rudimente
b Analogie

78 Für die Richtigkeit der Endosymbionten-Theorie spricht z. B.:
- Mitochondrien und Chloroplasten (sowie die übrigen Plastiden) sind von einer Doppelmembran umgeben.
- Die innere Membran der Mitochondrien und der Chloroplasten (sowie der übrigen Plastiden) ähnelt der von Prokaryoten (Bakterien), die äußere ist gleich aufgebaut wie die Membran der Eukaryoten.
- Mitochondrien und Chloroplasten (sowie die übrigen Plastiden) enthalten als einzige Organellen der Zelle eigene DNA (ringförmig geschlossen wie bei Prokaryoten) und eigene Ribosomen.
- Mitochondrien und Chloroplasten (sowie die übrigen Plastiden) vermehren sich selbstständig und weitgehend unabhängig von den übrigen Zellbestandteilen (eigener Proteinbiosynthese-Apparat).

79 Die Übertragbarkeit der an Tieren gewonnenen Testergebnisse auf uns Menschen lässt den Schluss zu, dass in unseren Zellen bzw. in unserem Organismus ähnliche Prozesse ablaufen wie in Tieren. Die Ähnlichkeit des Stoffwechsels bei Tieren und Menschen lässt sich am einfachsten erklären, wenn man annimmt, dass beide miteinander verwandt sind, dass sie also von einem gemeinsamen Vorfahren abstammen. Sie darf daher als Beleg für die Evolution der Organismen betrachtet werden.

80 Beispiele:

- DNA: Speicherung der genetischen Information
- RNA: Übertragung der genetischen Information während der Proteinbiosynthese
- Aminosäuren: verkettet zu Proteinen und kleineren Peptiden
- ATP: Übertragung und Speicherung von Energie

81 In allen auf der Erde vorkommenden Zellen sind gleich oder sehr ähnlich:

- Transkription
- Translation
- genetischer Code (gleiche Basentripletts für gleiche Aminosäuren)
- größere, zusammenhängende Teilbereiche der genetischen Information, das heißt der Basensequenz der DNA (und damit auch ein Teil der Proteine in allen Zellen)

82
- [x] Für die Änderung der Primärstruktur eines Proteins sind Genmutationen verantwortlich.
- [ ] Der genetische Code ist degeneriert.
- [ ] Der genetische Code wird ohne Kommata (Pausenzeichen) abgelesen.
- [x] Die Zahl der in der Stammesgeschichte einer Art aufgetretenen Mutationen ist zeitabhängig.
- [x] Je später in der Stammesgeschichte sich eine Art in zwei aufgespalten hat, desto geringer sind die Unterschiede in der Proteinstruktur der beiden entstandenen Arten in der heutigen Zeit.
- [ ] Die meisten Proteinarten der Zelle arbeiten als Enzyme.

83
- [ ] Bei Präzipitintests (Serodiagnose) werden Versuchstieren Antikörper gespritzt, die gegen bestimmte Antigene wirken.
- [x] Mithilfe von Präzipitintests kann der Grad der Ähnlichkeit von Proteinen verschiedener Organismen festgestellt werden.
- [x] Der Grad der Ähnlichkeit vergleichbarer Proteine verschiedener Tierarten lässt sich über Präzipitintests feststellen, weil Antikörper ihre volle Wirkung nur gegenüber dem Protein entfalten, gegen das sie gebildet wurden.
- [ ] In Präzipitintests lässt sich messen, ob zwei Tierarten das gleiche Immunsystem besitzen.
- [ ] Je ähnlicher zwei Proteinmoleküle sind, desto geringer ist ihre Ausfällung im Präzipitintest.

- [x] Bei naher Verwandtschaft zwischen zwei Tierarten ist die Ausfällung ihrer Proteine im Präzipitintest hoch.
- [ ] Für einen Präzipitintest benutzt man in der Regel die Proteine von Leberzellen.
- [ ] Präzipitintests sind geeignet, um die Abfolge der Aminosäuren eines Proteins festzustellen.
- [x] Die Ausfällung des Eiweißes im Präzipitintest beruht auf einer Antigen-Antikörper-Reaktion.

84 Die Möglichkeiten, die 20 Aminosäuren, aus denen die Proteine aller heutigen Organismen bestehen, in verschiedenen Abfolgen zu Ketten zu verbinden, sind außerordentlich groß. Die Gleichartigkeit der Abfolge der Aminosäuren bei so unterschiedlichen Organismen wie Hefe und Mensch ist daher nur mit extrem geringer Wahrscheinlichkeit durch Zufall aufgetreten. Viel leichter ist die Übereinstimmung zu erklären, wenn man annimmt, dass Hefe und Mensch einen gemeinsamen Vorfahren hatten.

85

- [x] Bei der DNA-Hybridisierung werden DNA-Einzelstränge verschiedener Organismenarten dazu gebracht, sich zu Polynukleotid-Doppelsträngen zu paaren.
- [ ] Um eine DNA-Hybridisierung durchführen zu können, benötigt man die DNA von Artbastarden (Mischlinge, die aus der Kreuzung zwischen zwei Arten hervorgehen).
- [x] Als Maß für die Ähnlichkeit der DNA gilt bei der DNA-Hybridisierung die Temperatur, die erforderlich ist, um einen hybriden DNA-Doppelstrang zu trennen.
- [ ] Je ähnlicher sich zwei DNA-Einzelstränge verschiedener Arten sind, die in der DNA-Hybridisierung dazu gebracht wurden, sich zu einem Doppelstrang zu paaren, desto geringer ist die Temperatur, die erforderlich ist, um diesen Doppelstrang zu trennen.
- [x] Bei der Trennungstemperatur (Schmelztemperatur) lösen sich bei der DNA-Hybridisierung die H-Brücken zwischen den Polynukleotid-Einzelsträngen der DNA.
- [ ] Bei der Schmelztemperatur lösen sich im Verfahren der DNA-Hybridisierung die Bindungen zwischen den Nukleotiden eines DNA-Einzelstrangs.

- ☐ Die DNA-Hybridisierung ist ein Verfahren, mit dem man im Labor heterozygote Individuen erzeugen kann.
- ☐ Zur DNA-Hybridisierung werden Chromosomen verschiedener Organismenarten durch künstliche Befruchtung neu kombiniert.

86 *Drosophila melanogaster* ist mit *Drosophila simulans* näher verwandt als mit *Drosophila funebris.*
Die DNA von *D. melanogaster* ist der von *D. simulans* ähnlicher als der von *D. funebris.* Um hybride DNA, die aus Einzelsträngen von *D. melanogaster* und *D. simulans* besteht, zu trennen, ist eine höhere Temperatur erforderlich als bei hybrider DNA von *D. melanogaster* und *D. funebris.* Die Basensequenzen der Einzelstränge von *D. simulans* und *D. melanogaster* stimmen in mehr Abschnitten überein. Es können sich daher mehr komplementäre Basen paaren als bei den Hybridsträngen von *D. melanogaster* und *D. funebris.* Da mehr Abschnitte mit komplementären Basen vorhanden sind, liegen auch mehr H-Brücken vor. Die beiden DNA-Einzelstränge sind daher stärker miteinander verbunden, weshalb eine höhere Temperatur erforderlich ist, um sie voneinander zu trennen.

87 **a** Ablauf des Präzipitintests:

- Blutserum des Kondors (Neuweltgeier) wird einem Kaninchen (oder einem anderen Versuchstier) gespritzt.
- Das Kaninchen bildet Antikörper, die spezifisch gegen die Proteine des Kondors wirken.
- Das Blutserum des Kaninchens wird mit dem Serum eines Storchs und in einem zweiten Ansatz mit dem eines Altweltgeiers gemischt.
- Die im Serum des Kaninchens enthaltenen „Anti-Kondor-Antikörper“ fällen die Bluteiweiße umso stärker aus, je ähnlicher sie dem Eiweiß des Kondors sind.

Die Ausfällung des Bluteiweißes des Storchs ist stärker als die des Altweltgeiers, die vermuteten Verwandtschaftsverhältnisse sind bestätigt.

b Vermutlich war die starke äußere Ähnlichkeit von Neuwelt- und Altweltgeiern der Grund dafür, eine nahe Verwandtschaft anzunehmen und beide in die gleiche systematische Gruppe zu stellen. Durch die Ergebnisse der neuen Untersuchungen wurde jedoch klar, dass die Ähnlichkeit zwischen den beiden Geiergruppen auf Konvergenz nicht-homologer Strukturen beruht.

88 Zunächst muss die fossile DNA mithilfe der PCR vermehrt werden, um eine genügend große Menge für die weitere Untersuchung zur Verfügung zu stellen. Die Unterschiede zwischen der fossilen DNA und der DNA einer heutigen Magnolienart lassen sich durch DNA-Hybridisierung oder nach einer Analyse im Sequenzierungsautomaten durch den direkten Vergleich der Basensequenzen feststellen.

89 Populationen unterscheiden sich durch ihre genetische Information. Ein Individuum trägt in der Regel nie alle Allele seiner Population. Um Veränderungen der genetischen Information einer Population beschreiben und erklären zu können, reicht es daher nicht aus, nur ein Individuum zu betrachten. Grundlage müssen die Allele aller Individuen sein, die sich an der Fortpflanzung beteiligen können, die also in der Lage sind, ihre Allele in den Genpool der nächsten Generation weiterzugeben.

90 Ein Genpool besteht aus …

- ☐ allen Allelen einer Population, die der Selektion unterliegen.
- ☒ der Gesamtheit der Allele einer Population.
- ☐ allen Keimzellen einer Population.
- ☐ allen Allelen eines Individuums.
- ☐ den Allelen der aktuellen und aller früheren Generationen einer Art.
- ☐ allen Allelen einer bestimmten Keimzelle.
- ☐ den Allelen aller Arten in einem bestimmten Gebiet.

91
- Mutationen: a, g, i
- Modifikationen: d, f
- weder für Mutationen noch für Modifikationen: b, c, e, h

92
- ☐ Durch Verwendung geeigneter radioaktiver Substanzen lassen sich bestimmte ausgewählte Gene zur Mutation anregen.
- ☒ Genmutationen erfolgen zufällig.
- ☒ Auch beim Einsatz mutagener Agenzien lässt sich nicht voraussagen, wann sich welches Gen in welche Richtung ändert.
- ☒ Die meisten Genmutationen haben ungünstige Folgen für die Zelle.
- ☐ Mutationen treten nur in Keimzellen auf.

☐ Die Wahrscheinlichkeit, dass in einer der vielen Spermazellen eines Mannes eine Mutation irgendeines Gens vorliegt, ist sehr gering.

☒ Die Mutationsrate von 10^{-4} bis 10^{-6} bezieht sich auf ein Gen und eine Generation.

93 Die Mutationsrate lässt sich nur ungenau berechnen, weil z. B. …
- Rückmutationen schlecht zu erfassen sind.
- Mutationen ohne Auswirkung bleiben können.
- Mutationen von Modifikationen nur schwer zu unterscheiden sind, wenn die durch die Mutation hervorgerufene Änderung des Merkmals im Bereich der Reaktionsnorm des Gens liegt.
- Mutationen als rezessive Allele in heterozygoten Genotypen verborgen bleiben können.

94 Es ist damit zu rechnen, dass Mutationen im Bereich des Cytochrom-c-Gens wesentlich häufiger auftraten, als sich durch die Betrachtung der Aminosäurekette erschließen lässt. Dies hat unter anderem folgende Gründe: Die Aussage, dass es zu durchschnittlich einer Veränderung „alle 18–22 Millionen Jahre" gekommen ist, bezieht nur die Mutationen mit ein, die sich nicht negativ ausgewirkt haben. Alle ungünstigen Mutationen unterlagen der Selektion und verschwanden wieder aus dem Genpool. Darüber hinaus werden Rückmutationen nicht erfasst. Auch Mutationen, die wegen der Degeneration des genetischen Codes nicht zu einem Austausch einer Aminosäure führten, werden nicht berücksichtigt.

95 a Bestätigen lässt sich, dass Mutationen zufällig auftreten, dass die Umwelt also keine gerichteten Mutationen auslösen kann. Die Mutanten, die eine Resistenz gegen das verwendete Antibiotikum aufweisen, müssen schon in der Anzuchtkultur, also vor der Behandlung mit dem Antibiotikum, vorhanden gewesen sein. Sie wurden zufällig in unterschiedlichen Mengen auf die Kulturschalen verteilt, in denen sich die Bakterien vermehren sollten. Daher entstanden auf den antibiotikumhaltigen Nährböden unterschiedlich viele Kolonien, je nachdem, wie viele Mutanten zufällig aus der Anzuchtkultur in die einzelnen Gefäße der Vermehrungskulturen gerieten. Wenn die resistenten Mutanten durch das Antibiotikum hervorgerufen worden wären, hätten auf allen antibiotikumhaltigen Nährböden in etwa gleich viele Kolonien entstehen müssen.

b Der Nachweis, dass Mutationen zufällig und ungerichtet auftreten, bestätigt die Annahme DARWINS, die Individuen einer Art seien untereinander nicht gleich, und diese Variabilität sei unabhängig von der jeweiligen Umwelt. LAMARCK dagegen vertrat die Ansicht, die Umwelt könne gezielt auf bessere Anpassung hin ausgerichtete Veränderungen der genetischen Information hervorrufen. Das Ergebnis des Fluktuationstests gilt allgemein als „Todesstoß für LAMARCK im mikrobiologischen Bereich“.

96 Rekombination von Allelen …

- ☐ geschieht in der Mitose.
- ☒ ist die Hauptursache für die große Verschiedenheit der Genotypen in einer Population.
- ☐ beschreibt die Möglichkeit der Rückmutation eines Gens.
- ☐ beschreibt die Vorgänge bei der ersten Teilung der befruchteten Eizelle.
- ☒ ist dafür verantwortlich, dass jeder Mensch (bis auf eineiige Zwillinge) einen einzigartigen Genotyp besitzt.

97 Zur sexuellen Fortpflanzung sind Keimzellen (Eizellen und Spermien- bzw. Pollenzellen) erforderlich. Die Neukombination von Allelen geschieht während der Bildung der Keimzellen (Meiose) durch die zufällige Verteilung der Chromosomen auf die Tochterzellen (Anaphase der ersten Reifeteilung) und durch Crossing-over (Chromosomenstückaustausch; Prophase der ersten Reifeteilung) sowie bei der Befruchtung (welche Eizelle mit welchem Spermium oder welcher Pollenzelle verschmilzt, hängt vom Zufall ab). Bei ungeschlechtlicher (vegetativer) Vermehrung sind keine Keimzellen beteiligt. Folglich sind hier keine Rekombinationen möglich.

98 Die Sexualität ist für die Evolution von sehr großer Bedeutung, weil …

- ☐ sie zwei verschiedene Formen von Individuen, weibliche und männliche, voraussetzt.
- ☐ ohne sie keine Fortpflanzung möglich wäre.
- ☒ sie eine hohe genetische Variabilität der Individuen einer Population zur Folge hat.

- ☐ sie haploide Zellen entstehen lässt, in denen alle rezessiven Allele zur Ausprägung kommen.
- ☐ ohne sie keine Differenzierung von Zellen möglich wäre.

99 Durch die Sexualität wird die Rekombination von Allelen möglich. Die große Zahl verschiedener Genotypen in einer Population ist vor allem auf die Rekombination zurückzuführen. Die Mutation spielt eine viel geringere Rolle, da sie nur selten auftritt. Je größer die Verschiedenheit der Genotypen ist, desto mehr Auswahlmöglichkeiten bestehen für die Selektion, desto häufiger wird es zu Verschiebungen der Genhäufigkeiten und damit zur Änderung von Merkmalen und zur Bildung neuer Arten kommen. Je mehr solcher Entwicklungsschritte in der Evolution ablaufen, desto kompliziertere Organismen, wie beispielsweise der Mensch, können entstehen.

100 Eine Schnecke, die das Sperma verschiedener Paarungspartner speichern kann, legt Eier mit einer größeren Vielfalt von Genotypen, als eine Schnecke, deren Eier nur vom Sperma eines einzigen Partners befruchtet wurden.
Je größer die Zahl verschiedener Genotypen unter den Nachkommen ist, desto wahrscheinlicher finden sich darunter Tiere, die für die jeweilige Umwelt besonders günstige Merkmale aufweisen, die also von der Selektion bevorzugt werden. Eine Schnecke, die das Sperma mehrerer Paarungspartner verwendet, kann also besonders effektiv dafür sorgen, dass ihre Gene in den Genpool der nächsten Generation einfließen.

101 Selektion …

- ☒ wirkt nur auf die Individuen derselben Art (intraspezifisch).
- ☐ ist ein Prozess, an dem immer mindestens zwei Arten (z. B. Räuber und Beute) beteiligt sind.
- ☐ beschreibt die zufällige Verteilung der homologen Chromosomen in der Anaphase der ersten Reifungsteilung der Meiose.
- ☐ ruft Mutationen hervor.
- ☒ setzt immer am Phänotyp an.
- ☒ führt zu einer gerichteten Veränderung des Genpools.

- [x] kann dazu führen, dass sich die Merkmale einer Organismenart ändern.
- [x] kann bei einer Änderung der Umwelt eine andere Richtung (andersartige Wirkung) erhalten.

102
- **Stabilisierende Selektion:** geringe Überlebensrate von Sperlingen, die extrem kurze oder lange Flügel haben → Selektion z. B. durch starke Stürme.
- **Transformierende Selektion:** Industriemelanismus beim Birkenspanner → Änderung der Körper- und Flügelfärbung, je nach Änderung der Untergrundfarbe der Rast- und Ruheplätze der Schmetterlinge; Körpergröße beim Maulwurf → Abnahme der Körpergröße durch sehr kalte Winter.
- **Aufspaltende Selektion:** zwei Schnabelformen beim Purpurastrild → Spezialisierung auf weiche Sämereien ⇒ kleine Schnäbel; Spezialisierung auf harte Sämereien ⇒ große Schnäbel

103 Ungünstige Allele können immer wieder durch Mutation neu entstehen, als rezessive Allele in heterozygoten Genotypen nicht von der Selektion erfasst werden oder mit günstigen Eigenschaften gekoppelt sein, wie z. B. bei der Sichelzellenanämie.

104 Faktoren der belebten Umwelt, z. B.:
- Fressfeinde
- Parasiten
- Krankheitserreger
- intraspezifische Konkurrenz
- interspezifische Konkurrenz
- Faktoren der geschlechtlichen Zuchtwahl (sexuelle Selektion)

Faktoren der unbelebten Umwelt, z. B.:
- Temperatur
- Wind
- Feuchtigkeit
- Lichtstärke
- Salzgehalt (Wasser, Boden)
- Gifte

105 Durch den Selektionsfaktor „Fressfeinde“ lassen sich z. B. erklären:

- Einrichtungen zur Tarnung durch Mimese: z. B. Birkenspanner, Polartiere, Stabheuschrecken
- Verteidigungsorgane: z. B. Stacheln und Dornen bei Pflanzen, Hörner bei den Hornträgern, Giftstachel bei Insekten, Skorpionen u. Ä.
- Einrichtungen zur Warnung: z. B. Marienkäfer, Wespen, Feuersalamander
- Mimikry: z. B. Hornissenschwärmer und einige Schwebfliegenarten

106 Springende Flöhe wären auf Vögeln und Eichhörnchen besonders gefährdet: Sie könnten im Sprung tief abstürzen und dadurch für lange Zeit keinen neuen geeigneten Wirt finden oder zu Schaden kommen. Mutanten und Rekombinanten, deren Sprungvermögen reduziert war oder die es gänzlich verloren hatten, erhielten daher einen Selektionsvorteil. Durch transformierende Selektion nahm der Anteil ihrer Allele im Genpool von Generation zu Generation zu, bis die Population nur noch aus kriechenden und laufenden Flöhen bestand.

107 Merkmale, die der geschlechtlichen Zuchtwahl unterliegen, z. B. die Geweihe bei Hirschen oder die prächtigen Schwanzfedern bei einigen Vögeln, dienen in der Regel dazu, ein Männchen für die Weibchen attraktiv zu machen. Je stärker und auffälliger ein Männchen solche Merkmale ausbilden kann, desto wahrscheinlicher ist es, dass es körperlich hoch leistungsfähig ist. Es trägt sehr wahrscheinlich besonders günstige Allele in seinem Genotyp und garantiert daher, dass seine Nachkommen besonders vital sind. Wenn sich ein Weibchen bei der Wahl seiner Paarungspartner daran orientiert, wie stark solche Merkmale ausgebildet sind, kann es folglich besonders viele seiner Allele in den Genpool der nächsten Generation einbringen, da seine Nachkommen besonders häufig überleben. Infolgedessen werden über Generationen hinweg die Allele im Genpool, die eine hohe körperliche Leistungsfähigkeit bewirken, immer häufiger. Infolgedessen nimmt dadurch auch der Anteil der Allele in der Population zu, die bei Männchen zu großen, auffälligen Organen, prächtigen Färbungen o. Ä. führen.

108 a Die gelb-schwarze Färbung dient als Warntracht. Da Wespen dadurch weitgehend vor Fressfeinden geschützt sind, stellt sie einen Selektionsvorteil dar.

b Die auffällige Färbung der Fasanenhähne lässt sich durch geschlechtliche Zuchtwahl (sexuelle Selektion) erklären: Hähne mit auffälligerem Gefieder wurden und werden von den Hennen bei der Paarung bevorzugt.

109 Die Ergebnisse der Untersuchungen des Industriemelanismus am Beispiel des Birkenspanners bestätigen, dass …

- [ ] Selektion bestimmte Mutanten und Rekombinanten hervorrufen kann.
- [x] Varianten (Mutanten und Rekombinanten) zufällig und ohne Bezug zur jeweiligen Umwelt auftreten.
- [x] die Richtung der Selektion von der jeweiligen Umwelt abhängt.
- [x] die Selektion die Merkmale einer Organismenart verändern kann.
- [ ] die Selektion in kleinen Populationen ohne Wirkung ist.
- [x] die Selektion die Häufigkeit der Allele eines Genpools in eine bestimmte Richtung verschieben kann.

110 **a** Die elf verwendeten Gerstensorten unterscheiden sich als Unterarten genetisch voneinander. In der ursprünglichen Mischung waren Sorten mit Allelen vorhanden, die für das jeweilige Aussaatgebiet besonders gut geeignet waren, aber auch solche, die sich weniger günstig auswirkten. Durch Selektion wurden die geeigneten Allele im Genpool häufiger, der Anteil der weniger günstigen nahm ab.

b Die Umweltbedingungen in den Aussaatgebieten sind verschieden; so unterscheiden sich z. B. die Klimate. Daher ist damit zu rechnen, dass die Selektion unterschiedlich wirkt. Je nach Umwelt bevorzugt die Selektion andere Sorten und folglich kommt es in den Anbaugebieten zu unterschiedlichen Verschiebungen der Allelhäufigkeiten.

111 Beim Einsatz eines Antibiotikums in der Medizin …

- [x] kann ein Bakterienstamm entstehen, der gegen das verwendete Antibiotikum resistent ist.
- [ ] kann eine Mutation ausgelöst werden, die eine Resistenz gegen das verwendete Antibiotikum bewirkt.
- [ ] können die Zellen des menschlichen Immunsystems angeregt werden, vermehrt Antikörper zu bilden.
- [x] können bereits in einer Bakterienpopulation vorhandene Mutanten, die eine Resistenz gegen das verwendete Antibiotikum aufweisen, einen Selektionsvorteil erhalten.

- [x] kann es zu Evolutionsprozessen kommen, die den Genpool der Bakterien, gegen die das Antibiotikum eingesetzt wird, verändern.
- [ ] können sexuelle Vorgänge in den Bakterien ausgelöst werden, durch die sich die Gene so neu kombinieren, dass einige wenige Zellen die Fähigkeit zur Resistenz gegen das verwendete Antibiotikum erhalten.

112 Das Schwert der Antibiotika droht vor allem deswegen zunehmend stumpf zu werden, weil eine allgegenwärtige prophylaktische oder sogar komplett unnötige Anwendung von Medikamenten mit antibiotischer Wirkung erfolgt.

Mit jedem Antibiotikaeinsatz ist die Gefahr verbunden, resistente Bakterienstämme heranzuzüchten, da sich diejenigen Bakterien, die die Behandlung überleben, nahezu ohne Konkurrenz in ihrem Lebensraum ausbreiten können. Diese müssen dann wieder mit einem neu entwickelten, speziell gegen sie gerichteten Antibiotika bekämpft werden. Da aber neue Antibiotikawirkstoffe nicht beliebig schnell entwickelt werden können, wird die Medizin vor enorme Herausforderungen gestellt und „das Schwert der Antibiotika" droht zunehmend stumpf zu werden.

113 Wenn in der Insektenpopulation Varianten (Mutanten und Rekombinanten) vorhanden sind, die gegen das verwendete Gift resistent sind (Präadaptation), werden diese Individuen vom Selektionsfaktor „Gift" nicht erfasst. Sie überleben als einzige und können zum Ursprung von resistenten Populationen werden.

114 Eine Gendrift kann in der Evolution auftreten, wenn …

- [x] ein neuer Lebensraum durch Gründerindividuen besiedelt wird.
- [ ] zufällig ungewöhnlich viele heterozygote Individuen in einer Population auftreten.
- [ ] Tiere regelmäßig enge Geländeabschnitte durchwandern.
- [x] bei einer Katastrophe (z. B. einem Waldbrand) nur wenige Individuen einer Population überleben.
- [ ] homozygot rezessive Individuen von der Selektion bevorzugt werden.
- [ ] der Anteil eines Allels im Genpool extrem gering ist.

115

- [ ] Gendrift beschreibt den Genaustausch zwischen Populationen.
- [ ] Als Gendrift bezeichnet man die Weitergabe der Allele in einer Population von Generation zu Generation.

- [x] Gendrift hat nur in kleinen Populationen Bedeutung für die Evolution.
- [x] Gendrift tritt auf, wenn sich Allelhäufigkeiten innerhalb eines Genpools durch Zufallsereignisse verschieben.
- [x] Naturkatastrophen können Gendrift zur Folge haben.
- [ ] Gendrift beschreibt das Phänomen, dass rezessive Allele in heterozygoten Genotypen vor Selektion geschützt sind.
- [x] Der Zufall, der die Keimzellen auswählt, die zur Befruchtung kommen, kann eine Ursache für die Gendrift sein.

116 In kleinen Populationen ...

- [x] läuft in der Regel die Veränderung von Merkmalen schneller ab als in großen Populationen.
- [ ] ist die genetische Vielfalt meistens höher als in großen Populationen.
- [x] spielt der Zufall bei der Veränderung der Allelhäufigkeiten im Genpool eine größere Rolle als in großen Populationen.
- [x] können auch ungünstige Allele durch Zufallsereignisse in ihrer Häufigkeit zunehmen.
- [ ] hat die Selektion keine Wirkung.
- [ ] spielt der Zufall nur eine Rolle, wenn es um die Häufigkeit ungünstiger Allele geht.

117 Eine geringe genetische Variabilität in großen Populationen ...

- [ ] kann die Folge einer besonders starken Rekombination sein.
- [x] kann die Folge sein, wenn die Population in nicht zu ferner Vergangenheit einen Flaschenhalseffekt erfahren hat.
- [ ] erhöht die Fähigkeit der Population, drastische Änderungen ihrer Umwelt zu überstehen.
- [ ] weist darauf hin, dass die Population aus mehreren früher voneinander getrennten Teilpopulationen verschmolzen ist.
- [ ] lässt darauf schließen, dass die Mutationsrate über viele Generationen hinweg konstant geblieben ist.
- [x] kann auftreten, wenn die Population vor relativ kurzer Zeit aus nur wenigen Gründerindividuen entstanden ist.

118 In großen Populationen ist in der Regel eine größere Zahl verschiedener Genotypen enthalten als in kleinen. Daher kommen in ihnen mit höherer Wahrscheinlichkeit solche Mutanten und/oder Rekombinanten vor, die auch bei einer Verschlechterung der Umweltbedingungen überleben können. In kleinen Populationen ist die genetische Variabilität geringer. Daher kann es dazu kommen, dass sie zufällig keine Genotypen enthalten, die in der Lage sind, die verschlechterten Lebensbedingungen zu überstehen.

119 **a** Die Ähnlichkeit von Proteinen lässt sich ermitteln durch …
- einen Präzipitintest (serologische Untersuchung).
- die Analyse der Aminosäuresequenz.

b Die Zahl der unterschiedlichen Proteine ist mit an Sicherheit grenzender Wahrscheinlichkeit in der europäischen Population am größten. Die Information für die Bildung der Eiweiße liegt in der DNA verschlüsselt. Die Zahl der unterschiedlichen Proteine in einer Population hängt daher mit der Zahl der verschiedenen Allele im Genpool zusammen. Die Populationen in den USA und in Australien entstanden jeweils aus einer sehr kleinen Gruppe von Vögeln. Diese Gründerindividuen enthielten nur einen Teil der Allele der großen europäischen Population. Es kam also zu einer Gendrift (Gründereffekt). Durch die bloße Vermehrung kann sich die Verschiedenheit der Allele, die genetische Variabilität, nicht erhöhen.
Solange die amerikanische und australische Population klein blieb, konnten Allele außerdem zufallsbedingt ganz aus dem Genpool verschwinden. Möglicherweise führte dies zu einer weiteren genetischen Verarmung.
Die Zeit seit der Trennung der Populationen ist so kurz, dass sich die Zahl der verschiedenen Allele in den Populationen der USA und Australiens durch neue Mutationen kaum erhöhen konnte, da Mutationen seltene Ereignisse sind (Mutationsrate gering).

120 Die Tiere leben in den Zoos in der Regel in sehr kleinen Gruppen zusammen. In solch kleinen Populationen ist die Wirkung der Gendrift sehr stark. Es kommt leicht zu einer fortschreitenden Abnahme der genetischen Variabilität (Abnahme der Zahl der verschiedenen Allele in einem Genpool). Durch Gendrift können innerhalb weniger Generationen Allele per Zufall ganz aus dem Genpool verschwinden.
Ein weiterer Grund ist die Gefahr der Inzucht. Die geringe genetische Verschiedenheit in einer kleinen Population erhöht die Wahrscheinlichkeit, dass sich zwei Tiere miteinander paaren, die ungünstige Allele tragen. Häufig sind die negativ wirkenden Allele rezessiv und liegen in heterozygoten Genotypen vor, sodass die Züchter in den Zoos nur mit gro-

ßem Aufwand feststellen können, ob und bei welchen Tieren in der Population ungünstige Allele vorhanden sind. Somit ist die Gefahr groß, dass die Nachkommen der betreffenden Tiere homozygote Träger rezessiver Allele sind, die sich negativ auswirken.
Zuchttiere aus anderen Zoos erhöhen die genetische Vielfalt und vermindern die ungünstigen Auswirkungen kleiner Populationen.

121 **a** Die Wasserpest kann sich in Europa nur vegetativ fortpflanzen, weil keine männlichen Pflanzen vorhanden sind. Da die vegetative Vermehrung allein auf Mitosen beruht, und da in der Mitose die genetische Information unverändert weitergegeben wird (keine Rekombination möglich), müssen alle Individuen der Wasserpest untereinander genetisch identisch sein. Wenn genetische Unterschiede zwischen den Individuen auftreten, kommen als Ursachen nur Mutationen in Betracht.

b Einen Klon bilden alle Wasserpestpflanzen …

- ☐ auf der Erde.
- ☐ in Irland.
- ☐ in einem See.
- ☒ in Europa.

Alle Wasserpestpflanzen Europas bilden einen Klon aus genetisch identischen Individuen, da sie allein durch vegetative Fortpflanzung aus einer einzigen Ursprungspflanze entstanden sind. Das gilt allerdings nur, wenn keine Mutationen aufgetreten sind.

c Das Fehlen männlicher Pflanzen führt mit hoher Wahrscheinlichkeit zu einer sehr geringen Geschwindigkeit der Evolution. Die Wasserpest steht, wie jedes andere Lebewesen, unter der Wirkung von Evolutionsfaktoren. Allerdings ist ihre genetische Variabilität (die Zahl der verschiedenen Allele) in Europa nur sehr gering und wird auch nur sehr langsam größer, weil die Rekombination keine Rolle spielt (keine sexuelle Fortpflanzung). Neue Genotypen können folglich allein durch Mutationen entstehen, die aber sehr selten sind. Wegen der geringen „Auswahlmöglichkeiten" kann die Selektion nur schwer ansetzen. Daher ist mit einer nur sehr langsamen Veränderung des Genpools und damit der Merkmale der Wasserpest in Europa zu rechnen. Wenn männliche Pflanzen vorhanden wären, wäre die Fortpflanzung mithilfe von Keimzellen möglich. Es käme zu Rekombinationen und damit zur Bildung vieler verschiedener Varianten, aus denen die Selektion „auswählen" könnte.

122 a Schwermetalle sind Enzymgifte. Wenn Pflanzen diese Substanzen mit dem Wasser aufnehmen, kommt es zu erheblichen Störungen des Stoffwechsels, weil fast alle Reaktionen in der Pflanzenzelle durch Enzyme gesteuert werden. Samen, die auf einer solchen Bergwerkshalde auskeimen, stellen daher in der Regel ihr Wachstum ein, sobald sie Schwermetalle aufnehmen.

b Die Resistenz gegen die Schwermetalle einer Bergwerkshalde ist mutationsbedingt. Z. B. könnten die Mutanten die Fähigkeit aufweisen, Enzyme zu bilden, die gegen die jeweiligen Schwermetalle unempfindlich sind. Samen solcher Varianten werden auf einer giftigen Halde gegenüber den Samen der übrigen Pflanzen der gleichen Art von der Selektion extrem bevorzugt. Mutationen treten aber zufällig und selten auf. Nur die Arten, in denen per Zufall Varianten auftraten, die die Schwermetalle ertragen, die also präadaptiert waren, konnten Populationen bilden, denen es möglich ist, die Haldenflächen zu besiedeln.

123

Evolutionsfaktor	Wirkung auf den Genpool	Verbesserung der Anpassung?
Selektion	unterschiedlicher Fortpflanzungserfolg erhöht oder verringert die Frequenz einiger **Allele** (1)	ja ☒ nein ☐
Mutation und Rekombination	Veränderung der Allelhäufigkeiten und Erhöhung der Zahl unterschiedlicher **Genotypen/Varianten** (2)	ja ☒ nein ☒
Gendrift (3)	Veränderung der Allelhäufigkeiten in einem kleinen Genpool aufgrund von Zufallsereignissen	ja ☐ nein ☒
Separation	Verhinderung des **Genflusses** (4) zwischen den Genpoolen der Teilpopulationen einer Art	ja ☐ nein ☒

Hinweis: Eine Veränderung der Allelhäufigkeiten und die Erhöhung der Zahl unterschiedlicher Genotypen kann – muss aber nicht zwangsläufig – zu einer Erhöhung der Angepasstheit in Bezug auf den Genpool einer Population führen. Da die allerwenigsten Mutationen „günstiges" Genmaterial erzeugen, ist eigentlich mit „nein" zu antworten. Da dies aber doch auch geschehen kann, ist auch ein „ja" richtig. Durch Rekombinationen kann dann das „günstige" Genmaterial aus unterschiedlichen Individuen zusammengeführt („ja") oder auch aussortiert werden („nein").

124 Eine Art besteht aus einer oder mehreren Populationen, zwischen denen Genfluss auftritt oder theoretisch auftreten kann, deren Individuen untereinander also Allele austauschen oder theoretisch austauschen können.

125 Zwei Gruppen von Individuen gelten dann als Unterarten, wenn sie sich in ihren Merkmalen deutlich unterscheiden, sich aber unter natürlichen Bedingungen fruchtbar miteinander fortpflanzen können, also derselben Art angehören.

126 Myrtenwaldsänger und Audubonwaldsänger …

- ☐ kommen im selben Gebiet vor.
- ☒ kreuzen sich in der Natur fruchtbar miteinander.
- ☐ sehen sich ähnlich genug, um in dieselbe Art gestellt zu werden.
- ☐ sind voneinander reproduktiv (fortpflanzungsmäßig) isoliert.
- ☐ leben in vollständig voneinander getrennten Gebieten.

127 Zur Separation kann es z. B. kommen …

- durch Klimaänderungen, die Gebiete unzugänglich machen: z. B. Vereisung, Versteppung, Bildung von Inseln durch Anstieg des Meeresspiegels.
- durch Veränderungen der Oberflächenformen (geologische Ereignisse): z. B. Auffaltung von Gebirgen oder Bildung von Tälern.
- durch Kontinentalverschiebung.
- bei der Besiedlung schwer zugänglicher Gebiete durch Gründerindividuen: z. B. Besiedlung von Inseln, Oasen und anderen Bereichen, die durch schwer überwindbare Barrieren getrennt sind.

128

- ☐ Mäuse
- ☐ windbestäubte Gräser
- ☒ Schnecken
- ☐ Fliegen
- ☐ Krähen
- ☐ Kaninchen

Von allen genannten Arten haben die Schnecken mit hoher Wahrscheinlichkeit die größten Schwierigkeiten, die trennenden Barrieren (breite, stark befahrene Straßen) zu überwinden. Daher ist bei ihnen die Unterbrechung des Genflusses zwischen den Populationen strenger als bei den

übrigen Arten. Die Unterschiede zwischen den Genpools, die durch jeweils anders wirkende Evolutionsfaktoren entstehen (Mutation, Rekombination, Gendrift, Separation und Selektion), können bei Schnecken kaum durch Tiere ausgeglichen werden, die von einer Population zur anderen wandern.
Für alle anderen aufgeführten Organismen stellt das Zerschneiden ihres Lebensraums durch die breiten, stark befahrenen Straßen kein (windbestäubte Gräser, Fliegen, Krähen – Luftraum) oder so gut wie kein (Mäuse, Kaninchen – schnelle Fortbewegung am Boden) Hindernis dar, das der Wanderung zwischen den Teilgebieten entgegenstehen würde.

129 In voneinander getrennten Populationen verändern sich in der Regel die Genpools und damit die Merkmale der Individuen in verschiedene Richtungen, weil …

- durch die Spaltung vor allem im Fall kleiner Populationen mit hoher Wahrscheinlichkeit der ursprüngliche Genpool ungleich auf die getrennten Populationen aufgeteilt wurde (Gründereffekt, Gendrift).
- in den beiden Teilpopulationen unterschiedliche Rekombinationen und Mutationen auftreten.
- die Selektion in den beiden Teilpopulationen aufgrund unterschiedlicher Umweltbedingungen unterschiedlich wirkt.

130 a Geschwisterarten können entstehen, wenn in zwei getrennten Populationen zwar einerseits einige Merkmale entstehen, die ausreichen, um eine fruchtbare Fortpflanzung zwischen den Individuen der beiden Populationen zu verhindern, andererseits aber die meisten übrigen Merkmale unverändert bleiben, sodass sich die Individuen der beiden Populationen sehr ähneln.

b Beispiele für Geschwisterarten:

- Fitis und Zilpzalp
- Sommergoldhähnchen und Wintergoldhähnchen
- Waldbaumläufer und Gartenbaumläufer
- Sprosser und Nachtigall
- Grauspecht und Grünspecht

131 a Es liegt nur eine Art vor, da zwischen allen Populationen Genfluss möglich ist. Das gilt auch für die Populationen A und C. Ihre Individuen können zwar keine fruchtbaren Nachkommen miteinander hervorbringen, ein Allel der Population A kann aber über die Population B in die Population C gelangen und umgekehrt.

b Wenn die Population B ausstirbt, liegen zwei Arten vor, da kein Genfluss zwischen A und C mehr möglich ist.
Wenn die Population C ausstirbt, ist weiterhin nur eine einzige Art vorhanden, da Genfluss zwischen A und B möglich ist.

132
- zeitliche Isolation: z. B. unterschiedliche Paarungszeiten bei verschiedenen Froscharten, unterschiedliche Blühtermine beim Schwarzen und Roten Holunder.
- ethologische Isolation: z. B. unterschiedliches Balzverhalten bei Fitis und Zilpzalp, unterschiedlicher Blinkrhythmus bei unterschiedlichen Leuchtkäferarten.
- Isolation durch Sterilität oder Polyploidie: z. B. Unfähigkeit, Keimzellen zu bilden: Störung der Meiose bei polyploiden Pflanzen sowie bei Pferd-Esel-Mischlingen.
- anatomische und physiologische Isolation: z. B. nicht kompatible Kopulationsorgane bei vielen Insekten (Schlüssel-Schloss-Prinzip), Blockieren des Auskeimens fremder Pollenkörner auf der Narbe.

133
- [x] Einnischung verhindert Konkurrenz zwischen den Arten eines Lebensraums.
- [x] Konvergenz kann die Folge der Einnischung zweier Arten in ähnliche ökologische Nischen in voneinander getrennten Gebieten sein.
- [ ] Zwei ähnliche ökologische Nischen können nicht auf verschiedenen Kontinenten vorkommen.
- [x] Die Zahl der in einem Lebensraum vorkommenden Organismenarten steht in einem ursächlichen Zusammenhang mit der Zahl seiner ökologischen Nischen.
- [ ] Für die Entstehung von konvergenten Formen sind ausschließlich Zufallsereignisse verantwortlich.
- [ ] Nach der Einnischung verschwindet die entsprechende ökologische Nische aus dem jeweiligen Lebensraum.

134 Innerhalb einer der beiden Arten treten Rekombinationen und/oder Mutationen auf, durch die die entsprechenden Individuen eine freie ökologische Nische nutzen können.

Die Varianten, die die freie ökologische Nische besetzen können, erhalten einen Selektionsvorteil, weil sie nicht mehr in Konkurrenz mit der anderen Art stehen.
Durch transformierende Selektion kommt es über viele Generationen hinweg zu einer immer weitergehenden Anpassung an die freie ökologische Nische. Damit einher geht eine fortschreitende Änderung bestimmter Merkmale der betreffenden Art.

135
- ☐ Aktives Umherstreifen von Tieren auf der Suche nach einer freien ökologischen Nische
- ☐ Vermehrung von Individuen, die eine ökologische Nische besetzt haben
- ☐ Aussterben von Arten
- ☐ Trennung der Population einer Art in mehrere Teilpopulationen
- ☒ Aufspaltung einer Stammart in zahlreiche neue Arten
- ☐ Erhöhung der Mutationsrate durch radioaktive Strahlung

136 Beispiel: Adaptive Radiation der Säugetiere am Ende der Kreidezeit nach dem Aussterben vieler Reptilien

137 Die Aussage ist unsinnig. Beide Arten sind bzw. waren an unterschiedliche ökologische Nischen angepasst. Das Urpferd besetzte eine ökologische Nische innerhalb des Lebensraums „Wald“, ein heutiges Zebra besetzt eine ökologische Nische innerhalb des Lebensraums „Steppe“. Ein Vergleich des Anpassungsgrads ist daher nicht möglich. Eine Aussage dazu, welche von zwei Arten besser angepasst ist, könnte nur dann sinnvoll sein, wenn beide die gleiche ökologische Nische beanspruchten.

138 **a** Im DARWIN'schen Sinne ist der „Kampf ums Dasein“ nicht als eine direkte körperliche Auseinandersetzung zwischen Dingo und Beutelwolf zu verstehen. Der „Kampf“ im Sinne DARWINS ist in diesem Fall die Konkurrenz um Nahrung. Beide Arten sind auf die gleichen Beutetiere angewiesen. Sie beanspruchen also die gleiche Nahrungsnische. Den „Kampf“ gewinnt die Art, die bei der Jagd erfolgreicher ist.

b Beutelwolf und Dingo beanspruchen die gleiche ökologische Nische. Da der Dingo beim Beuteerwerb erfolgreicher ist, konnte er den Beutelwolf aus dessen ökologischer Nische verdrängen.

c Die in Teilaufgabe b gegebene Erklärung lässt sich durch die Verhältnisse in Tasmanien bestätigen.
Wenn die Konkurrenz um die gleiche ökologische Nische die Ursache für das Aussterben des Beutelwolfs auf dem australischen Kontinent war, dann entspricht es der Erwartung, dass der Beutelwolf in Tasmanien überlebte. Dort gab es schließlich nie Dingos, die mit ihm um Beutetiere konkurriert hätten. Vermutlich gäbe es in Tasmanien auch heute noch Beutelwölfe, wenn die europäischen Siedler sie nicht ausgerottet hätten.

139 Die Tabelle verdeutlicht, dass große Tiere bezogen auf ein Kilogramm Körpergewicht nur einen relativ geringen Nährstoffbedarf haben und auch mit einer geringeren Nahrungsqualität zurechtkommen. Allerdings müssen sie aufgrund ihrer Größe große Mengen an Futter zu sich nehmen, um ihren Energiehaushalt decken zu können.
Bei kleineren Tieren genügen geringere Futtermengen und eine seltenere Futteraufnahme, obwohl die Tiere bezogen auf ein Kilogramm Körpergewicht einen großen Nährstoffbedarf haben, der eine hohe Nahrungsqualität voraussetzt. Bei ihnen kann die Nahrung besser verwertet und dadurch eine optimale Energieausbeute erzielt werden.

140 Der menschliche Kuss kann als ritualisierte Fütterhandlung angesehen werden.
Bei manchen Ureinwohner-Stämmen auf der Insel Neuguinea beispielsweise werden Säuglinge von der Mutter mit Nahrungsbrei von Mund zu Mund gefüttert. Auch Schimpansen füttern so ihre Jungen.
Hier ist eine Handlung aus dem Verhaltensbereich des Nahrungserwerbs ritualisiert und als Auslöser in den Bereich der Paar- und Partnerbindung übernommen worden.

141
- [x] Polygynie ist die häufigste Form der seriellen Monogamie.
- [ ] Vielehen stellen polygame Fortpflanzungssysteme dar.
- [x] In monogamen Paarungssystemen kümmern sich in der Regel vor allem Männchen um die Brutpflege.
- [ ] Dauerehen sind monogame Paarungssysteme.
- [x] Von den polygamen Fortpflanzungsstrategien ist die Polygynie im Tierreich die am wenigsten verbreitete.

142 Eine ausgebildete Rangordnung verhindert, dass die einzelnen Gruppenmitglieder ihre Stellung innerhalb der Gruppe ständig neu definieren müssen. Eine stabile Rangordnung setzt Ressourcen frei, die beispielsweise bei der arbeitsteiligen Nahrungssuche oder bei der Aufzucht der Jungtiere sinnvoller eingesetzt werden können.

143 Charles DARWIN konnte eine derartige Vermutung deswegen äußern, weil das Erlangen des Nektars aus dem Nektarsporn der Orchidee nur durch ein spezifisch angepasstes Insekt möglich sein konnte. Nur ein Tier mit einem entsprechend lang ausgebildeten Saugrüssel ist in der Lage, an den Nektar zu gelangen und im Gegenzug für die Bestäubung der Orchideenart zu sorgen. Bei diesem Beispiel ist der Sachverhalt der Koevolution erfüllt, bei dem beide Partner aufeinander angewiesen sind.

144 Da die Dronten (Dodos) die Nüsse nicht mehr aufbrachen und nicht mehr durch eine Passage der Samen durch ihren Verdauungstrakt für deren Keimfähigkeit sorgten, konnten keine Kalvarienbäume mehr keimen. Das Beispiel verdeutlicht die Gefahren der engen Koevolution zwischen zwei interagierenden Arten, die zum jeweiligen Überleben aufeinander angewiesen sind: Sobald einer der an der Beziehung beteiligten Partner wegfällt, kann auch der andere Partner nicht mehr überleben.

145 Eine derartige Festlegung und Abgrenzung ist notwendig, damit unterschiedliche Protokollanten bei der Erstellung eines Ethogramms für eine Tierart auch zu vergleichbaren Ergebnissen kommen können.

146 a

Fledermausblumen	Langzungen-Flughunde
blühen nachts	dunkelaktiv
stark duftende Blüten mit trüben, wenig auffälligen Farben	Nahrungsfindung in der Dunkelheit über gut ausgeprägtes Riechvermögen
große, kräftig-robuste, frei stehende Blüten	kleine, leichte Körper, zur Landung auf den Blüten geeignet
starke Nektarabsonderung	sehr lange und bewegliche Zungen mit Haarpapillen zur Nektaraufnahme

b Beide Partner haben einen Vorteil von der Koevolution:

- Die Flughunde erhalten eine exklusive, reichhaltige Nahrungsquelle, deren Nutzung ihnen von keiner anderen Art streitig gemacht werden kann.

- Die Fledermausblumen haben durch die Flughunde eine verlässliche Möglichkeit erhalten, ihren Pollen von einer Pflanze zur nächsten transportieren zu lassen.

147 Die nächsten Verwandten des Menschen sind Orang-Utan (Asien), Gorilla (zwei Arten; Afrika) und Schimpansen (zwei Arten; Afrika).

148 a Auslöser war der Wechsel des Lebensraums: Ehemalige Bodenbewohner gingen zum Leben auf Bäumen über.

b Beispiele:

- Vergrößerung der Augen: Orientierung über die Augen ist beim Leben in Bäumen günstiger als Orientierung mithilfe des Geruchssinns.
- Starke Überschneidung der Sehfelder beider Augen: ermöglicht genaues räumliches Sehen und zuverlässiges Abschätzen von Entfernungen beim Greifen, Klettern und Springen in Bäumen.
- Größeres und stärker gefurchtes Großhirn: erleichtert bei der Fortbewegung die schnelle Entscheidung über den günstigsten der vielen möglichen Wege im Geäst.
- Daumen und Großzehe opponierbar: Hände und Füße werden zu Greiforganen, die das Klettern im Geäst erleichtern.
- Das Gleichgewichtsorgan und der zugeordnete Hirnbereich werden leistungsfähiger: Verbesserung der Kontrolle des Gleichgewichts bei der instabilen Körperlage während der Fortbewegung im Geäst.

c
- sehr leistungsfähige Augen
- sehr gutes räumliches Sehen; ermöglicht unter anderem die geschickte Manipulation unter Augenkontrolle
- große Planungsfähigkeit
- große handwerkliche Geschicklichkeit (sehr weitgehende Opponierbarkeit des Daumens)
- Kontrolle der Körperhaltung beim zweibeinigen Gang

149 a
- Oberschenkel bildet mit der Wirbelsäule eine gerade Linie
- Beine länger als Arme
- Wirbelsäule doppelt-S-förmig gebogen
- Becken breit und schüsselförmig
- erste Zehe nicht opponierbar, Fuß mit drei statt zwei Belastungspunkten, Fuß gewölbt
- Hinterhauptsloch im Zentrum der Schädelunterseite

b
- Geburtskanal weit
- Daumen lang und sehr gut gegen alle Finger opponierbar
- Gehirn (v. a. Großhirn) sehr groß
- Stirn steil und hoch
- Gesichtsschädel nicht vorgewölbt (keine Schnauze)
- Überaugenwülste schwach ausgebildet
- Backenzahnreihen parabelförmig
- Eckzähne kaum die Schneidezähne überragend
- Kinn vorspringend, Unterkiefer ohne Affenplatte

150 Die Wirbelfortsätze der Halswirbel sind beim Menschen viel kleiner als beim Gorilla. An den Wirbelfortsätzen setzen unter anderem die Muskeln an, die verhindern, dass der Kopf nach vorne kippt.

Beim Menschen liegt das Hinterhauptsloch, der Auflagepunkt des Schädels auf der Wirbelsäule, etwa in der Mitte der Schädelunterseite. Daher kann der Kopf leicht ausbalanciert werden. Die zur Bewegung des Schädels erforderliche Muskulatur, vor allem die des Nackens, braucht nicht stark zu sein. Für den Ansatz dieser relativ schwachen Nackenmuskulatur reichen kleine Wirbelfortsätze aus.

Beim Gorilla liegt das Hinterhauptsloch im hinteren Teil des Schädels, der dadurch ein starkes Übergewicht nach vorne hat. Folglich sind starke Halsmuskeln erforderlich, die große Wirbelfortsätze als Ansatzflächen brauchen.

151
- ☐ Zunahme der Gehirngröße – aufrechter Gang
- ☒ Verlagerung des Ober- und Unterkiefers weit unter den Hirnschädel – parabelförmige Backenzahnreihen
- ☐ Reduktion der Chromsomenzahl von 48 auf 46 – ständig aufrechter, zweibeiniger Gang
- ☒ Lage des Hinterhauptslochs im Zentrum der Schädelunterseite – Reduktion der Nackenmuskulatur
- ☒ Zunahme der Gehirngröße – steile und hohe Stirn
- ☐ Reduktion der Überaugenwülste – Geburtskanal weit

152 a A = *Homo erectus*; B = Gorilla; C = *Homo sapiens*

b Je weiter sich das Hinterhauptsloch der Schädelmitte nähert, desto besser lässt sich der Schädel auf dem Auflagepunkt balancieren, umso schwächer kann die Muskulatur sein, die ihn hält. Im Laufe der Stammesgeschichte rückte das Hinterhauptsloch immer weiter in Richtung der Schädelmitte; folglich wurde die Nackenmuskulatur reduziert. Daher sind die Ansatzflächen dieser Muskulatur am Schädel umso kleiner, je näher die Verwandtschaft zum heutigen Menschen ist.

153
- Der Vergleich von Proteinen ergab eine ähnliche Aminosäuresequenz.
- Die Art der Antigene der Zellen ist sehr ähnlich, z. B. kommen die gleichen Blutgruppen (AB0-System) vor.
- Die Analyse der Basensequenz der DNA und die DNA-Hybridisierung ergaben eine starke Ähnlichkeit der genetischen Informationen.
- Die unterschiedliche Chromosomenzahl (Mensch: $2n = 46$, übrige Menschenaffen: $2n = 48$) lässt sich durch die Verschmelzung zweier kleiner Chromosomen zu einem großen erklären.

154 Gemeinsame Merkmale von *Australopithecinen* und *Homo* sind z. B.:
- Eckzähne nicht oder nur wenig höher als die Schneidezähne
- keine Affenlücken (Lücken in der Zahnreihe)
- parabelförmige Backenzahnreihen (bei *Australopithecus* nur schwach ausgebildet)
- ständig aufrechter, zweibeiniger Gang
- große Zehe nicht oder nur sehr wenig abgespreizt und nicht opponierbar

155 Fußspuren einer Australopithecus-Art, sehr wahrscheinlich von *Australopithecus afarensis,* weisen nach, dass sie sich in ständig aufrechtem, zweibeinigem Gang fortbewegten (Fundort Laetoli in Tansania/Ostafrika).

156 Viele Fachleute verwenden die Bezeichnung *Homo* für Menschenformen, die ständig aufrecht auf zwei Beinen liefen und in der Lage waren, Werkzeuge herzustellen.

157 a A = *Homo neanderthalensis*
B = *Australopithecus*
C = *Homo sapiens*
D = *Homo erectus*

b Nur von Fundstellen in Afrika kann der Schädel des *Australopithecus* stammen, da diese Gruppe den Kontinent mit größter Wahrscheinlichkeit nie verlassen hat.

Nicht aus Afrika kann der Schädel des Neandertalers stammen, da sich diese Spezies in Europa entwickelt hat und mit größter Wahrscheinlichkeit nicht nach Afrika eingewandert ist.

c Die Nutzung des Feuers ist nachgewiesen bei:

- *Homo sapiens*
- *Homo neanderthalensis*
- Vertretern des *Homo erectus*

158 A = *Homo erectus*
B = *Homo sapiens*
C = *Schimpanse*

159 **a** Der Schädel A gehört zu einem Vertreter der Gattung *Homo*. Es könnte sich um *Homo habilis* oder *Homo rudolfensis* handeln. Für die Einordnung in die Gattung *Homo* spricht vor allem das größere Volumen des Hirnschädels und der weniger vorgewölbte Gesichtsschädel von A gegenüber B. Der Hirnschädel von A ist im Vergleich zum Gesichtsschädel aber noch relativ klein, sodass nur frühe Vertreter der Gattung *Homo* infrage kommen.

b Der Schädel B gehört zur Gattung *Australopithecus*. Dafür sprechen der im Vergleich zum Gesichtsschädel kleine Hirnschädel und die stärkere Vorwölbung des Gesichtsschädels. Von einem nicht-menschlichen Menschenaffen kann der Schädel nicht stammen, da die Eckzähne nur schwach ausgebildet sind.

160 **a** Bedeutung der Kennbuchstaben des Stammbaumschemas:
A = *Australopithecus afarensis*
B = mehrere verschiedene Australopithecus-Arten
C = *Homo erectus*
D = *Homo sapiens* (Jetztmensch)
E = *Homo neanderthalensis*

b Die Zahlen der Zeitleiste geben Millionen Jahre an (Faktor 10^6).

c Nachweisbar sind ab …
I: aufrechter, zweibeiniger Gang.
II: Herstellung von Steinwerkzeugen.
III: Nutzung von Feuer.

d Als Erste besiedelten …

- Europa: *Homo erectus* (= C)
- Nordamerika: *Homo sapiens* (= D)

- Südamerika: *Homo sapiens* (= D)
- Australien: *Homo sapiens* (= D)

161 Die Aussage ist unsinnig. Der heutige Mensch und die heutigen übrigen Menschenaffen haben nach Auffassung der Evolutionsbiologie zwar einen gemeinsamen Vorfahren, in dem Zeitraum aber, in dem es zur Entstehung des heutigen Menschen kam, haben sich auch die heutigen nicht-menschlichen Menschenaffen durch evolutive Prozesse aus diesem Vorfahren entwickelt. Die Vertreter der Familie der Menschenaffen sind also das Ergebnis eines jeweils eigenen evolutionären Prozesses.

162 Vermutlich besetzten die Australopithecus-Arten und die Vertreter der Gattung *Homo* unterschiedliche ökologische Nischen und traten deshalb nicht miteinander in Konkurrenz. Denkbar ist z. B., dass frühe Homo-Arten durch die Fähigkeit zur Herstellung von Steinwerkzeugen größere Tiere zerlegen konnten und damit eine andere Nahrungsquelle nutzten als die *Australopithecinen*.

163 Neandertaler haben nachweislich einige Tausend Jahre lang gleichzeitig mit dem *Homo sapiens* gelebt. Beide Arten waren also Zeitgenossen. Wäre der Neandertaler der Vorfahre des heutigen Menschen, könnte man argumentieren, dass er sich nach der Entstehung von *Homo sapiens* nicht mehr nachweisen lassen dürfte.

164 Dauerhaft zweibeinig und aufrecht laufende Primaten …
- können die Landschaft ständig weit überblicken und dadurch z. B. Feinde oder Beutetiere früh entdecken.
- sind besser vor Überhitzung geschützt (geringe Fläche, die der Sonne ausgesetzt ist).
- haben die Hände frei und können daher während des Laufens mit Werkzeugen (z. B. Waffen) hantieren oder ihre Kinder sowie gesammelte Nahrung tragen.

165 a Arten der *Homo-rudolfensis*-Gruppe, zu der auch *Homo habilis* gehört, sind mit hoher Wahrscheinlichkeit die ältesten Vorfahren des Menschen, die Werkzeuge herstellen konnten.

b Es handelt sich um Geröllgeräte („pebble tools"). Das sind scharfkantig abgeschlagene Kiesel.

c Mit den pebble tools ließ sich z. B. die Haut größerer Säuger zerschneiden, sodass man das darunterliegende Fleisch erreichen konnte. Diese Geräte waren wenig geeignet für die Jagd auf größere Säugetiere.

166 ☒ Ein größeres Gehirn macht eine stärker differenzierte Sprache und folglich die Weitergabe komplexerer Informationen möglich und führt dadurch zu einem Selektionsvorteil.

☐ Der stärkere Gebrauch der Sinnesorgane, vor allem der Augen, beim Leben in der Savanne führte dazu, dass die Gehirnbereiche, die die Reize verarbeiten, ständig trainiert wurden und dadurch an Größe zunahmen.

☐ Das große Gehirn diente ursprünglich als Protein-Speicher, um Zeiten extremen Nahrungsmangels überstehen zu können, und hat im Laufe der Evolution einen Funktionswechsel erfahren.

☒ Durch positive Rückkopplung fördern sich die Fähigkeit zur Herstellung effektiver Werkzeuge (motorische Felder des Großhirns) und die Hirnbereiche, die für den planvollen Einsatz der Werkzeuge erforderlich sind, gegenseitig.

☐ Als das Hinterhauptsloch im Laufe der Stammesgeschichte in das Zentrum der Schädelunterseite verlagert wurde, konnte die Versorgung des Schädels mit Blut so weit verbessert werden, dass ein großes Gehirn möglich wurde.

☐ Ohne das große Gehirn wäre der ständig aufrechte, zweibeinige Gang nicht möglich.

☒ Ein großes Gehirn ermöglicht die vorausschauende Planung komplexer Sachverhalte und bietet daher einen Selektionsvorteil.

167 Am frühesten in der Stammesgeschichte …

a machte *Homo erectus* Jagd auf größere Beutetiere.

b konnte *Homo erectus* das Feuer nutzen.

c bestatteten die Neandertaler ihre Toten.

d war *Homo sapiens* in der Lage, Menschen und Tiere in Malereien (Höhlenmalerei) und als Plastiken darzustellen.

168 Nach Auffassung aller seriösen Fachwissenschaftler gehören sämtliche heute auf der Erde lebenden Menschen zur Art *Homo sapiens*. Unterarten (Rassen) des Menschen gibt es nicht.

169 Die beiden Auffassungen über den Ursprung der heute lebenden Menschen *(Homo sapiens)*, die Hypothese des multiregionalen Ursprungs und die „Out-of-Africa-Hypothese", stimmen darin überein, dass …

- ☐ der moderne Mensch *(Homo sapiens)* nur einmal und zwar in Afrika entstand.
- ☐ der Neandertaler ein später Vorfahre des heutigen Menschen ist.
- ☐ eine Gruppe von *Australopithecinen* aus Afrika nach Asien und Europa einwanderte.
- ☒ *Homo erectus* in Afrika entstand.
- ☒ *Homo erectus* aus Afrika nach Europa und Asien einwanderte.
- ☒ nur der moderne Mensch nach Nord- und Südamerika einwanderte.
- ☐ die ersten modernen Menschen in Europa auftraten.
- ☐ die verschiedenen regionalen Formen des modernen Menschen aus verschiedenen Unterarten des *Homo erectus* entstanden.

170 Diskutiert werden als Ursachen für das „Verschwinden" des Neandertalers:

- Verdrängung aus seiner ökologischen Nische durch den an die herrschenden Bedingungen besser angepassten *Homo sapiens*
- Vermischung mit dem *Homo sapiens* und Aufgehen in einer gemeinsamen Population

171 Beim Schrumpfen der Population kann es durch den Flaschenhalseffekt (Gendrift) zur zufälligen und schnellen Veränderung von Allelhäufigkeiten kommen. Auch die Selektion führt in kleinen Populationen schneller zu Merkmalsänderungen als in großen. Die hohe Evolutionsgeschwindigkeit in der geschrumpften, kleinen Population könnte erklären, dass der moderne Mensch innerhalb einer geologisch kurzen Zeit entstanden ist.

Stichwortverzeichnis

Bildnachweis

Umschlagbild: © 18percentgrey – Fotolia.com
Kapitelbild Angewandte Genetik: Hagen/cartoonstock.com
Kapitelbild Lösungen: © Tatiana Nikolaevna Kalashnikova/Dreamstime.com
Abb. 12, S. 30: verändert nach Schallies, M.: Biotechnologie und Gentechnik – Implikationen für das Bildungswesen. In: Schallies, M./Wachlin, K.D. (Hrsg.): Biotechnologie und Gentechnik. Berlin/Heidelberg: Springer 1999, S. 25–37
Abb. zu Aufgabe 27, S. 41: S. Harris/cartoonstock.com
Abb. 30, S. 91: verändert nach Ziegler, B.: Allgemeine Paläontologie: Einführung in die Paläobiologie; Schweizerbart'sche Verlagsbuchhandlung (Nägele und Obermiller), 1986
Abb. 31, S. 92 links: nach Kuhn-Schnyder, E. in: Vogel, K.: Lebensweise und Umwelt fossiler Tiere; Quelle und Meyer, 1984
Abb. 31, S. 92 rechts: Museum für Naturkunde, Berlin
Abb. 33, S. 93: Patricia Wynne
Abb. 37, S. 99: Sitte, P. et al.: Strasburgers Lehrbuch der Botanik, 1998 © Spektrum Akademischer Verlag, Heidelberg. Spektrum Akademischer Verlag ist ein Imprint von Springer SBM.
Abb. zu Aufgabe 75, S. 114: Strickberger, M.: Evolution; Jones and Bartlett Publishers, Sudburry 1996. © 1996, 1990 by Jones and Bartlett Publishers, Inc.
Abb. zu Aufgabe 87, S. 119 (Storch und Kondor): Storch, Volker: Kurzes Lehrbuch der Zoologie. 8. bearb. Aufl. Heidelberg: Spektrum Akademischer Verlag 2005, S. 368 f.
Abb. 50, S. 136 (Paradieswitwe und Riesenhirsch): Mc Farland, D.: Figs. 8.2, p. 115 and 8.6, p. 120 from ANIMAL BEHAVIOUR by David McFarland. Copyright © 1985 by David McFarland. Reprinted by permission of Pearson Education, Inc.
Abb. 52, S. 138: Campbell, B. G.: Human Evolution; Aldine Publishing, Chicago 1966
Abb. 59, S. 162: Harris, M. P. in: Invitation to Biology; Curtis/Barnes (Hrsg.); Worth Publishers 1982
Abb. 63, S. 181: Hainz, R., Daumer, K.: BSV Verhaltensbiologie; BSV München
Abb. 64, S. 184: © Erlebnis-Zoo Hannover
Abb. 66, S. 187: Kummer, B.: Das mechanische Problem der Aufrichtung auf die Hinterextremitäten im Hinblick auf die Evolution der Bipedie des Menschen; aus: Heberer (Hrsg.): Menschliche Abstammungslehre, Gustav Fischer Verlag, 1965
Abb. 67, S. 187: Schwidetzky, I.: Variations- und Typenkunde des Menschen; aus: Bertalanffy, L. v. (Hrsg.): Handbuch der Biologie, Bd. 9; Akademische Verlagsgesellschaft Athenaion, Konstanz, Stuttgart 1965
Abb. 68, S. 188: Carol Donner
Abb. 71, S. 189: Reprinted by permission of the publisher from EVOLUTION OF AFRICAN MAMMALS, edited by Vincent J. Maglio and H. B. S. Cooke, pp. 171, 190, 197, 212, Cambridge, Mass.: Harvard University Press, Copyright © 1978 by the President and Fellows of Harvard College.
Abb. 72, S. 191: William W. Howells: Die Ahnen der Menschheit. Müller Rüschlikon Verlag 1963. Zeichnung von Janis Cirulis
Abb. 75, S. 193: verändert nach Schrenk, F.: Die Frühzeit des Menschen; C. H. Beck Verlag, 1997
Abb. 76, S. 195 links: Reprinted by permission of the publisher from EVOLUTION OF AFRICAN MAMMALS, edited by Vincent J. Maglio and H. B. S. Cooke, pp. 171, 190, 197, 212, Cambridge, Mass.: Harvard University Press, Copyright © 1978 by the President and Fellows of Harvard College.
Abb. 76, S. 195 rechts: John Reader/SPL/Agentur Focus
Abb. 77, S. 195 links: Reprinted by permission of the publisher from EVOLUTION OF AFRICAN MAMMALS, edited by Vincent J. Maglio and H. B. S. Cooke, pp. 171, 190, 197, 212, Cambridge, Mass.: Harvard University Press, Copyright © 1978 by the President and Fellows of Harvard College.
Abb. 77, S. 195 rechts: Faccine, F.: Der Mensch, Ursprung und Entwicklung; Natur-Verlag, Augsburg 1991

Abb. 78, S. 196 (Schädel): Reprinted by permission of the publisher from EVOLUTION OF AFRICAN MAMMALS, edited by Vincent J. Maglio and H. B. S. Cooke, pp. 171, 190, 197, 212, Cambridge, Mass.: Harvard University Press, Copyright © 1978 by the President and Fellows of Harvard College.

Abb. 79, S. 197 links: Reprinted by permission of the publisher from EVOLUTION OF AFRICAN MAMMALS, edited by Vincent J. Maglio and H. B. S. Cooke, pp. 171, 190, 197, 212, Cambridge, Mass.: Harvard University Press, Copyright © 1978 by the President and Fellows of Harvard College.

Abb. 80, S. 198 links: Figure 6.24b from PRIMATE EVOLUTION by Glenn C. Conroy. Copyright © 1990 by W. W. Norton & Company, Inc. Used by permission of W. W. Norton & Company, Inc.

Abb. zu Aufgabe 157, S. 208 und 159, S. 209: Reprinted by permission of the publisher from EVOLUTION OF AFRICAN MAMMALS, edited by Vincent J. Maglio and H. B. S. Cooke, pp. 171, 190, 197, 212, Cambridge, Mass.: Harvard University Press, Copyright © 1978 by the President and Fellows of Harvard College.